JN219074

クジラ飛行机
杉山 陽一、遠藤 俊輔

Python
—— でつくる ——
Webアプリ
のつくり方

掲示板から生成AIまで段階的に習得

ソシム

はじめに

　本書は、Pythonの文法を一通り学んだ人が、Webアプリを開発する手法を学ぶための書籍です。

　現代社会はインターネットが生活の中心にあります。私たちは、仕事だけでなく、さまざまな場面でWebサービスを利用しています。そのため、自分のアイデアを形にして、世界中の人々に届けることができるのがWeb開発の魅力です。Web開発を行うなら、多くの人に自作アプリを使ってもらえるため、大きなやり甲斐があります。

　本書では、Web開発の基礎から実際のアプリケーション開発までを、わかりやすく丁寧に解説します。プログラミングの面白さを実感しながら、あなた自身の手でWebサービスを構築する方法を学んでいきましょう。

　本書の前半ではWeb開発についての知識を身につけ、後半ではどのように実践的なアプリの開発を行うのか丁寧に解説しています。また、楽しく学べるよう、分かりやすく簡潔なサンプルを用意しました。

　実際にサンプルを実行して理解を深めてください。また、プログラミング学習では、自分で少しプログラムを変えてみて、動作がどのように変わるのかを確かめることが、理解を深めるのに役立ちます。ぜひ、手を動かして本書を読み進めると良いでしょう。

　皆さんと一緒にWebサービスを学べることを楽しみにしています。

本書の使い方

本書の構成について

　本書では、各章・各節のテーマに従って、プログラミングの過程を紹介しています。プログラムリストやHTMLのリストを適宜掲載するとともに、コメントによってポイントとなる箇所も解説しています。多くのソースコードはダウロードが可能で、実際に試すこともできます。

　また、生成AIのプロンプトでのやりとりも、紙面で紹介すると共に、テキストファイルとして一部ダウンロードできるようになっています。

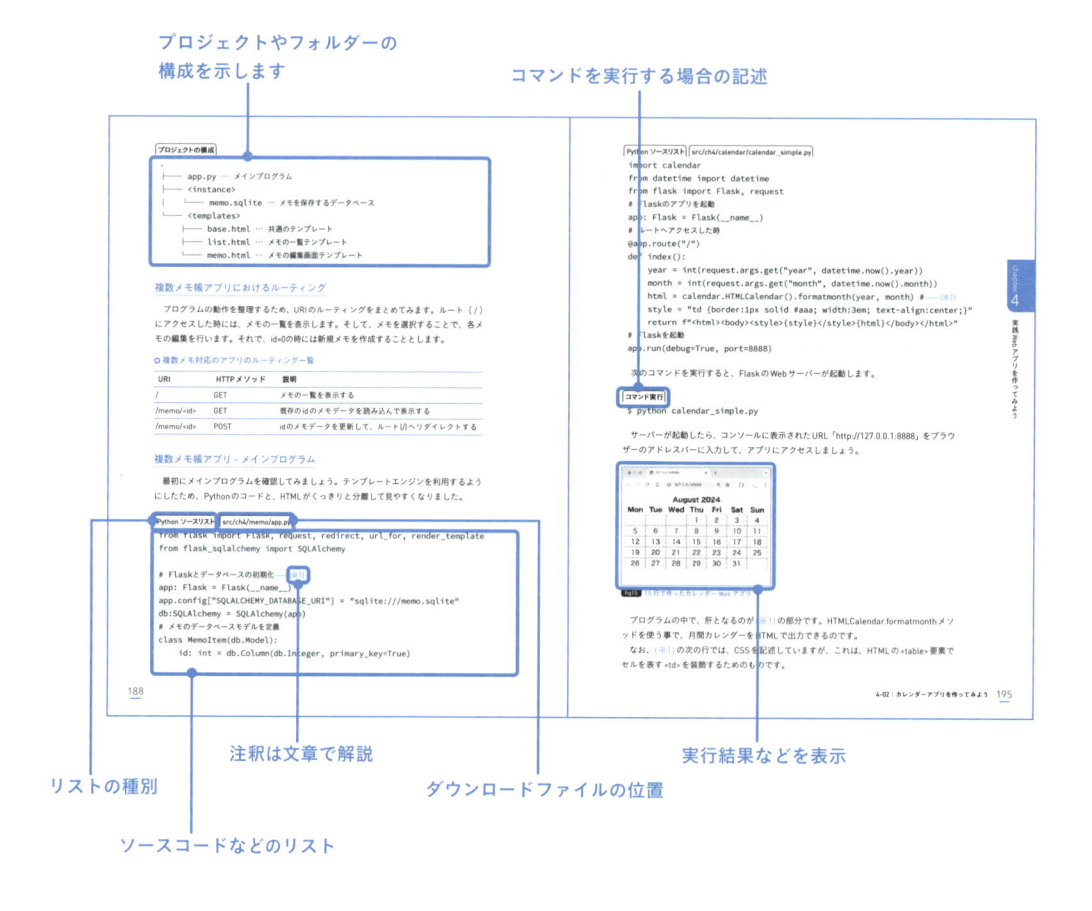

● サンプルプログラムのダウンロードと解凍

　本書のサンプルプログラム一式を以下のGitHubリポジトリからダウンロードできます。ブラウザーで下記のURLにアクセスし、「Source codezip]」のリンクをクリックしてダウンロードしてください。

本書のサンプルプログラムをゲットしよう

GitHubのダウンロードページ

[URL]https://github.com/kujirahand/book-webservice-sample/releases/

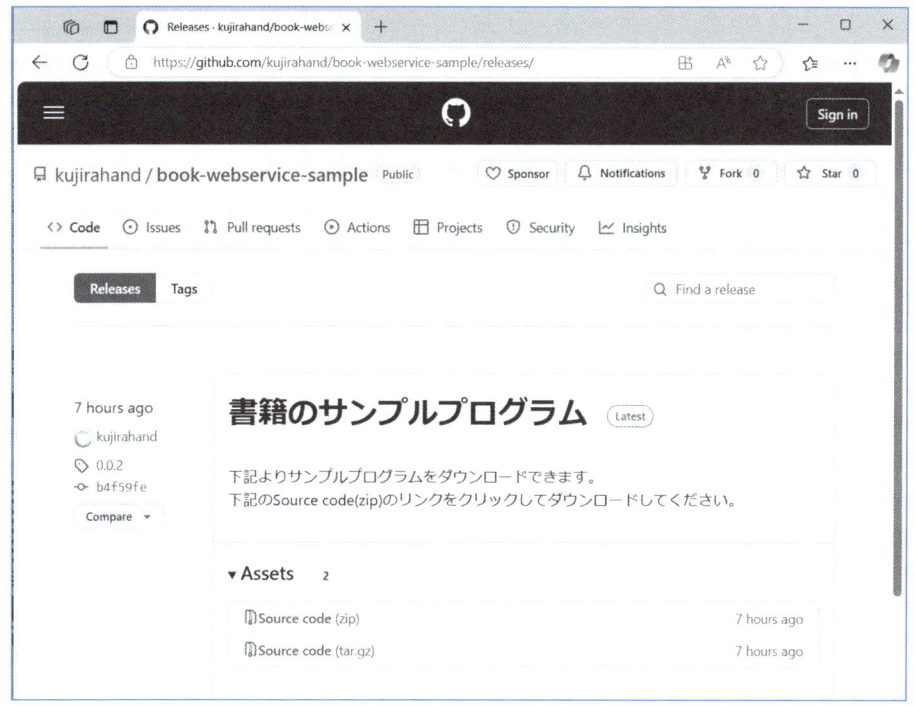

GitHub のダウンロードページ

　ブラウザーにもよりますが、クリックするとダウンロードがはじまるか、保存先を指定して保存する作業が始まります。

　ここではMicrosoftのEdgeブラウザーを使い、自動的にダウンロードされました。

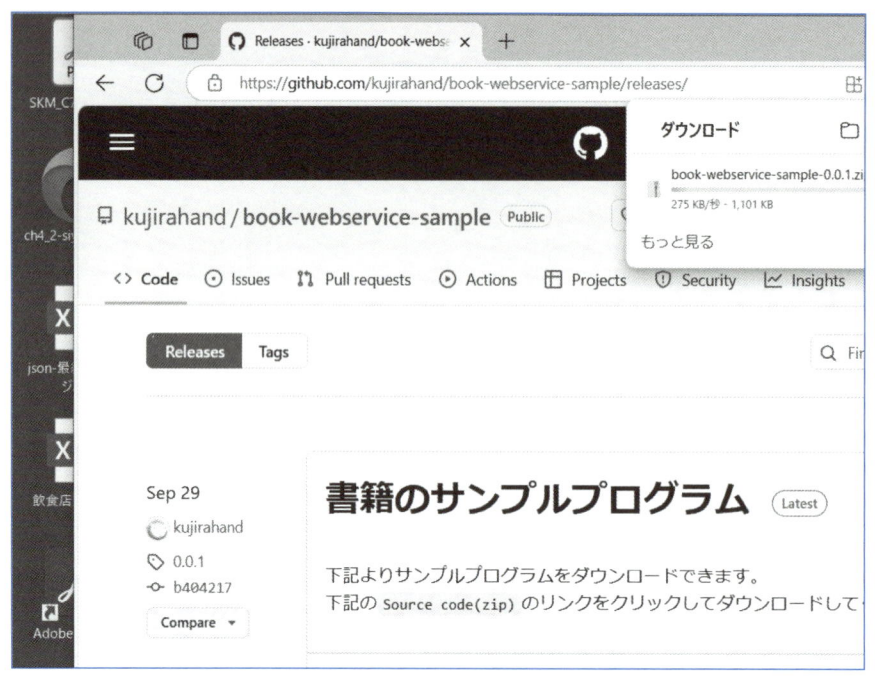

Edge ではクリックするとダウンロードされる

　とくに設定をしていない場合、「ユーザー名\ダウンロード\」以下に保存されます。

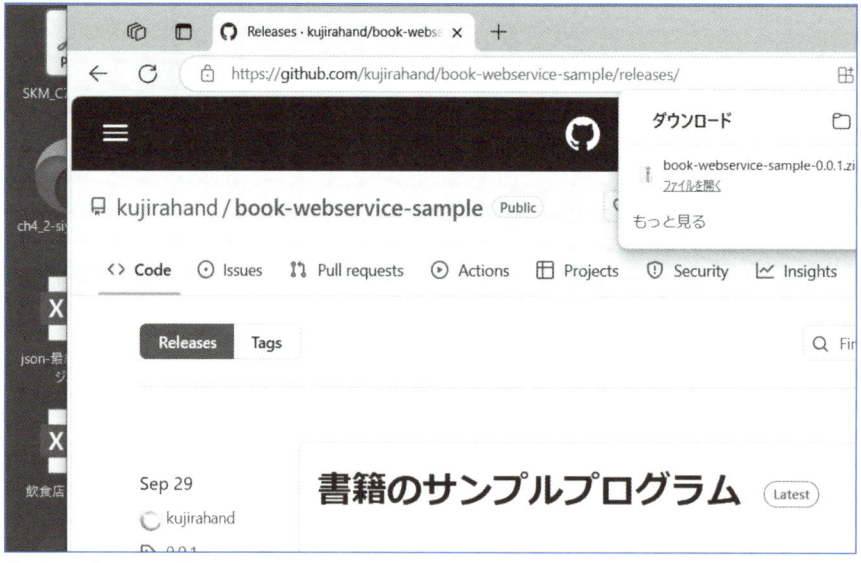

終了すると「ファイルを開く」が現れるのでクリック

　ダウンロードが終了すると、右上に「ファイルを開く」が表示されます。これをクリックすると、ダウンロードされたファイルが開きます。

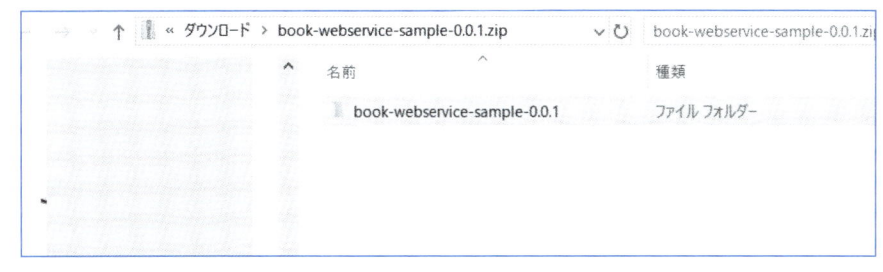

ZIP ファイルの中身が現れる

　中身は表示されますが、この状態はテンポラリー（仮）のもの、表示を閉じると ZIP 形式のままなので、この中身をどこかにコピーする必要があります。「book-」という部分をクリックします。

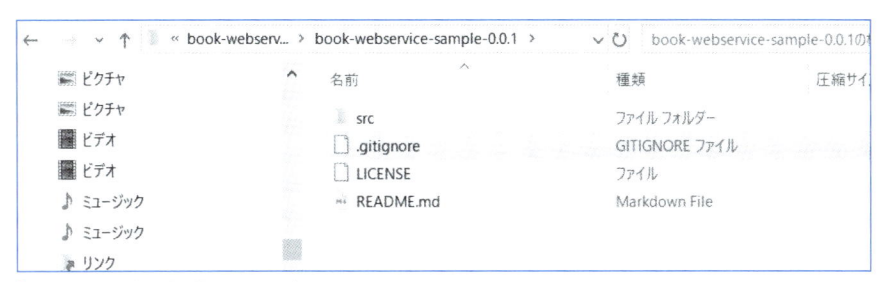

「src」フォルダーが目的のフォルダー

　「src」というフォルダーが表示されるので、これをクリックし、Ctrl+ c でコピーし、パソコンの適当な場所に Ctrl+ v でペーストします。

　あとは、この src フォルダーの中にある、各章（Ch1など）の内容を参照してください。

本書を購入してくださった方だけの特典

　書籍に入りきらなかった Web アプリのつくり方やコラム、3人の著者による対談などが読める特典サイトを用意しました。

　本書を購入してくださった方だけが読める非公開の特別コンテンツです。

[URL] https://kujirahand.com/book/webapp2025bonus/i

contents

目次

chapter 1 Webアプリとは? どんなアプリが作れる?

chapter 2　Webアプリの基本

chapter 3 Webフレームワークとデータベース

chapter 4 実践Webアプリを作ってみよう

chapter
5

機械学習を使ったWebアプリを作ろう

---

chapter
6

生成AI・大規模言語モデルを活用したアプリ

<table>
<tr><td>chapter
7</td><td>アプリのデプロイとチェックリスト</td></tr>
</table>

Appendix

1

Webアプリとは？
どんなアプリが作れる？

1章では、Webアプリについて概観してみましょう。Web
アプリをどのように作ったらよいのか、また、どんな技
術を使って作るのか紹介します。また、Pythonで開発
を始める前に、簡単にHTML/CSSについて解説します。

01

Webアプリとは？
どんなアプリが作れる？

最初に「Webアプリ」についてまとめましょう。Webアプリとは何か、また、どんなアプリが作れるのか確認しましょう。そのために、Pythonを使うことについてもまとめてみます。

ここで 学ぶこと	➔ Webアプリとは
	➔ Webサービスとは
	➔ Webアプリの開発にPythonを使う理由

● Webアプリとは？

　本書の中心テーマとなるのが「Webアプリ（Web Application）」です。書籍を通して、プログラミング言語「Python」を用いてWebアプリを開発する方法を紹介します。

　そもそも、Webアプリとは何でしょうか？「Webアプリ（Web Application / Webアプリケーション）」とは、インターネットを介して提供されるソフトウェアや機能のことです。具体的には、Webサイト、アプリケーション、APIなどを通じて、ユーザーや他のサービスに対してデータや機能を提供します。例えば、ユーザーがブラウザーを使って操作するインタラクティブなアプリケーションもWebアプリの一例です。

○ 具体的なWebアプリの例

オンライン地図のGoogle Maps

電子メールのGmail、Yahooメール

オフィス用途のGoogle Drive（スプレッドシート、ドキュメントなど）や、Microsoft 365（Word/Excel/PowerPoint）

タスク管理やグループウェアのサイボウズ、Trello、Asana

SNSやメッセンジャーのFacebook、Instagram、X、LINE

AIアシスタントのChatGPT、Google Gemini

　その他、オンラインショッピング、旅行の予約、ニュースサービスなど、たくさんのWebサービスがあります。もはや私たちの生活に必須です。社会的に重要な役割を負っているものもあります。

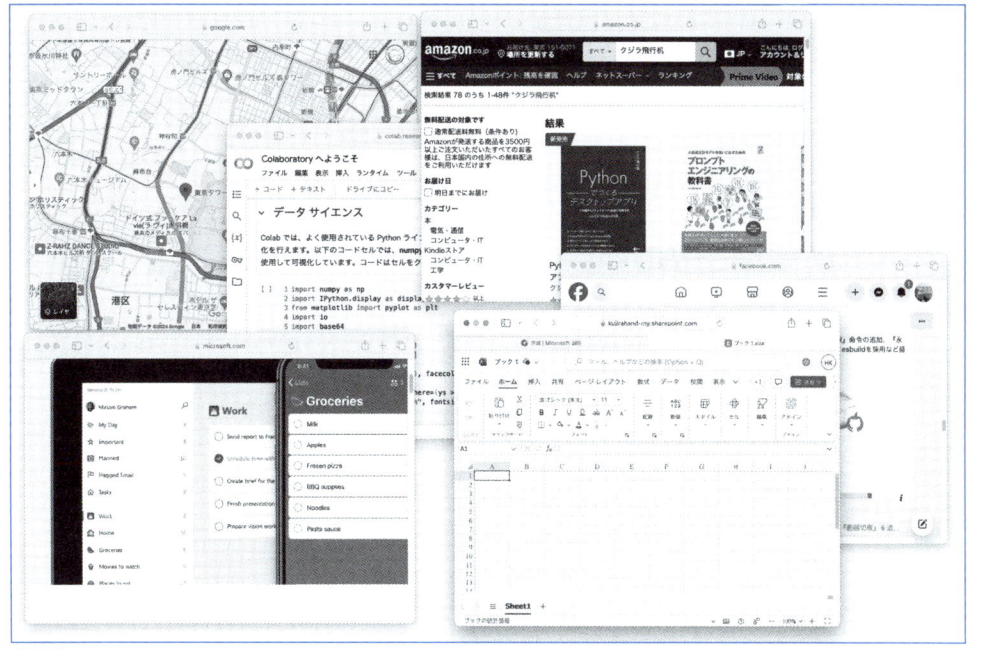

身の回りに多くある便利な Web サービス

Webアプリと Web サービスの厳密な違いについて

　本書では、繰り返し「Web サービス（Web Services）」というキーワードが登場します。この言葉は、Web アプリと似た意味を持っています。それでは、「Web アプリ」と「Web サービス」には、どんな違いがあるのでしょうか。

　そもそも、厳密な意味で「Web アプリ」と言うと、ユーザーがブラウザーを通じて操作するインタラクティブなアプリケーションソフトウェアのことです。一方、本来の「Web サービス」とは、アプリを動かすためにバックエンド（サーバー側）で提供する機能やデータを指します。

　本書の範囲では、両者を区別せず、Web サービスを包括する Web アプリの開発方法について紹介します。

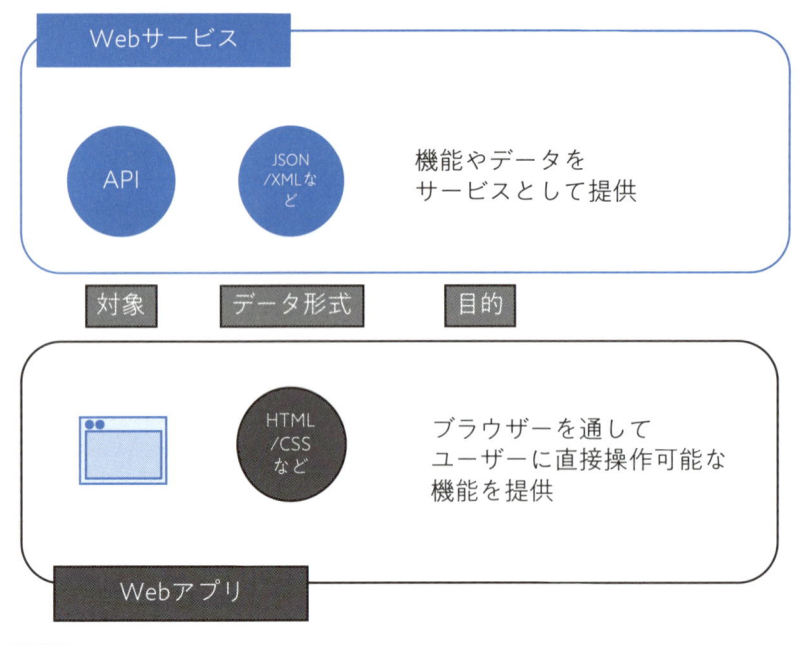

● どのようにWebアプリを開発するのか？

　本書では、Webアプリを開発するために、Pythonを利用します。そこで、Webサービスについて語る前に、簡単にPythonについてもまとめてみます。

Pythonの特徴について

　Pythonは、1991年にグイド・ヴァンロッサム氏によって作られたプログラミング言語です。とても人気があり、プログラミング言語のランキングとして有名なTIOBE Index（https://www.tiobe.com/tiobe-index/）によると、Pythonは2021年秋以降、不動の1位を固持しています。

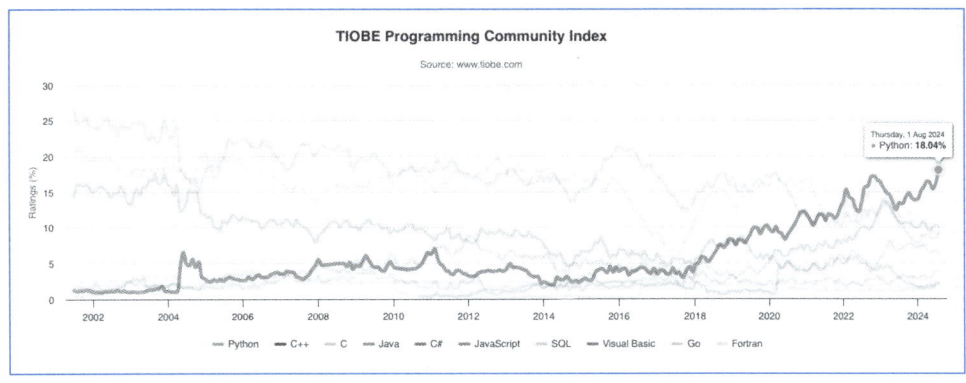

TIOBE Programming Community Index

Source: www.tiobe.com

Thursday, 1 Aug 2024
• Python: 18.04%

— Python — C++ — C — Java — C# — JavaScript — SQL — Visual Basic — Go — Fortran

fig03 TIOBE Index で Python は 2021 年秋以降ずっと 1 位

　Pythonの特徴は、シンプルで読みやすい言語仕様にあります。読みやすく、初心者にも扱いやすい言語です。コードが他の言語に比べて少ない行数で書けるため、生産性が高いと言われています。

　そして、豊富なライブラリーとフレームワークが備わっているのが特徴です。それにより、幅広い用途で利用できます。本書のテーマである、Web開発だけでなく、データ解析、AI/機械学習、システム管理、ゲーム開発など、さまざまな分野で活用されています。

COLUMN

Python以外でWebサービスを開発することもできる？

Pythonを使えば、手軽にWebサービスの開発が可能ですが、Webサービスを開発するために、他のプログラミング言語や実行エンジンを使うこともできます。

○ Webサービス開発に使える言語

PHP	Web開発に特化したプログラミング言語で、Webサーバーとの相性もよく、有名なブログシステムのWordPressはPHPで開発されています。全盛期は過ぎたものの、今でも、PHPを使って多くのWebサービスが開発されています
Ruby	日本人のまつもとゆきひろ氏によって開発されたスクリプト言語です。2004年にRuby on Railsというフレームワークが世界的に流行し、多くのWebサービスでRubyが使われています。X(元 Twitter)も当初はRuby on Railsで開発されました
JavaScript /Node.js	ブラウザーで動作するJavaScriptですが、サーバー側ではNode.jsが利用されます。多くのWebサービスで利用されます
Perl	かつて多くのWeb開発で使われていましたが、最近の利用は限定的になっています。それでも、Perlの熱烈なファンが多くいます
Java	大規模なエンタープライズアプリケーションに使用されることが多いです
C#	Microsoft製品との連携に強いため、.NETを利用したWebフレームワークのASP.NETで利用されます

どんなWebアプリが作れるのか？

次に、Pythonを使ってどんなWebアプリを作ることができるのか見てみましょう。すでに述べたように、Pythonは幅広い用途で利用できますので、Webアプリを作る場合にも有利に働きます。

下記のようなWebアプリを作成できます。

○ Pythonで作成できるWebアプリの例

コンテンツ管理システム（CMS）	コンテンツの作成、管理、編集のためのシステム
SNS	ユーザー同士が交流したり、情報を共有するためのプラットフォーム
コラボレーションツール	チームメンバーが共同作業を行うためのオンラインプラットフォーム
ヘルスケアサービス	スマートウォッチや体重計などのセンサーと連携して、ユーザーの健康状態を確認・管理・提案するためのツール
エンターテインメントサービス	映画、音楽、小説などのコンテンツを提供するサービス
検索システム	社内に蓄積している情報や行政機関が持っている公開情報などを基にして、ユーザーに対して検索サービスを提供するもの
予約システム	美容室・診療所・相談窓口などの予約システム。旅行の計画や不動産の空き部屋管理など
オンラインショッピング	物品の販売など
機械学習/AIを用いたサービス	機械学習を利用した画像分類や、将来予測、オススメ商品の提示など

もちろん、利用するユーザー数が膨大だったり、システム構成が複雑だったりする場合には、Python以外を選択した方が実用的な場合もあります。しかし、本格的なシステムを作る場合にも、その前段階としてプロトタイプを作るのに、Pythonが利用できます。

Pythonは遅いって本当？

Pythonはプログラミング言語の中でも、動的型システムを持つスクリプト言語に分類されます。そのため、実行速度に関しては、C/C++やGo、Rustなどの静的型システムを持つコンパイラー方式のプログラミング言語にかないません。

しかし、Webサービスを開発する場合に、一番のボトルネックとなるのは、データベースやネットワークからの読み書きの部分です。プログラミング言語の実行速度がどれほど速くなっても、微々たる差であることが多いのです。

また、Pythonもバージョンを重ねる毎に、改良され実行速度が高速になってきています。Python 3.11は3.10よりも最大で60%高速化し、3.12ではさらに最大30%高速化しています。この高速化のためのチューニングは今後も行われますので、Pythonが遅い問題は少しずつ改善していくことでしょう。

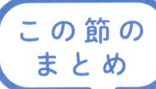
この節の
まとめ

(!) 広義のWebアプリとは、Webサービスを含むすべてのインターネット
を介して提供されるサービス

(!) Pythonはプログラミング言語のランキングで2021年下半期から1位を
獲得している

(!) Pythonを使えば幅広いWebサービスの開発が可能

02 Webの仕組みを確認しよう

本書ではWebアプリの開発方法について解説していきますが、何事も基本が大切です。Webがどのような仕組みで動いているのか簡単に確認しておきましょう。**一通り知っておくべきことを網羅します。**

ここで 学ぶこと	
⊕	Webアプリの仕組み
⊕	HTTP と HTTPS
⊕	サーバークライアントモデル
⊕	クッキー（Cookie）
⊕	セッション（Session）

● Webの仕組みを理解しよう

　Webアプリは、Webブラウザーとサーバー間の通信によって動作します。これらはWebという仕組みの上で動作します。Webアプリを利用するユーザーはブラウザーを利用しますが、ユーザーがWebアプリにアクセスした時に何が起きているのでしょうか。

　本節では、Webの仕組みについて、広く解説します。本節と次節では、かなり幅広い技術を一度に紹介します。そのため、一気に全部を理解しなくても大丈夫です。

　2章からは、実際にPythonを使ってWebサービスの開発を行います。もしも、分からない技術が登場したら、1章に戻って確認すると良いでしょう。プログラミング学習全般に言えることですが、全てを100%理解するのは至難の業です。概要だけを掴んでおいて、少しずつ理解を深めていくことをオススメします。

● Webはどのように動くのか

　ユーザーがブラウザーでリクエスト（要求）を送信すると、そのリクエストはWebサーバーに届き、Webサーバーは適切なデータやファイルを提供します。その際、多くのWebサービス（Webアプリ）では、サーバーの内部でPythonなどのスクリプトが実行され応答が生成されます。そして、Webサーバーではこれをレスポンス（応答）として返します。これによって、ユーザーがWebページを表示することができます。こうした処理は、HTTPというプロトコルを介して行われます。

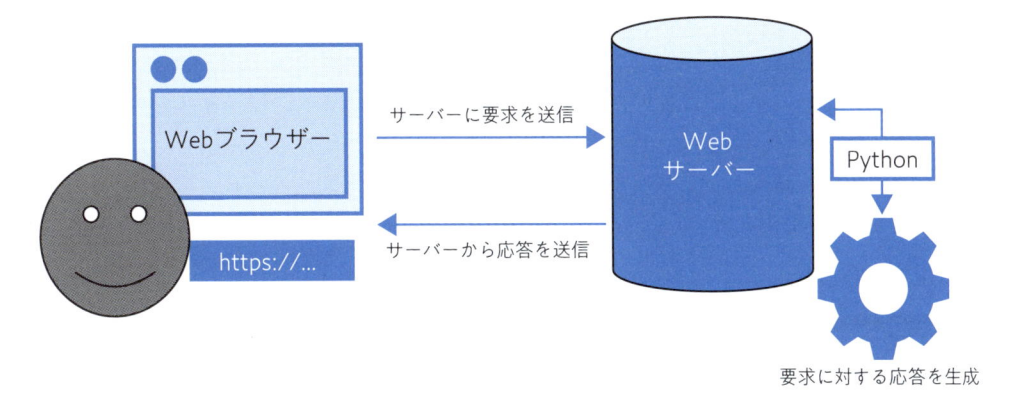

サーバーに要求を送信

Webブラウザー

https://...

サーバーから応答を送信

Web サーバー

Python

要求に対する応答を生成

fig04 Web の仕組み

● クライアント・サーバーモデルとは

Webは、クライアント・サーバーモデルの形態で構築されています。「クライアント・サーバーモデル（client-server model）」とは、機能やサービスを提供する「サーバー（server）」と、サーバーを利用する「クライアント（client）」に機能を分離して、ネットワーク通信によって接続するアーキテクチャを言います。

WebでいうクライアントはWebブラウザーであり、サーバーはWebサーバーに相当します。クライアント・サーバーモデルでは、1台のサーバーに対して、複数台のクライアントが接続するため、次の図のような構成になります。

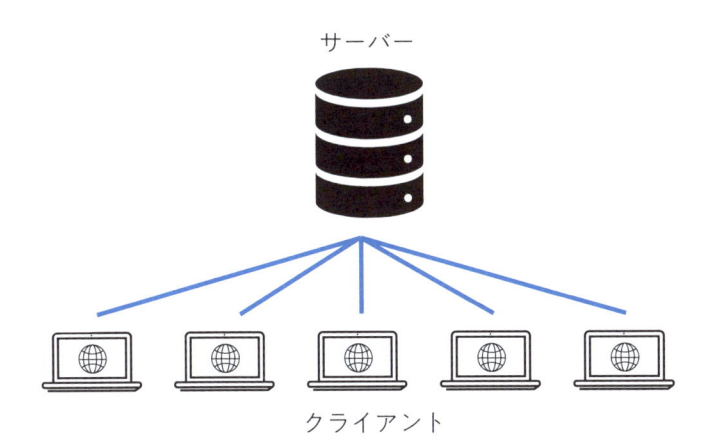

サーバー

クライアント

fig05 Web サービスはサーバー・クライアントモデルで構成される

Webサービスを作成する際、このように、複数のクライアントがサーバーに同時に接続する可能性があります。これはとても大切なことです。

もちろん、Webサービスのプログラムを作る時には、1つのクライアントからのリクエスト（要求）に対して、どのようなレスポンス（応答）を返すのかという部分だけを指示

するだけで良いように工夫されています。

しかし、時間のかかる処理、たとえばファイルの読み書きなどの処理をする際、いろいろなクライアントがアクセスする可能性があるという点を忘れてしまうと、ファイルの内容が壊れたり、データに矛盾が生じたりする可能性があるのです。ですから、Webサーバーは、複数のクライアントからのアクセスを受け付ける可能性があるという点を忘れないようにしましょう。

● HTTPについて

もう少しWebについて理解を深めましょう。先ほど、クライアント（Webブラウザー）からWebサーバーに対して、リクエスト（要求）を送信すると、サーバーはそれに答えて、レスポンス（応答）を返信すると紹介しました。これは、「HTTP（Hypertext Transfer Protocol）」というプロトコルに則って行われます。

ここで、HTTPで一回の通信の流れを確認してみましょう。

(1) クライアントがWebサーバーに対してリクエスト（要求）を送信する
(2) Webサーバーはクライアントと接続し、リクエストに応じて適切なレスポンス（応答）を用意して返信を行い、その後で接続を閉じる

次の図は、クライアントとサーバーでリクエストとレスポンスのやり取りが行われることを表したものです。基本的にWebサーバーは、これだけの処理しか行いません。

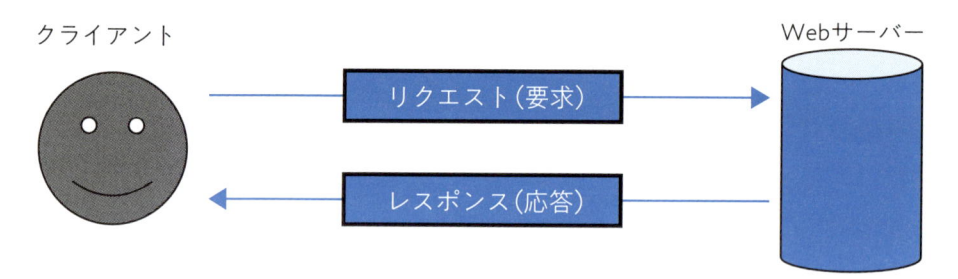

クライアント　　　　　　　　　　　　　　　　　　Webサーバー

リクエスト（要求）

レスポンス（応答）

fig06 ブラウザーと Web サーバーは HTTP で通信を行う

インターネット上のリソースを識別するための一般的な方法にURL（Uniform Resource Locator）があります。

これは『scheme://hostname:port/path?query#fragment』のような形式で指定するのですが、リソースにアクセスするための情報を提供します。schemeには、httpやhttps、ftpを指定し、hostnameにはリソースのIPアドレスやホスト名を指定します。portはサーバーがリクエストを受け取るための通信窓口を指します。pathはそのサーバー内のパスを示し、queryはパラメーター、fragmentは文書内の位置を意味します。

プロトコルって何？

「プロトコル」というのは、通信規約を意味する言葉です。異なるシステムやデバイス間で、正確に情報を交換するためには、何かしらの約束事やルールを決めておく必要があります。HTTPもその約束事の一つです。

例えば、手紙をやり取りする場合には、「宛先や郵便番号を書く」「切手を貼る」「ポストに手紙を投函する」といった共通のルールがあります。同様に、通信プロトコルも、データの送信方法、形式、エラーチェックの仕方など、通信に関する細かい手順を定めています。これにより、インターネット上でのデータ交換がスムーズに行われるのです。

プロトコルには、HTTPの他にも、ファイル転送に使うFTPや、メール送受信で使われるSMTP/POP、リモートコンピューターと安全に通信するSSHなど、いろいろなものがあります。

⊖ Point

RFCとは？

多くの通信規約は「RFC（Request for Comments）」として公開されています。RFCはインターネットやその他の技術に関する標準化や運用に関する情報を共有するために公開される文書です。標準化を行う団体であるIETF（Internet Engineering Task Force）によって保存と公開が行われてます。HTTPの規約については、RFC 9110や9111、9112で公開されています。

具体的なHTTP通信の流れ

　HTTP通信について、もう少しイメージを膨らませるために、より具体的な処理を考えてみましょう。ここでは、「a.example.com」のドメインでWebサーバーが公開されているとします。それで、このサーバーにある「index.html」というHTMLファイルをブラウザーで見たいという場合の流れを確認してみましょう。

　次の図は、クライアントがWebサーバーからWebページを取得する際のHTTP通信の一連の流れを表したものです。

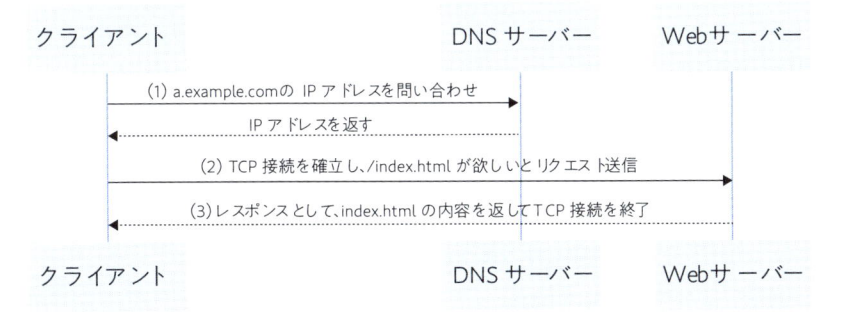

fig07 HTTP通信の具体的な流れ

上記の処理を詳しく処理を追ってみます。

(1) 最初にクライアント（Webブラウザー）が「a.example.com」というドメイン名を解決するためにDNSサーバーに問い合わせを行います。DNSサーバーはそのドメイン名に対応するIPアドレスを返します

(2) 続いて、クライアントは取得したIPアドレスに対してTCP接続を確立し、HTTPリクエストを送信します

(3) Webサーバーは受け取ったリクエストを解析し、指定されたリソースである「index.html」をファイルシステムから探し出します。もし「index.html」が見つかれば、サーバーはその内容をHTTPレスポンスとしてクライアントに返します。ここでTCP接続は切断されます。その後、クライアントは受け取ったHTMLファイルを解析し、画面に表示します

リクエストとレスポンスの簡単な例について

　続いて、Webサーバーにある「index.html」というHTMLファイルを取得するという場合に、どのようなリクエストが送信され、どのようなレスポンスが返信されるのか確認してみましょう。

　クライアントからサーバーへ送信するリクエストは次のような文字列です。

```
GET /index.html HTTP/1.1
Host: a.example.com
```

　1行目の「GET」はHTTPのメソッドを表しており、これはクライアントがサーバーに対して特定のリソースの取得を要求します。GETに続いて要求するリソースのアドレスを指定します。

　そして、Webサーバーが返すレスポンスは、次のようなものとなります。

```
HTTP/1.1 200 OK
Host: a.example.com
Content-Type: text/html; charset=UTF-8
Date: Sat, 24 Aug 2024 12:53:16 GMT
```

（ここに実際のコンテンツ）

　1行目の200という数字は、HTTPステータスコードであり、リクエストが成功したことを表します。2行目以降には、コンテンツの種類を示すContent-Typeヘッダーやコンテンツの日付（Date）と言った情報が含まれます。その後、空行を挟んで実際のコンテンツが返されます。

こうしたクライアントとサーバーのやり取りは、Webブラウザーのデベロッパーツールを開いて、ネットワークのタブを開くと詳しく確認できます。以下は本書4章のサンプルを実行してみて、その際にどのような通信が行われたのかを確認したところです。

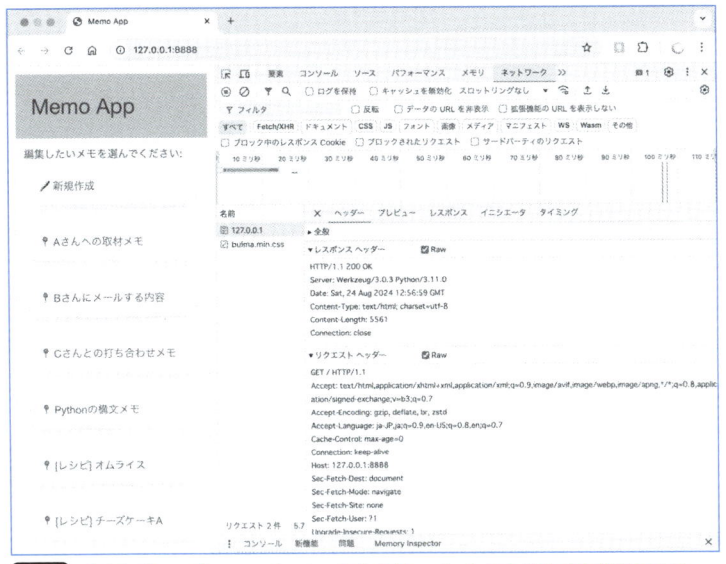

fig08 ブラウザーのデベロッパーツールからサーバーとのやりとりを確認できる

クッキーとセッションについて

ここまで見たように、HTTPはとても単純に設計されています。各リクエストとレスポンスは、それぞれ独立した通信として処理されます。そのため、HTTPは「ステートレス（stateless）」なプロトコルであると言われます。ステートレスというのは、サーバー側で通信状態を何も保持しないという意味です。

しかし、サーバー側がまったくクライアントの情報を覚えていないとしたら、オンライン通販のサイトで買い物をしたり、会員制のサイトでユーザー毎に表示内容を変更したりすることはできません。クライアントを識別するための仕掛けが必要なのです。それによって買い物カゴに商品を入れたり、ログインしたりできるのです。

クッキーについて

そこで、登場するのが「クッキー（Cookie）」と呼ばれる仕組みです。クッキーはWebブラウザーに保存される小さな記憶領域です。ブラウザー側（ローカルpc）に保存されるというのがポイントです。そして、クッキーに記録できるのはわずか4KB（096バイト）下のデータであり、1ドメインあたりに保存できる値の個数の制限もあります。そのため、たくさんの情報を保存することはできません。

それでも、ユーザーに関する情報（例：ユーザーID、識別情報、トラッキング情報など）を保存することができます。それで、サーバー側では、クッキーに保存した識別情報を基にして、ログイン状態の維持や、ユーザーごとのカスタマイズされた表示を行うことが可能になります。

　クッキーの特徴は次の通りです。

・クッキーはクライアント側（ユーザーのブラウザーの保存領域）に保存される（ただし、クッキーの仕組みを利用したセッションはサーバー側に保存される）
・有効期限が設定でき、期限が切れると自動的に削除される
・ユーザーがクッキーを削除したり、場合によっては改変できる
・クッキーは4KB以下のデータしか保存できないので、ユーザーIDや識別情報のみを保存する

● セッションについて

　「セッション（Session）」とは、サーバー側でユーザーの状態を保持する仕組みです。セッションを実現するために、前述のクッキーを利用します。サーバー側でセッションIDが発行され、そのIDがクッキーに保存されます。そして、次にユーザーがサーバーにアクセスするとき、そのIDを基にしてユーザー情報を復元します。

　セッションの仕組みを図で確認してみましょう。次のような手順でセッションが行われます。

　まず、サーバー側でセッションIDを発行し、そのIDをブラウザーのクッキーに保存します。クライアント側ではサーバーにアクセスする度に、このセッションIDをクッキーの値として送信します。サーバ

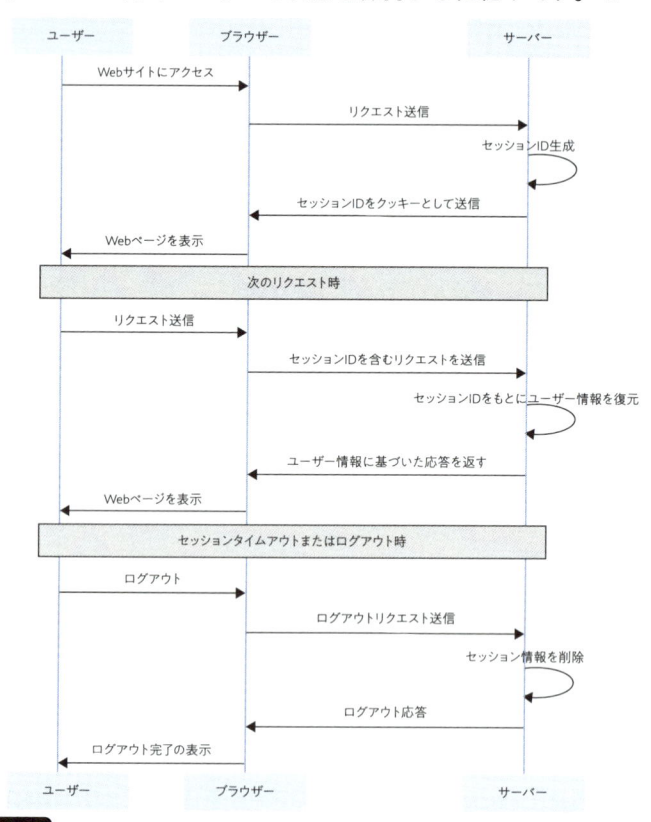

fig09　セッションの仕組み

一側では、セッションIDを基にしてユーザーの状態を復元します。そして、セッションがタイムアウトしたり、アプリからログアウトした際には、サーバー側のセッション情報を削除します。

セッションとクッキーの使い分けと注意

セッションを利用する場合の利点は、ユーザーの情報自体は、サーバー側に保存されるという点にあります。サーバー側にユーザーの情報を保存するので、基本的にユーザーが別のユーザーの情報にアクセスすることはできませんし、ユーザーが自身の情報を勝手に修正することもできません。

この特徴は、サーバー側にとって都合が良いものです。例えば、オンライン通販における、買い物カゴにいれた商品の値段について考えてみましょう。もしも、クッキーに商品の値段を入れるとしたら、その情報はクライアント側で管理されるため、ユーザーによって勝手に値段が書き換えられてしまう可能性があります。でも、セッションを利用するなら、その情報はサーバー側で管理されるため、ユーザーによって勝手に修正される危険を防ぐことができます。つまり、セッションを利用するなら、機密情報を安全に保持できるのです。

そのため、クッキーには、ユーザーを識別するためのセッションIDのみを保存し、それ以外の機密情報は保存しないように気をつけましょう。また、セッションIDが漏洩してしまうと、別のユーザーになりすますことが可能になってしまいますので注意しましょう。この点については、7章でも解説します。

● フロントエンドとバックエンドの役割分担について

Webアプリについて考える時、ブラウザーに搭載されているスクリプト言語のJavaScriptについても考える必要があります。今では、JavaScriptを使わないWebアプリはほとんどありません。

JavaScriptを使うことで、ページの一部を更新したり、ユーザーの操作に応じて表示内容を変更したりできます。また、JavaScriptを使うとWebサーバーと非同期通信（Ajax）を行うことができます。そのため、ユーザーの操作に応じて、サーバー側から必要なデータを追加で取得して、そのデータに基づいて画面を更新できます。また、画像を読み込んで動かしたり、図を描画したりすることもできます。

特に、非同期通信（Ajax）が可能という点は重要です。これによって、ブラウザー上の画面を構築する「フロントエンド（front-end）」と、Webサーバー側のバックエンド（back-end）を完全に分離して、それぞれが行うべき作業に集中することができるようになりました。

多くのWebサービスの開発の現場で、フロントエンドとバックエンドで分業が行われて

います。フロントエンド側の開発者は、ユーザーが直接操作する部分を担当します。サーバーから取得したデータを元にしてUIを描画するプログラムを作成します。

そして、バックエンド側では、フロントエンドが必要とするデータをデータベースから取得したり、フロントエンドから送られてきたデータをデータベースに追加したりします。

本書は、主にPythonでWebサービスを作ることを主眼においているので、それほど、フロントエンド側のJavaScriptについての説明はしません。それでも、JavaScriptを活用することで、アプリの使い勝手が向上し、ユーザー体験も良いものになります。

● HTTPS（SSL/TLS）について

Webブラウザーを使って、Webサイトを見るときに、最近では当然のように、HTTPS通信が行われています。「HTTPS（Hypertext Transfer Protocol Secure）」とは、HTTPにセキュリティ機能を追加したプロトコルです。インターネット上での安全な通信を確保するために使用されます。

多くのブラウザーでは、ユーザーの安全に配慮して、通信がHTTPSで暗号化されていない場合には、アドレスバーに「保護されていない通信」という警告が表示されるようになっています。

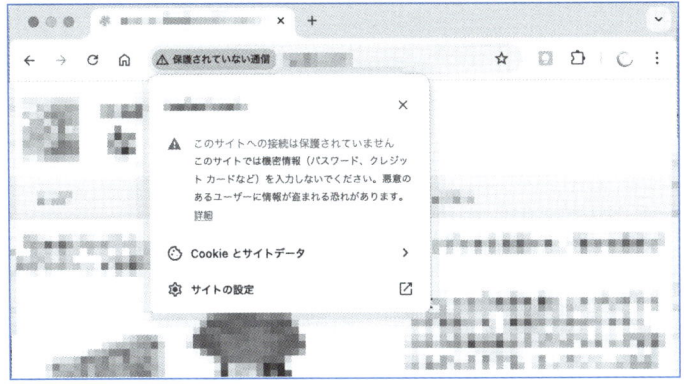

fig10 ブラウザーで HTTPS で暗号化されていないサイトにアクセスすると警告が表示される

　HTTPSは、通信内容を暗号化することで、第三者が通信を盗み見したり改ざんしたりすることを防ぎます。この暗号化には、SSL（Secure Sockets Layer）またはその後継であるTLS（Transport Layer Security）という技術が使われます。

　具体的には、ブラウザーがサーバーと通信を開始する際に、まずSSL/TLSによる暗号化セッションを確立します。この過程では、サーバーはデジタル証明書を使って自らの身元を証明し、クライアントとサーバーが暗号鍵を交換して安全な通信経路を確立します。その後、実際のデータが暗号化されて送受信されるため、たとえ通信内容が途中で傍受されたとしても、その内容を解読することは非常に難しくなります。

　ただし、HTTPSを使って、暗号化された通信を行う場合でも、基本的には、HTTPに基づいてクライアントとサーバーが情報をやり取りするという点は代わりありません。

Webサーバーについて

　最後に、Webサーバーについても考察しておきましょう。一般的に「Webサーバー」と言ったとき、ソフトウェアとしての「Webサーバーソフトウェア」を指す場合もあれば、Webサーバーソフトウェアをインストールした「物理サーバー」を指す場合もあります。本書で、「Webサーバー」と言った時には、多くの場合、Webサーバーソフトウェアを指します。

　また、一言で、Webサーバーと言っても、画像やHTMLファイルなどの静的なコンテンツを返信するだけのWebサーバーもあれば、内部でPythonなどのプログラミング言語を実行して、動的なコンテンツを提供するための「アプリケーションサーバー（application server）」もあります。代表的なWebサーバーには、ApacheやNginx、Microsoft IISなどがあります。

Pythonと組み合わせて使えるWebサーバーについて

　本書では、主にPythonとFlaskを利用したWeb開発を解説します。その際、次のような
Webサーバーを選択して利用できます。

● Pythonと組み合わせて使えるWebサーバー

Werkzeug	Flask内蔵のテスト用Webサーバーです。本番環境で利用するのには適しませんが、デバッグ機能を備えており、開発時やテストに最適です
Gunicorn	PythonアプリケーションのWSGIサーバーです。本番環境での運用が可能です
uWSGI	柔軟性が高く、パフォーマンスに優れたWSGIサーバーです。大規模なWebアプリケーションや高トラフィックの環境で使用されることが多いようです
Nginx + Gunicorn またはuWSGI	NginxとuWSGIを組み合わせることで、セキュリティ、パフォーマンス、スケーラビリティ、そして管理のしやすさなど、Webアプリケーション運用において多くのメリットが得られます

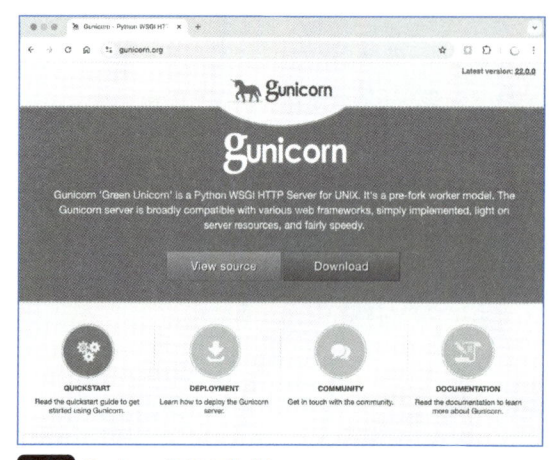

fig11 Gunicorn の Web サイト

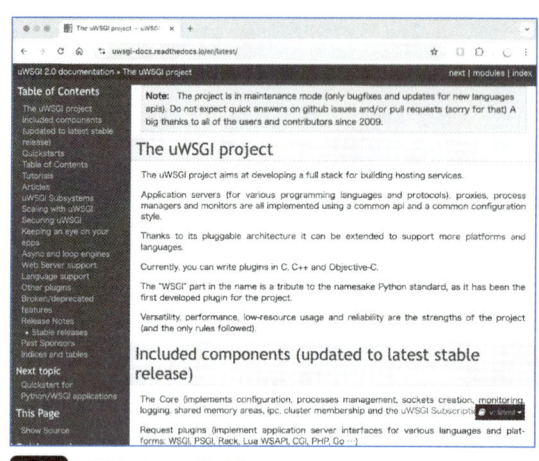

fig12 uWSGI の Web サイト

　Webアプリの開発時には、Flask内蔵のWerkzeugを使ってテストを行います。しかし、本番のWebアプリを運用する場合には、NginxとGunicornかuWSGIを組み合わせて使うことになるでしょう。

　GunicornとuWSGIは、共にWSGI（Web Server Gateway Interface）に対応したWebサーバーです。これは、PythonでWebアプリを構築するための標準インターフェイスです。PythonのWebフレームワークとして有名な、Flask、Django、FastAPIがWSGIに対応しています。Webフレームワークについては、2章-1で詳しく解説します。

　また、Nginxはリバースプロキシとして広く利用されているWebサーバーです。本番運用に耐えるGunicornやuWSGIとNginxを組み合わせることで、スケーラビリティが向上し、大規模なトラフィックにも対応可能になります。また、セキュリティを強化できます。

**この節の
まとめ**

- (!) WebはHTTPというプロトコルを利用して通信をしている
- (!) HTTPは基本的にはステートレスだが、クッキーを利用することでユーザーの識別が可能になる
- (!) 「セッション」を使うとユーザー情報をサーバー側に保存できる
- (!) HTTPSを使うと暗号化されるので安全にWebを楽しめるが、基本的にはHTTP通信と同じである

03

Webアプリ開発に必要な技術と開発の流れ

前節ではWebアプリの概要について紹介しましたので、本節ではWebアプリを開発するに際して実際にどんな技術が必要になるのかをまとめています。また、Web開発の流れも確認してみましょう。

ここで 学ぶこと	➔ Webアプリ開発に必要となる技術
	➔ Webアプリ開発の流れ

● Webアプリ開発で必要となる技術

　本節では、Webアプリを開発する際に使われるさまざまな技術がどのようなものか簡単に紹介します。各技術の概要を以下に述べます。

　Webアプリの開発はそれほど難しいものではありません。しかし、初めてWebアプリに取り組む方が、この節を読むと、きっと覚えるべき技術の多さに、辟易してしまうでしょう。確かに多くの技術がありますが、それでも、それぞれの技術の一つ一つは難しくありません。加えて、全ての技術を身につける必要はありません。本書を手引きにして、少しずつ習熟していくことができるでしょう。

フロントエンドの基本技術

　前節で確認したように、Webの技術は、ブラウザー側（フロントエンド）とサーバー側（バックエンド）とに分けて開発が行われます。まずは、ブラウザー側のフロントエンドを確認していきましょう。

○ フロントエンドで使われる技術

HTML（HyperText Markup Language）	Webページの基本構造を記述するマークアップ言語。WebページはHTMLで記述されている。ブラウザーで動作するWebアプリを作る場合、大なり小なりHTMLを生成することになる。そのため、HTMLに対する基本的な知識は必須
CSS（Cascading Style Sheets）	Webページの見た目やレイアウトをデザインするためのスタイル記述言語。素のHTMLは味気ないので、CSSで装飾を加える
JavaScript	Webページにインタラクティブな機能を追加するためのプログラミング言語。HTML5の策定と前後して登場したECMAScript 2015以降、大幅に機能強化されている

　フロントエンドの技術は、いずれも Web ブラウザー上でレンダリングしたり実行することを主眼としたものとなっています。HTML/CSS/JavaScript のいずれも、標準化が行われており、Google Chrome / Apple Safari / Mozilla Firefox / Micorosft Edge など、主要ブラウザーで動かすことができます。

ブラウザーで動くことが主眼のフロントエンドの技術

　HTML/CSS については、ある程度知っていることを前提にしており詳しくは解説しませんが、次節で簡単に復習します。

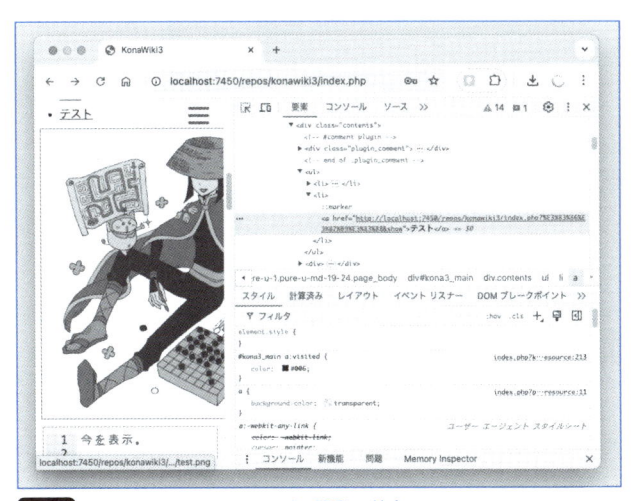

fig14 HTML/CSS は Web サービス開発の基本

フロントエンドを拡張する技術

　基本的なフロントエンドの技術を拡張するために、さまざまな仕組みが用意されています。

React	UIを構築するJavaScriptのライブラリー。UIを小さなコンポーネントに分割して再利用可能な部品として管理できます。単方向のデータフローやJavaScriptの中にHTMLを記述できるJSXをサポートしている。Facebookが開発したオープンソースのライブラリーで、幅広く使われている
Vue.js/Angular/Svelte	上記のReactと同じくUIを構築するためのフレームワークやライブラリー。それぞれに特徴があるものの、いずれもUIをコンポーネントとして再利用可能にしている点が共通
Sass/LESS/Stylus	CSSの上位互換として使用されるプロセッサ。変数やネスト、ミックスインなどの機能を提供し、CSSの記述を効率化する技術
CSS フレームワーク	複雑化するCSSの指定において、あらかじめ定義されたスタイルやコンポーネントを提供することで、デザインの一貫性を保ちながら、迅速な開発が可能になる（1章の4節で詳しく紹介）
Node.js	JavaScriptの実行エンジンでありフロントエンドの多くの技術を補助するのにも利用

　本書では、主にバックエンドの技術にフォーカスするため、これらのフロントエンド技術については詳しく述べません。しかし、より実用的なWebフロントエンドを作るには役立つに違いありません。本書を一通り終えたら挑戦してみると良いでしょう。

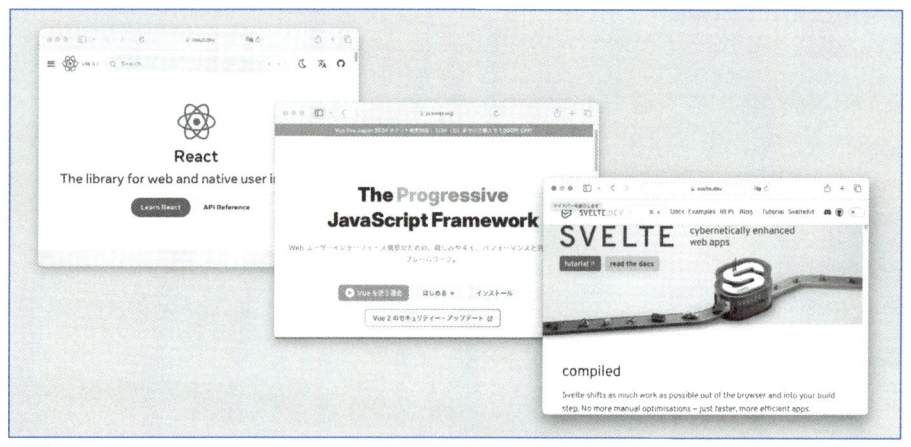

fig15 React/Vue.js/Svelte などの UI フレームワークが多くの Web サービスで使われている

バックエンドの基本技術

　Webアプリを支えるサーバー側（バックエンド）の技術には、次のようなものがあります。

○ バックエンドの技術

スクリプト言語	迅速で効率的な開発を行うために、Python/Ruby/PHPなどのスクリプト言語が利用される
データベース	多くのWebアプリはさまざまなデータの塊と言える。そのため、データベースの活用はWebアプリ開発の要と言える部分です。リレーショナルデータベース管理システムを備えたMySQL/PostgreSQLや、ドキュメント指向データベースのMongoDBなど、さまざまなものがある。またそれぞれのクラウドサービスに特化した製品もある
Webサーバー	クライアントからのリクエストを処理し、適切なレスポンスを返すためにWebサーバーが利用される。代表的なものにはApacheやNginxがあります。また、PythonでWebアプリを作る場合に、WSGIに対応したGunicornやuWSGIもある
クラウドサービス	開発したWebアプリを動かすためにクラウドサービスを利用する。自分で物理的なサーバーを用意することもできるが、運用コストの面でレンタルサーバーやクラウドサービスを利用するのが有利
Webフレームワーク	Webアプリを開発するのに便利なライブラリーや機能を詰め合わせたもの。Python用のWebフレームワークには、FlaskやDjangoがある

　これらの技術はまさに、本書で解説するものです。Webフレームワークについては、本書の2章で、データベースについては、3章で詳しく解説します。

Webアプリを開発する上で便利な技術

　Webアプリを開発する上で便利な技術には、プロジェクト管理や開発環境として利用するものがあります。こうした技術は知らなくても開発できますが、効率的な開発や円滑なプロジェクト管理に欠かせないツールです。

○ Webアプリを開発する上で便利な技術

Git	バージョン管理システム。いつどのようにプログラムを修正したのか履歴を残すことがWebアプリ開発で役立つ。Webアプリのリリース管理にも役立つ。7章の4節で詳しく扱う
Docker/VirtualBox/VMware	コンテナ化プラットフォームや仮想マシン。仮想マシンを活用することで、Webサーバーと同じ環境で開発することができる
SSH（Secure Shell）	SSHは、ネットワークを介してリモートマシンに安全にアクセスするためのプロトコルおよびツールセット。リモートサーバーにログインし、コマンドラインで操作を行うことができる。これは管理者がサーバーを管理する際に非常に便利
SCP（Secure Copy Protocol）/SFTP（SSH File Transfer Protocol）	SSHを基板として安全にファイルを転送するプロトコル。SCPは高速なファイル転送に向いており、SFTPではファイルの削除などにも対応している。Filezillaなどの SFTPクライアントを使うことでリモートサーバーのファイルを操作できる
シェルスクリプト	Webアプリを効率的に管理する上で、シェルスクリプトの技術が役立つ
vim/emacs/nano	これらの技術はスクリーンエディターと呼ばれるもの。ターミナルで編集ができるため、SSHでリモートサーバーに接続した後、設定ファイルを編集したり、HTMLやプログラムを修正するのにも役立つ
Visual Studio Code	Webアプリを開発するのにも便利なコーディングエディター。本書でも編集に利用する。インストールの手順は、本書巻末のAppendix2に掲載

上記の技術は、大規模開発だけでなく、個人開発や少人数の開発でも大いに役立つ技術です。本書でも簡単に解説します。いずれも難しいものではないので、少しずつ慣れていくと良いでしょう。

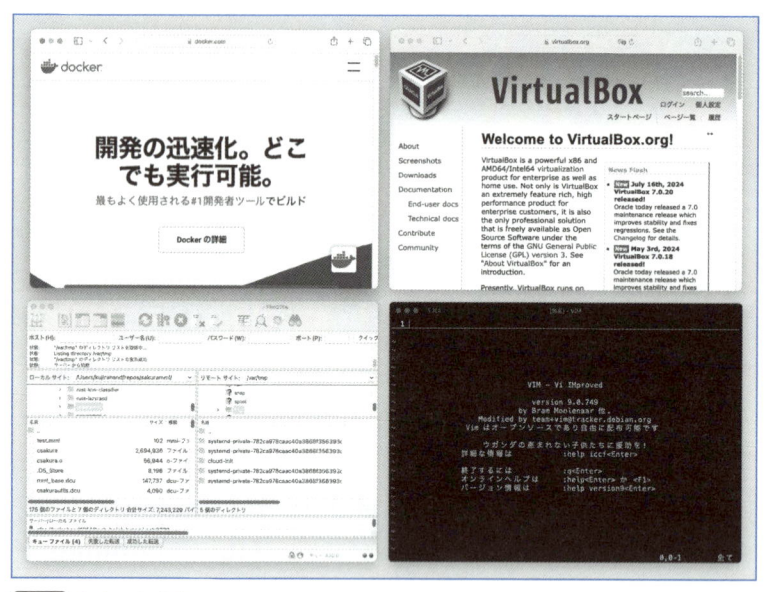

fig16 左上から時計回りに、Docker/VirtualBox の Web サイト /vim/Filezilla の画面

● Webアプリ開発の流れを確認しよう

　続いて、Webアプリ開発の流れを確認してみましょう。Webアプリ開発は旅行に似ています。旅行に行く前には、それなりに計画を立てる必要があります。無計画な旅行も楽しいものではありますが、誰とどこに行くかを決めて、スケジュールや予算を詰めるなら、より楽しい旅行になることでしょう。

　楽しい旅行に行くことを考えながら、Webアプリ開発の流れを確認してみましょう。次のようになります。

〔1〕Webアプリの要件定義と目標設定
〔2〕技術選定と環境構築
〔3〕プログラムの実装とテスト
〔4〕本番環境へのデプロイ
〔5〕運用と保守

　まず最初に、〔1〕のWebアプリの要件定義と目標設定を行います。旅行の計画では、最初にどのような旅行にするのか決めないなら、その計画は流れる可能性が高くなります。同

じように、どんなWebアプリを作るのか目標設定をしっかりしないなら、完成しないまま
お蔵入りになる可能性が高くなります。なお「要件定義」という言葉が出てきましたが、こ
れは、システムやソフトウェアを開発する際に、そのシステムがどのような機能を持ち、ど
のように動作するべきかを明確にするプロセスのことです。

　次に、(2)の技術選定も重要です。これは、旅行で言うところの交通手段に相当します。
目的地まで、電車やバスで行けるのか、あるいは、飛行機に乗る必要があるのか、しっか
り調査する必要があります。同じように、技術選定では多くの調整が必要となるでしょう。
プロジェクトにぴったりの技術を選択するならば、開発効率が向上し無駄なトラブルを避
けることができます。なお、技術選定を行ったら、開発環境を構築します。複数人で開発
する場合には、開発環境を統一することで余計なトラブルを避けることができます。

　そして、いよいよ開発が始まります。(3)のプログラムの実装とテストとは、プログラム
を作りそれが正しく動くのかテストを行います。旅行で言えば、具体的な旅行のプランを
決めることに当たります。資金計画を立てたり、ホテルの予約を取ったりすることに当た
るでしょう。

　プログラムが完成して問題なく動くことを確認したら、(4)の本番環境へデプロイします。
デプロイ（deploy / deployment）とは、ソフトウェアやシステムを開発環境から本番環境
に配置し、実際にユーザーが利用できる状態にするプロセスのことを指します。旅行の例
えでは、実際に旅行に出かけるのがこの部分です。

　ただし、多くのWebアプリはリリースして終わりというわけではありません。(5)の運用
と保守があります。これは、正しくWebサービスが動くのか確認し、トラブルが起きたと
きに解決することです。ユーザーからのフィードバックを受けて改良する必要もあります。
Webアプリはリリースしてからが始まりとも言えます。この運用と保守の期間が最も長く、
得るものも多いものとなります。旅行から帰って来たら、感想や改善点を共有し次回の旅
行に活かすことでしょう。次回の旅行の参考にもなります。上記で挙げたそれぞれのステ
ップをしっかり行う事で、骨太で安定したWebアプリを開発することができるでしょう。

**この節の
まとめ**

(!) Webアプリの開発に必要な技術と、あると便利な技術について一通り
　　確認した

(!) フロントエンドとバックエンドで異なる技術を使う必要があり、本書で
　　は主にバックエンドの技術を解説する

(!) Web開発の各工程を確認した。各工程をしっかり押さえることで完成
　　度の高いサービスを構築できる

HTML/CSS と CSS フレームワークについて

前節では Web 開発に必要な技術を簡単に紹介しましたが、本節では基本中の基本となる HTML/CSS について解説しましょう。そして、手軽にデザインを整えることができる CSS フレームワークについても紹介します。

> **ここで学ぶこと**
> → HTML と CSS
> → CSS フレームワークについて

HTML と CSS の役割について

HTML（HyperText Markup Language）と CSS（Cascading Style Sheets）は、Web サービス開発において非常に重要な役割を果たします。HTML は、Web ページの構造と内容を定義するためのマークアップ言語です。そして、CSS は HTML で定義された要素のスタイルを指定するための言語です。

両者はともに必要な部分を補完する技術です。HTML は、Web ページの骨組みを作る役割を果たします。見出し <h1> や段落 <p>、リスト <ul><li>、画像 <img>、リンク <a>、フォーム <form> といった基本的な要素を使用して、Web ページを構成します。

そして、CSS は Web ページの見た目を美しく整える役割を果たします。色やフォント、レイアウト、余白、ボーダーなどを指定することで、視覚的に魅力的なデザインを実現します。CSS を使用することで、複雑なレイアウトを組むことができます。また、CSS は、サイト全体のデザインの一貫性を保つためにも重要です。共通のスタイルシートを使うことで、全ページで統一感のあるデザインを維持できます。

また、CSS をうまく指定することで、HTML を何も変更することなく、PC、タブレット、スマートフォンと閲覧環境に応じたデザインを実現することができます。これを「レスポンシブデザイン」と言います。

簡単な HTML の例

それでは、簡単な HTML と CSS の利用例を確認してみましょう。以下の HTML ファイル「first.html」は外部の CSS「first-styles.css」を読み込んで表示するものです。

HTML ソースリスト　src/ch1/first.html

```
<!DOCTYPE html>
<html>
```

```html
<head>
    <meta charset="UTF-8">
    <title>HTMLとCSSの例</title>
    <link rel="stylesheet" href="first-styles.css">
</head>
<body>
    <div class="card">
        <h1>HTMLとCSSの例です</h1>
        <div>
            <p><span class="mark">大好きな格言</span></p>
            <ul>
                <li>鉄が鉄を研ぐように人は友を研ぐ</li>
                <li>多くの富よりも良い名を選べ</li>
                <li>黙っているのに時があり話すのに時がある</li>
            </ul>
        </div>
    </div>
</body>
</html>
```

この「first.html」をWebブラウザーにドラッグ＆ドロップすると、次のようにHTMLの内容をレンダリングして画面に表示します。

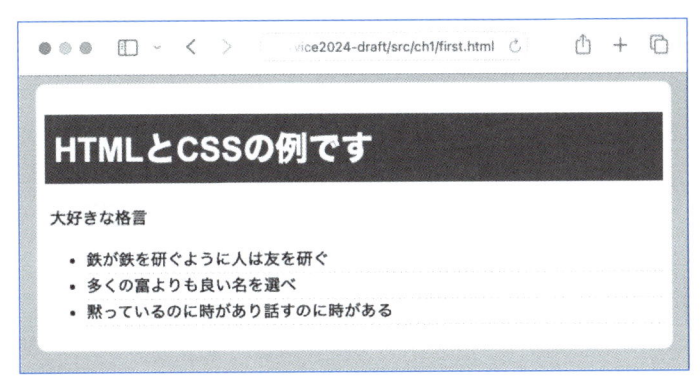

fig17 簡単な HTML と CSS の利用例をブラウザーで表示したところ

単にHTMLファイルの内容を確認してみましょう。HTML5（HTML仕様のバージョン5）以降、HTMLファイルは冒頭に「<!DOCTYPE html>」とその文章がHTMLであることを示すDOCTYPEの宣言を記述することになっています。

そして、HTMLの特徴は何と言っても、<要素名>から始まって</要素名>で閉じるHTMLタグの存在があります。このHTMLでも、<html>からはじまって</html>で終わっていま

す。そして、要素の中に要素をネストして記述できるという特徴があります。

　HTMLは「DOM（Document Object Model）」という構造で成り立っており、それは木構造のようになっています。ブラウザーの開発者ツールで確認すると、HTMLの構造を確認できます。

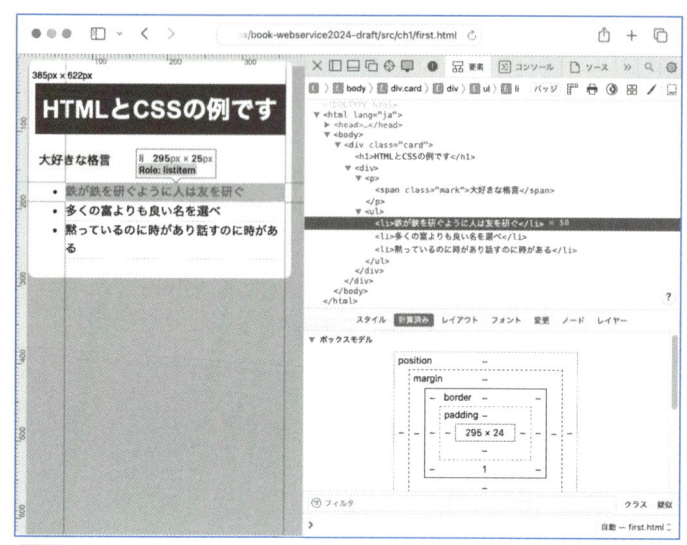

fig18 ブラウザーの開発者ツールで HTML の文書構造を確認できる

開発者ツールは、本書を通して利用するので、表示方法を確認しておきましょう。

Google Chromeの場合は、メニューから［要素 > 開発/管理 > デベロッパーツール］をクリックすると表示（あるいは［F12］キーを押す）

Microsoft Edgeの場合は、メニューから［その他ツール > 開発者ツール］をクリックする

Safariの場合は、設定の詳細で［Webデベロッパ用の機能を表示］をチェックした上で、メニューの［開発 > Webインスペクタ］で表示できる

Firefoxの場合は、メニューから［ツール > ブラウザーツール > ウェブ開発ツール］をクリックする

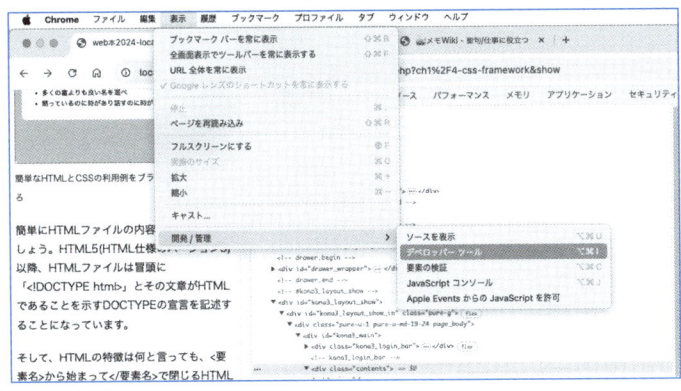

fig19 Chrome で開発者ツールを表示する方法

簡単な CSS の例

上記の HTML から取り込まれる CSS ファイル「first-styles.css」の内容は次のようになります。

CSS ソースリスト src/ch1/first-styles.css

```css
body {
    background-color: silver;
    font-family: Arial, Helvetica, sans-serif;
}
h1 {
    background-color: blue;
    color: white;
    padding: 9px;
}
ul > li {
    border-bottom: 1px dotted #ccc;
}
.card {
    margin: 0.5em;
    padding: 0.5em;
    background-color: white;
    border: 1px solid #ccc;
    border-radius: 10px;
}
span .mark {
    background-color: yellow;
    padding: 0.3em;
}
```

CSSを指定するには下記の書式で記述します。

```
CSSの記述方法
セレクター {
    プロパティ: 値;
    プロパティ: 値;
}
セレクター {…}
セレクター {…}
```

セレクターに記述する「body」や「h1」というのは、そのままHTMLのタグ（要素名）に対応しています。そして、「ul > li」というのは、<ul>の直下にある<li>要素に対して指定するという意味になります。

要素名だけでなく、要素のclass属性に指定するには「. クラス名」と記述しますid属性を指定する場合には「#ID名」と記述します。

また、よく使うプロパティには次のようなものがあります。

○ よく使うプロパティ

プロパティ	解説	指定例
margin	要素のマージンを指定	margin: 0.5em
padding	要素の内側の余白を指定	padding: 12px
background-color	背景色を指定	background-color: red
color	文字の色を指定	color: black
border	枠線の色や太さ形状を指定	border: 1px solid silver

もちろん、CSSには膨大なプロパティがあり、上記はほんの一例に過ぎません。

● CSSフレームワークについて

Webサービスを開発する際、できるだけ見た目が整っていることが重要です。デザインがしっかりしているサービスは、きっとしっかり作られているだろうという安心感を与えます。実際には、プログラミングを主体で開発をしている場合には、デザインを細かいところまで指定するのは負担に感じるでしょう。そこで利用したいのがCSSフレームワークです。

CSSフレームワークのメリット

「CSSフレームワーク（CSS framework）」は、ウェブ開発者が迅速かつ効率的にスタイリッシュなWebアプリを構築するためのツールです。CSSフレームワークには、あらかじめスタイルが定義されているため、基礎的なデザインやレイアウトを迅速に構築できます。スタイルを指定するだけで、統一された一貫性のあるデザインを実現できます。また、CSSでのレイアウトの指定を手軽に行えるようになっています。

最初にどんなCSSフレームワークがあるのか紹介します。

Bootstrap - X（元 Twitter）が開発した人気のCSSフレームワーク

Bootstrapは、Xが開発し公開している人気のCSSフレームワークです。フロントエンド開発者がレスポンシブでモダンなWebアプリを素早く作成するのに役立ちます。グリッドシステムや豊富なUIコンポーネント（ナビゲーションバー、ボタン、フォーム、モーダルなど）が用意されており、クラスを追加するだけで簡単に利用できます。Sassを使ったカスタマイズも可能で、プロジェクトのテーマやスタイルを柔軟に変更できます。詳細なドキュメントも用意されており初心者からプロまで幅広い開発者に使われています。

fig20 Bootstrap の Web サイト

Bulma - シンプルで直感的なCSSフレームワーク

Bulmaは、シンプルで直感的なCSSフレームワークです。モダンなデザインを素早く実現することを目的に設計されており、学習曲線が低く初心者でも使いやすいのが特徴です。また、レスポンシブデザインを簡単に実装できる仕組みを持っています。主要なコンポーネントとして、グリッドシステム、ナビゲーションバー、ボタン、カード、モーダルなどがあり、HTMLにクラスを追加するだけで利用できます。

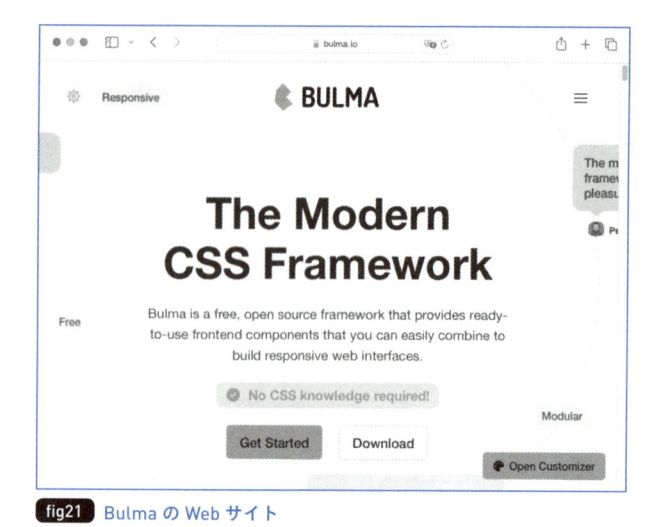

fig21 Bulma の Web サイト

Pure.css - Yahoo! が開発した必要最低限の CSS フレームワーク

　Pure.css は、Yahoo! が開発した軽量でモジュール化された CSS フレームワークです。最小限のスタイルでありながら、レスポンシブデザインをサポートしており、モダンな Web アプリを効率的に構築できます。Pure.css は、各機能が独立したモジュールとして提供されており、必要な部分だけを選んで使用する仕組みを採用しているので軽量です。主要なモジュールには、グリッド、フォーム、ボタン、テーブル、ナビゲーションなどが含まれています。シンプルなデザインを好む開発者に愛されています。

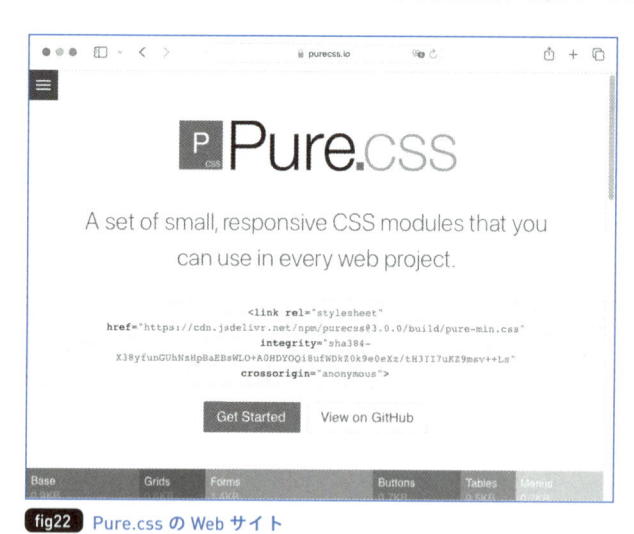

fig22 Pure.css の Web サイト

　ほかにも、企業向けのプロジェクトで利用が多い Foundation や、ユーティリティファーストのアプローチを採用したモダンな Tailwind CSS、多様な UI コンポーネントを直感的に

記述できるSemantic UIなど、さまざまなCSSフレームワークがあります。

● Bulmaの簡単な使い方

　本書は上記の中から、初心者でも手軽に使えるという点から、Bulmaを選んで使うことにします。CSSフレームワークを使うには、いろいろな方法がありますが、最も簡単なのは、CDNと呼ばれるコンテンツの配信ネットワーク上に配置されたファイルにリンクする方法です。

　Bulmaを使いたいHTMLに下記のコードを記述することで利用できるようになります。このコードはBulmaのWebサイトに掲載されていますので、そこからコピーするか本書のサンプルから貼り付けると間違いがないでしょう。

```
<link rel="stylesheet"
 href="https://cdn.jsdelivr.net/npm/bulma@1.0.2/css/bulma.min.css">
```

●Bulmaのドキュメント

[URL] https://bulma.io/documentation/start/installation/

　Bulmaの使い方は簡単で、HTML要素のclass属性にBulmaが定義したスタイルを指定するだけです。

　先ほど作成した「first.html」をBulmaを使って装飾してみましょう。

HTMLソースリスト src/ch1/first-bulma.html
```
<!DOCTYPE html>
<html>
<head>
    <meta charset="UTF-8">
    <title>HTMLとCSSの例</title>
    <link rel="stylesheet"
     href="https://cdn.jsdelivr.net/npm/bulma@1.0.2/css/bulma.min.css">
</head>
<body class="m-4">
    <div class="card">
        <navi class="panel">
            <h1 class="panel-heading">HTMLとCSSの例です</h1>
        </navi>
        <div class="m-4 p-4">
```

```
        <p class="m-2"><span class="is-size-6">大好きな格言</span></p>
        <ul class="tags m-4">
            <li class="tag is-primary">鉄が鉄を研ぐように人は友を研ぐ</li>
            <li class="tag is-warning">多くの富よりも良い名を選べ</li>
            <li class="tag is-info">黙っているのに時があり話すのに時がある</li>
        </ul>
      </div>
    </div>
  </body>
</html>
```

　これをブラウザーで確認してみましょう。HTMLファイルをブラウザーにドラッグ＆ドロップしてみましょう。次のように表示されます。

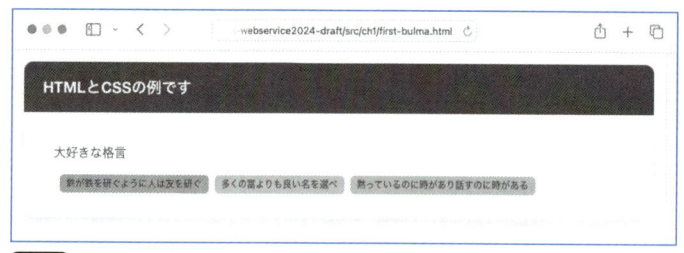

fig23 Bulma を利用するように微修正した HTML

　HTMLと実行結果を見比べてみましょう。まず、独自でCSSを定義していないという点に注目しましょう。そして、HTMLの `<head>` 要素にて、Bulmaをリンクしています。その後、HTMLの要素に、class属性を与えています。

　class属性に与えている「m-4」や「p-4」という記述はマージンと余白の設定です。「card」や「panel」を指定することでカードやパネルの枠が表示されます。`<li>` 要素のクラスに「is-primary」や「is-warning」を指定していますが、これによりBulmaによって指定された背景色が表示されます。他にも、多くのプロパティが宣言されているので、それを利用することで、一貫性のあるモダンなデザインを実現できます。

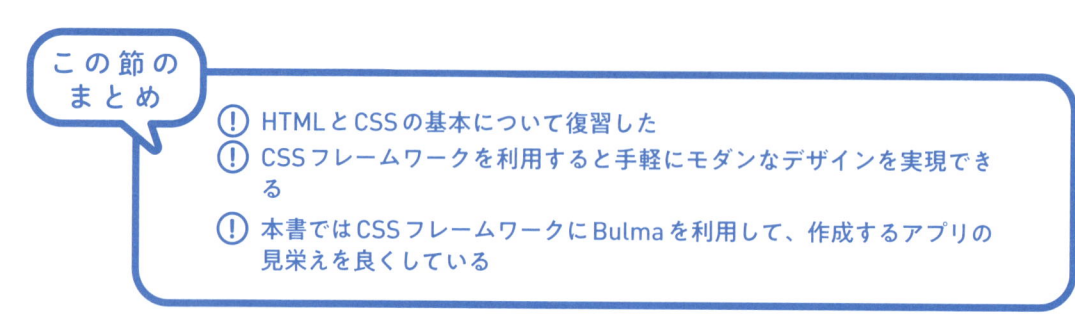

この節の
まとめ

- ⚠ HTMLとCSSの基本について復習した
- ⚠ CSSフレームワークを利用すると手軽にモダンなデザインを実現できる
- ⚠ 本書ではCSSフレームワークにBulmaを利用して、作成するアプリの見栄えを良くしている

混乱しがちな3文字略語について - VPS/VPN/VNC/SSH/SCP/SMB/RDP

IT業界では多くの3文字アルファベットの略語が溢れています。うっかり言い間違えたり、誤解してしまうこともあります。例えば、VPNとVPSはよく似ているので、よく言い間違いをしているのを聞きます。

Webサービスと関係のある3文字略語について、以下に簡単にまとめてみました。

VPS（Virtual Private Server）

VPSは「仮想プライベートサーバー」の略で、物理的なサーバーのリソースを仮想的に分割して提供するサービスです。ユーザーは専用サーバーと同様に管理権限を持ち、自分のサーバーのように扱うことができます。そのため、VPSは共有ホスティングよりも柔軟で、専用サーバーよりもコスト効率が高いのが特徴です。

VPSを契約すると、Webサービスのホスティング、アプリケーションのテスト環境、ゲームサーバーなど、さまざまな用途で利用できます。

VPN（Virtual Private Network）

VPNは「仮想プライベートネットワーク」の略で、インターネットなどのパブリックネットワーク上にセキュアな接続を確立する技術です。VPNを使用すると、インターネット経由で安全にデータを送受信することができ、プライバシーを保護しながらリモートアクセスや企業内ネットワークへの接続が可能です。リモートワークや公共Wi-Fiを利用する際にセキュリティを強化するために使われます。

VNC（Virtual Network Computing）

VNCは「仮想ネットワークコンピューティング」の略で、ネットワーク経由で他のコンピューターをリモート操作するためのプロトコルです。VNCを使用すると、ユーザーは遠隔地からデスクトップ環境にアクセスし、まるで目の前にあるコンピューターを操作しているかのように利用することができます。デスクトップを持つサーバーに接続して作業する場合や、リモートサポートで使われます。

RDP（Remote Desktop Protocol）

RDPは「リモートデスクトッププロトコル」の略で、Microsoftが開発したリモートデスクトップ接続のためのプロトコルです。RDPを使用すると、リモートのWindowsコンピューターに接続して、そのデスクトップ環境を操作することができます。RDPはセキュアな接続とデバイスリダイレクション、帯域幅の最適化など、さまざまな機能を提供します。

SSH（Secure Shell）

SSHは「セキュアシェル」の略で、ネットワーク経由で安全にリモートコンピューターにログインするためのプロトコルです。SSHは暗号化された通信チャネルを提供するため、パスワードやその他の機密情報が漏洩するリスクを軽減します。サーバー管理やリモートコマンド実行で使われます。

SCP（Secure Copy Protocol）

SCPは「セキュアコピープロトコル」の略で、ファイルを安全にリモートコンピューター間で転送するためのプロトコルです。SCPはSSHのセキュアな通信チャンネルを利用します。ファイル転送の際にデータが暗号化されるため、安全性が高く、特に機密性の高いデータの転送に適しています。

SMB（Server Message Block）

SMBは「サーバーメッセージブロック」の略で、ネットワーク上でファイルやプリンター、シリアルポートなどのリソースを共有するための通信プロトコルです。主にWindows環境で使用されており、ネットワーク上の複数のデバイス間でリソースを効率的に共有することができます。

まだまだある3文字略語

これらのほかにも、いろいろな3文字のアルファベットの略語がありますが、知らない技術については、しっかり意味を押さえておくと良いでしょう。

2

Webアプリの基本

2章では、Webアプリの基本を確認しましょう。最初の節では、Pythonの有名なフレームワークをいくつか紹介します。それ以降の節では、代表的なWebフレームワークである「Flask」の基本的な機能を確認しましょう。特に「ルーティング」、「テンプレートエンジン」、「フォーム」の使い方について解説します。

Web フレームワークとは？

本節では、「Web フレームワークとは何か」を紹介するとともに、Python の有名なフレームワークや本書で利用する Web フレームワークである「Flask」について紹介します。

ここで 学ぶこと	⊕ Web フレームワークとは？
	⊕ Python の有名なフレームワーク
	⊕ Flask の MVT モデルについて

● Web フレームワークとは？

「Web フレームワーク」とは、Web アプリの開発を手軽に行えるようにサポートしてくれるものです。Web アプリをゼロから開発しようとすると、多くの処理や機能を作らなければなりません。それらの処理には、Web アプリの種類に関わらず、繰り返し使う処理や機能があります。Web フレームワークは、こうした「よく使う処理や機能」をまとめて、誰もが手軽に利用できるようにしたものです。

一方で、Web フレームワークを使うためには、そのフレームワークを使うための学習コストがかかるという面もあります。Web アプリを一つ作るために学習するのは効率が悪いですが、いくつかの Web アプリを作るのであれば、フレームワークは有用なツールと言えるでしょう。

● Python の有名なフレームワーク

Django - フルスタックのフレームワーク

Django（ジャンゴ）は、Web アプリの開発に必要な機能が最初から一通り揃っているフルスタックの Web フレームワークです。機能が最初から揃っているため、いろいろなパッケージ（DB アクセスのためのパッケージなど）の選択に悩まされることなく開発することができます。その分、学習コストが少し高いと言えるかもしれません。しかし、多くの有名な Web サービスが Django を採用しているため、資料が多く、学習しやすい環境が整っています。Django は比較的大規模な開発に向いていると言われています。

● Django
　[URL] **https://www.djangoproject.com/**

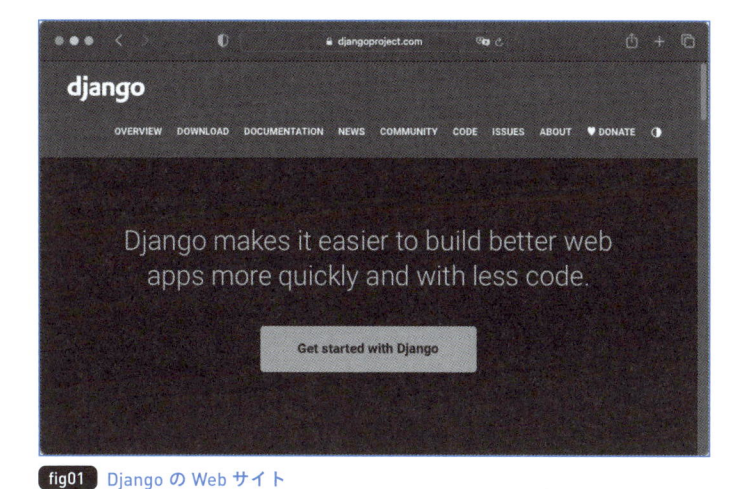

fig01 Django の Web サイト

Flask - 使いやすいマイクロフレームワーク

Flask（フラスク）は、最初は必要最小限の機能だけを持っているマイクロフレームワークです。そのため、学習コストが低く、軽快に動作するのがメリットです。しかし、必要に応じて追加するライブラリーを自分で選択・追加する必要があります。WSGI（Web Server Gateway Interface）に対応しているため、Flask で作成した Web アプリは WSGI に対応した Web サーバー（Apache など）と組み合わせて利用できます。Flask は比較的小規模な開発に向いていると言われています。

● Flask

[URL] https://flask.palletsprojects.com/

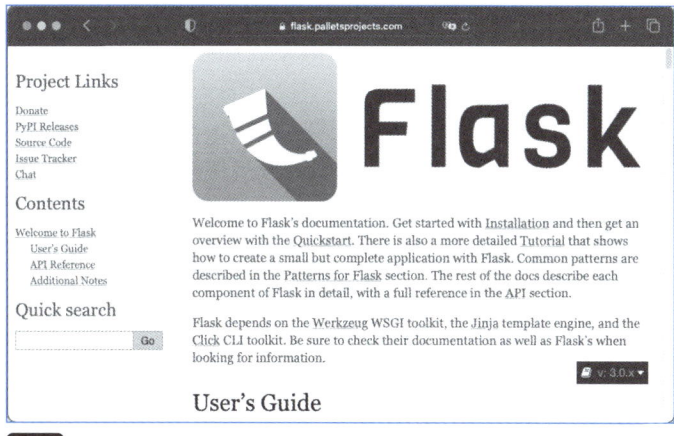

fig02 Flask の Web サイト

FastAPI - APIを開発するためのフレームワーク

　FastAPI（ファストエーピーアイ）は、API（Application Programming Interface）を開発するためのフレームワークです。ルーティング、リクエスト、バリデーションなどAPI開発に必要な機能を提供しているため、高速なコーディングが可能で、公式ページでは、「開発速度を約200%〜300%向上させます。」と述べられています。また、ドキュメントを自動生成する機能を持っていたり、公式マニュアルが日本語で提供されているのも特徴です。

●FastAPI
[URL] https://fastapi.tiangolo.com/

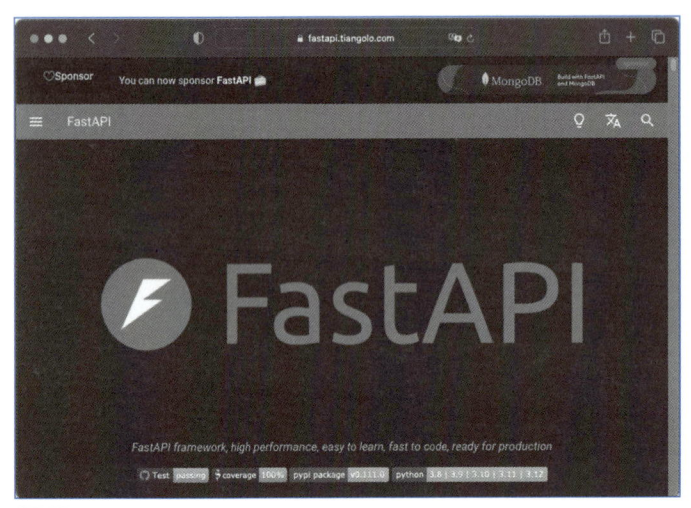

`fig03` FastAPI の Web サイト

Tornado - 非同期処理を得意とするフレームワーク

　Tornado（トルネード）は、マイクロフレームワークの一種で、非同期処理を得意とするフレームワークです。大量のリクエストを同時に処理することができます。Tornadoはチャットアプリなど、継続的にユーザーとのやり取りが発生するWebアプリの開発に向いていると言われています。

●Tornado
[URL] https://www.tornadoweb.org/

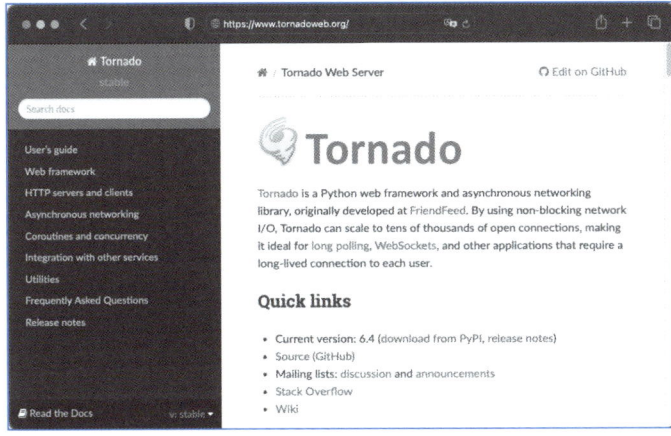

fig04 Tornado の Web サイト

● 本書で扱う Web フレームワークについて

　本書では、1つの大きな Web アプリを作るのではなく、小さな Web アプリを複数作ります。また、API や非同期処理を作成するわけではありません。そこで、学習量が少なく、手軽にプロジェクトを開始でき、資料も多く、今後読者が学習を進めやすい Flask を使ったプログラムを紹介します。

● Flask の MVT モデルについて

　本節の最後に、Flask の MVT モデルについて紹介します。MVT モデルとは、開発するアプリの役割を「Model（モデル）」、「View（ビュー）」、「Template（テンプレート）」の3つに分けて開発する手法で、それぞれの役割の頭文字から取って MVT モデルと呼ばれています。

　Model、View、Template の役割は以下の通りです。

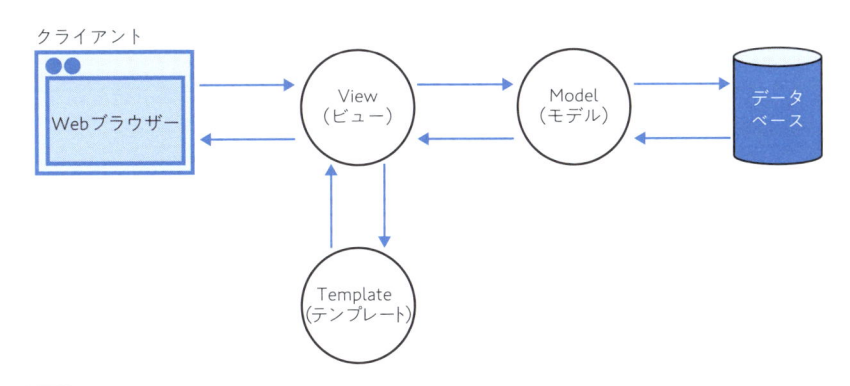

fig05 MVT の役割説明図

Model	データを管理する役割です。ビューからのリクエストに応じて、データを作成、更新、削除、読み込みなどを行い、レスポンスを返します。
View	Model や Template の呼び出しを制御する役割です。クライアントからのリクエストに応じて、モデルやテンプレートを呼び出してレスポンスを返します。
Template	クライアントに表示する画面（HTML や CSS など）を作成する役割です。View から受け取ったテンプレート（雛形）に、受け取ったデータを当てはめて、クライアントに表示する画面を返します。

　クライアントとの窓口になっているのは、View になります。この View が、クライアントからのリクエストを受け付け、Model を呼び出したりしてユーザーからのリクエストに応じた処理を行い、Template を呼び出してクライアントに表示する画面を作成し、レスポンスを返します。

　クライアントからのリクエストを受けて、レスポンスを返すまでの流れがなんとなくイメージできたでしょうか。Model、View、Template それぞれの使い方については、以降の節や章において少しずつ学んでいきましょう。そうすると Flask が、Web アプリを作成するためによく使われる処理や機能を手軽に利用できるようにしてくれていることを体感できるでしょう。

> **この節の まとめ**
>
> (!) 「Web フレームワーク」とは、Web アプリの開発において、よく使う処理や機能をまとめて、誰でも手軽に利用できるようにしたものである
>
> (!) Python には、用途に応じて、Django、Flask、FastAPI、Tornado などの Web フレームワークが存在する
>
> (!) Flask では、MVT モデルを採用しており、「Model（モデル）」、「View（ビュー）」、「Template（テンプレート）」の 3 つに分けて開発する

chapter 2
02
Flask ことはじめ

PythonのWebフレームワークとして、とても人気のFlaskを使ってみましょう。最初にFlaskの環境を準備して、それから一番簡単なハローワールドアプリを作成します。Flaskの基本的なプログラムを確認してみましょう。

ここで 学ぶこと	➔ Flaskの環境構築方法 ➔ ハローワールドアプリの作り方

● Flaskの環境を準備しよう

仮想環境を作成しよう

まず、Flaskをインストールするための仮想環境を作成しましょう。最初に自分の好きな場所に仮想環境のルートフォルダーを作成します。本書では「flask_workspace」フォルダーを作成します。次に、ターミナルを開き、作成したフォルダーに移動（cdコマンド）します。その後、ターミナルから以下のvenvコマンドを実行しましょう。

```
# Windows/macOS共通
python -m venv flask_env
```

上記を実行すると、「flask_env」という名前の仮想環境が作成されます。仮想環境には、好きな名前をつけることができます。実際に「flask_workspace」フォルダーの中身を見てみると、「flask_env」というフォルダーが作成されており、仮想環境の設定ファイルやpython3.11など、色々なファイルが格納されています。これで仮想環境が作成できました。

仮想環境を有効にしよう

ターミナルから、以下のコマンドを実行して、作成した仮想環境を有効にしましょう。

```
# Windowsの場合
.\flask_env\Scripts\activate
# macOSの場合
source flask_env/bin/activate
```

仮想環境が有効になると、ターミナルの行頭に「(flask_env)」のように、仮想環境名が丸カッコ付きで表示されます。なお、以下のコマンドを実行すると、仮想環境が無効になります。

```
# Windows/macOS共通
deactivate
```

　ターミナルの行頭に丸カッコ付きの仮想環境名が表示されなくなり、仮想環境が無効になったことがわかります。では、作成した仮想環境にFlaskをインストールしましょう。

Flask をインストールしよう

　仮想環境にFlaskなどの各種パッケージをインストールするには、pip（ピップ）コマンドを利用します。pipはPyPI（Python Package Index）からパッケージをインストール・管理するためのコマンドです。

　では最初に、pipコマンドを利用して、仮想環境にインストール済みのパッケージを確認してみましょう。上記で紹介した「activate」コマンドを実行して仮想環境を有効にします。仮想環境が有効になったら、以下のコマンドを実行しましょう。

```
# Windows/macOS共通
python -m pip list
```

　以下のような結果が表示されます。

```
Package    Version
---------- -------
pip        24.0
setuptools 65.5.0
```

pipやsetuptoolsといったPythonのパッケージ管理ツールがインストール済みであることがわかります。また、Flaskがインストールされていないことがわかります。

それではこの環境に、以下のコマンドを実行して、Flaskをインストールしましょう。

```
# Windows/macOS共通
python -m pip install Flask==3.0.3
```

ここでは、Flaskのバージョンとして「3.0.3」を指定しています。もし、最新バージョンのFlaskをインストールしたい場合は、以下のコマンドを実行します。

```
# Windows/macOS共通
python -m pip install Flask
```

それでは、以下のコマンドを実行して、Flaskがインストールされたかを確認してみましょう。

```
# Windows/macOS共通
python -m pip list
```

以下のような結果が表示されます。

```
Package       Version
------------  -------
blinker       1.7.0
click         8.1.7
Flask         3.0.3
itsdangerous  2.1.2
Jinja2        3.1.3
MarkupSafe    2.1.5
pip           24.0
setuptools    65.5.0
Werkzeug      3.0.2
```

Flaskがインストールされていることがわかります。また、「Jinja2」というFlaskの中で利用されているテンプレートエンジンなど、Flaskと関係するいくつかのパッケージが一緒にインストールされていることがわかります。これで、Flaskのインストールは完了です。

● ハローワールドアプリを作成しよう

では、Flaskを利用して、画面に「Hello,World!」と表示するWebアプリを作成してみましょう。ここから、実際にPythonやVisual Studio Codeを操作してWebアプリを開発します。Appendix1と2でPythonとVisual Studio Codeのインストールについて解説しています。

Visual Studio Codeでの準備をしよう

最初に、Flaskアプリを作成するための準備をVisual Studio Code（以下VSCodeと呼びます）で行いましょう。まず、VSCodeを起動して、「ファイル→フォルダーを開く」を選択し、仮想環境のルートフォルダー（本書では「flask_workspace」）を指定して開きます。

fig06 flask_workspace フォルダーを VSCode で開いたところ

次に、今回作成するハローワールドアプリのためのフォルダーを作成しましょう。「flask_workspace」配下に新しいフォルダーを作り、「hello_flask」という名前をつけます。

fig07 hello_flask フォルダーを作成したところ

最後に、ハローワールドアプリのプログラムを書くPythonファイルを作成しましょう。「hello_flask」フォルダー配下に新しいファイルを作成し、「hello_flask.py」というファイル名をつけます。

fig08 hello_flask.py を作成したところ

コーディングしよう

「hello_flask.py」に以下のプログラムを書きましょう。

Python ソースリスト src/ch2/hello_flask/hello_flask.py

```python
# Flaskのインポート ——(※1)
from flask import Flask

# インスタンス作成 ——(※2)
app: Flask = Flask(__name__)


# ルーティング ——(※3)
@app.route("/")
def hello_world():
    return "<h1>Hello,World!</h1>"


# アプリの実行 ——(※4)
if __name__ == "__main__":
    app.run()
```

実行して、結果を確認しよう

では、作成したプログラムを実行してみましょう。VSCodeの画面左側にあるファイルエクスプローラーでファイルを右クリックして「ターミナルでPythonファイルを実行する」を選択しましょう。そうすると、ターミナルが表示され、以下のようなメッセージが表示されます。

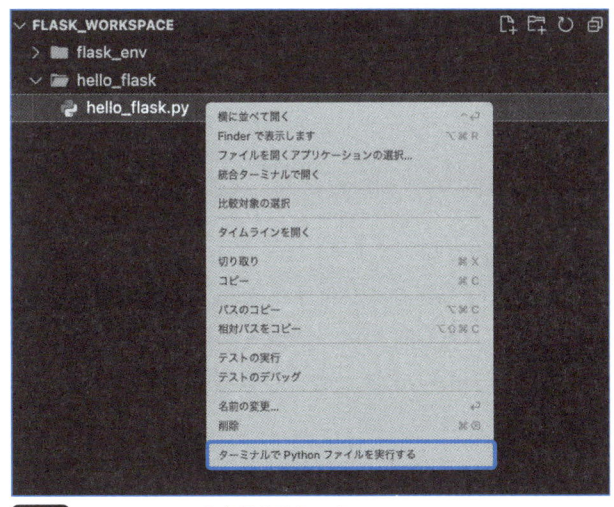

fig09 hello_flask.py を実行するところ

```
 * Serving Flask app 'hello_flask'
 * Debug mode: off
WARNING: This is a development server. Do not use it in a producti
on deployment. Use a production WSGI server instead.
 * Running on http://127.0.0.1:5000
Press CTRL+C to quit
```

「Running on http://127.0.0.1:5000」は、開発用のWebサーバーが起動し、
「http://127.0.0.1:5000」というアドレスでアクセスできることを表しています。そのため、
ブラウザーを開いて「http://127.0.0.1:5000」にアクセスしてみましょう。この時、多くの
ターミナルでは「Ctrlキー」（Macでは「Command」キー）を押しながら
「http://127.0.0.1:5000」の部分をクリックするとブラウザーが起動します。

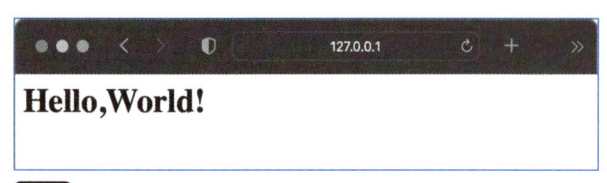

fig10 hello_flask.py を実行したところ

　上記のように、「Hello,World!」が表示されれば成功です。最初のFlaskアプリを作成す
ることができました。また、ターミナルに表示されているメッセージには、「Press CTRL+C
to quit」とある通り、ターミナルで「CTRL+C」を押下するとWebサーバーを停止するこ
とができます。

プログラムの内容を確認しよう

　作成したFlaskアプリのプログラムを確認しましょう。
　（※1）の部分では、Flaskクラスをインポートしています。
　（※2）の部分では、インポートしたFlaskクラスのインスタンスを生成しています。
　（※3）の部分では、ルーティングの設定をしています。具体的には、「@app.route('/')」
と書くことにより、サーバーのルート「/」にアクセスがあった場合に「hello_world」関
数を呼び出すように設定しています。そして、その関数の戻り値がサーバーのレスポンス
となります。そのため今回のプログラムでは、ブラウザーから「http://127.0.0.1:5000」
（サーバーのルートとなるURL）にアクセスすると、「hello_world」関数が呼び出され、関
数の戻り値である「Hello,World!」という文字列がブラウザーに表示されました。
　（※4）の部分では、Flaskを実行しています。「if __name__ == '__main__':」の部分は、
「プログラムが直接実行されたか？」を判定しています。「__name__」変数は、Pythonが
内部で管理している変数で、実行しているプログラムのモジュール名が設定されます。該
当のプログラムが直接実行されている場合は、「__main__」というモジュール名が付与さ

れます。そして、「app.run()」で、Flaskアプリをサーバー上で実行しています。

サーバーのポート番号を変更しよう

（※4）の部分で利用している「run」関数は、引数を指定することで、サーバーのポート番号を指定することができます。run関数に何も引数を指定しないで実行した場合、「Running on http://127.0.0.1:5000」というメッセージが表示されていたように、ポート番号は5000番が利用されていることがわかります。他のアプリで、このポート番号がすでに利用されている場合は、run関数に引数を指定することでポート番号を変更することができます。それでは、ポート番号を「1918」に変更するようにプログラムを書き換えてみましょう。「app.run()」の部分を以下のように書き換えましょう。

```
app.run(port=1918)
```

そして、VSCodeの画面左側にあるファイルエクスプローラーでファイルを右クリックして「ターミナルでPythonファイルを実行する」で実行すると、以下のようなメッセージが表示されます。

```
 * Serving Flask app 'hello_flask'
 * Debug mode: off
WARNING: This is a development server. Do not use it in a producti
on deployment. Use a production WSGI server instead.
 * Running on http://127.0.0.1:1918
Press CTRL+C to quit
```

「Running on http://127.0.0.1:1918」というメッセージから、ポート番号が変更されたことがわかります。実際に「http://127.0.0.1:1918」にアクセスすると、「Hello,World!」が表示され、ポート番号が変更されていることを確認できます。

デバッグモードで起動しよう

run関数に引数を指定することで、デバッグモードでサーバーを起動することもできます。デバッグモードでサーバーを起動すると、エラーの詳細を確認したり、プログラムの変更を自動で検知してリロードしたりしてくれます。プログラム開発中は頻繁にエラーやプログラム変更が発生するため、デバッグモードを利用すると便利でしょう。それでは、デバッグモードで起動するようにプログラムを書き換えてみましょう。（※4）の「app.run()」の部分を以下のように書き換えましょう。

```
app.run(debug=True)
```

そして、VSCodeの画面左側にあるファイルエクスプローラーでファイルを右クリックして「ターミナルでPythonファイルを実行する」で実行すると、以下のようなメッセージが表示されます。

```
 * Serving Flask app 'hello_flask'
 * Debug mode: on
WARNING: This is a development server. Do not use it in a producti
on deployment. Use a production WSGI server instead.
 * Running on http://127.0.0.1:5000
Press CTRL+C to quit
 * Restarting with stat
 * Debugger is active!
 * Debugger PIN: 684-161-854
```

　「Debug mode: on」や「Debugger is active!」というメッセージが表示され、デバッグモードで起動していることがわかります。ではまず、プログラムを変更して自動的に検知やリロードされることを確認してみましょう。(※3)の部分にある「return 'Hello,World!!'」を以下のように書き換えましょう。

```
return "<h1>こんにちは、世界!!</h1>"
```

　そして、保存すると、以下のようなメッセージが追加で表示されます。XXXXの部分は「flask_workspace」フォルダーまでのファイルパスです。

```
 * Detected change in 'XXXX/flask_workspace/hello_flask/hello_fla
sk.py', reloading
 * Restarting with stat
 * Debugger is active!
 * Debugger PIN: 684-161-854
```

　「Detected change in 'XXXX/flask_workspace/hello_flask/hello_flask.py', reloading」は、プログラムの変更が自動で検知され、リロードされたことを示しています。では実際に、「http://127.0.0.1:5000」にアクセスしてみましょう。

fig11 hello_flask.py の内容を変更して再実行したところ

結果が変わっているので、本当にプログラムの変更を検知してリロードしてくれたことがわかります。とても便利ですね。

では次に、デバッガーからエラーの詳細を確認してみましょう。先ほど書き換えた「return 'こんにちは世界!!'」の部分を以下のように書き換えましょう。

```
age: int = 19
return "<h1>あなたの年齢は" + age + "歳です。</h1>"
```

そして、「http://127.0.0.1:5000」にアクセスしてみましょう。そうすると、以下のようにエラーの詳細を確認することができます。

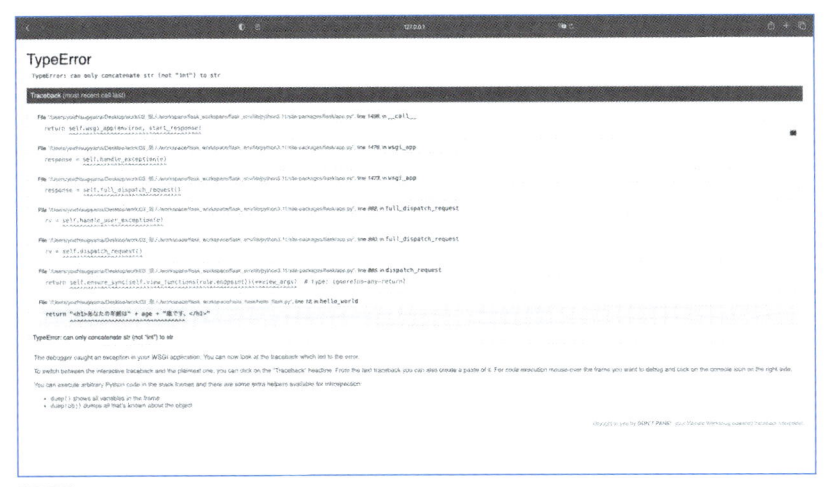

fig12 エラー詳細が表示されたところ

この画面を見てみると、「return "<h1>あなたの年齢は" + age + "歳です。</h1>"」の場所で、型が異なるデータを連結しようとしたことにより「TypeError」が起きているということがわかります。

今回のエラーはとてもわかりやすいものでしたが、画面を見ただけではすぐに原因がわからないエラーも少なくありません。そのような場合は、Flaskのデバッガーに接続して、Pythonコードを実行することができます。自分が参照したい箇所にマウスオーバーすると、右側にアイコンが表示されますので、クリックしましょう。

```
return "<h1>あなたの年齢は" + age + "歳です。</h1>"
```

fig13 Flask のデバッガーに接続するためのアイコンが表示されたところ]

アイコンをクリックすると、PINコードを入力するダイアログが表示されます。ここにサーバーを起動するときや、プログラムをリロードしたときに表示される「Debugger PIN:」のコードを入力しましょう。

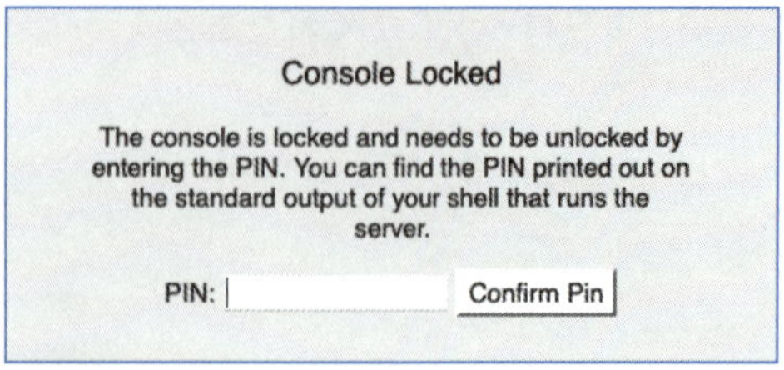

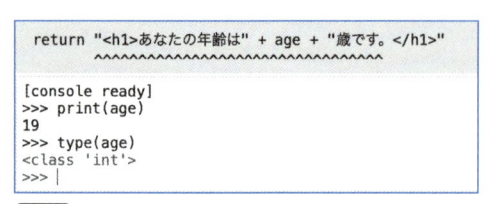

```
                    Console Locked

    The console is locked and needs to be unlocked by
    entering the PIN. You can find the PIN printed out on
       the standard output of your shell that runs the
                         server.

    PIN: |_____|    Confirm Pin
```

fig14 PINコードを入力するダイアログが表示されたところ

そうすると、コンソールが表示され、任意のPythonコードを実行することができます。

```
    return "<h1>あなたの年齢は" + age + "歳です。</h1>"
           ^^^^^^^^^^^^^^^^^^^^^^^^^^^^^^^^^^^^^^^

[console ready]
>>> print(age)
19
>>> type(age)
<class 'int'>
>>> |
```

fig15 FlaskのデバッガーでPythonコードを実行しているところ

この節の
まとめ

(!) venvコマンドで仮想環境を作成し、pipコマンドでFlaskのインストールができる

(!) Flaskクラスのインポート、インスタンス生成、ルーティング設定、実行に関するプログラムを書くと、Flaskのアプリを作成できる

(!) 「run」関数は、引数を指定することで、サーバーのポート番号を指定することや、デバッグモードでサーバーを起動することができる

03 ルーティングをしてみよう

ここでは、Flaskにおけるルーティングについて理解し、固定URLへのルーティング、変数付きのルーティング、HTTPメソッドに応じたルーティングをする方法について学んでみましょう。

ここで学ぶこと
- ➡️ Flaskにおけるルーティングとは
- ➡️ 固定URLへのルーティング
- ➡️ 変数付きのルーティング
- ➡️ HTTPメソッドに応じたルーティング
- ➡️ 生成AIにルーティングの基本設定をしてもらう

● Flaskにおけるルーティングとは

Flaskにおけるルーティングとは、「どんなリクエスト（URLやHTTPメソッドなど）がされたら、どの関数を呼び出すか」をマッピングする機能のことで、MVTモデルにおけるViewの機能です。Flaskはルーティングの機能を提供しているため、定義するだけで簡単に利用することができます。

● ベーシックなルーティングをしてみよう

では最初に、ベーシックなルーティングとして、以下のようなルーティングを行うWebアプリを作成してみましょう。

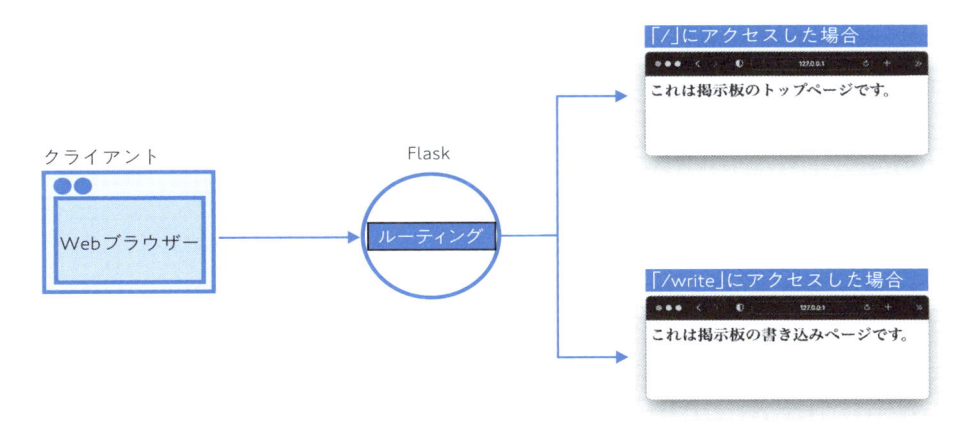

「/」にアクセスした場合
これは掲示板のトップページです。

「/write」にアクセスした場合
これは掲示板の書き込みページです。

クライアント
Webブラウザー

Flask
ルーティング

`fig16` ルーティングイメージ

VSCode での準備をしよう

　まず、ハローワールドアプリの時と同じように、仮想環境のルートフォルダー（本書では「flask_workspace」）を開き、「routing」フォルダーを作成しましょう。次に、「routing」フォルダーに「basic_routing.py」を作成しましょう。

> フォルダー構成

```
routing
└── basic_routing.py … メインプログラム
```

コーディングしよう

　「basic_routing.py」に以下のプログラムを書きましょう。

> Python ソースリスト ／ src/ch2/routing/basic_routing.py

```python
from flask import Flask

app: Flask = Flask(__name__)


# 「/」にアクセスがあった場合のルーティング ——(※1)
@app.route("/")
def index():
    return "<h1>これは掲示板のトップページです。</h1>"


# 「/write」にアクセスがあった場合のルーティング ——(※2)
@app.route("/write")
def write():
    return "<h1>これは掲示板の書き込みページです。</h1>"


if __name__ == "__main__":
    app.run(debug=True)
```

実行して、結果を確認しよう

　VSCode の画面左側にあるファイルエクスプローラーで「basic_routing.py」を右クリックして「ターミナルで Python ファイルを実行する」を選択して、アプリを起動しましょう。そうすると、前回同様、ターミナルに開発用の Web サーバーが起動し、

「http://127.0.0.1:5000」でアクセス可能であることを示すメッセージが表示されます。そのため、ブラウザーを開いて「http://127.0.0.1:5000」にアクセスしてみましょう。

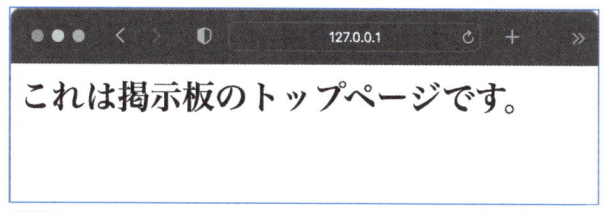

fig17 「/」にアクセスしたところ

上記のように、「これは掲示板のトップページです。」が表示されれば成功です。次に、「http://127.0.0.1:5000/write」にアクセスしてみましょう。

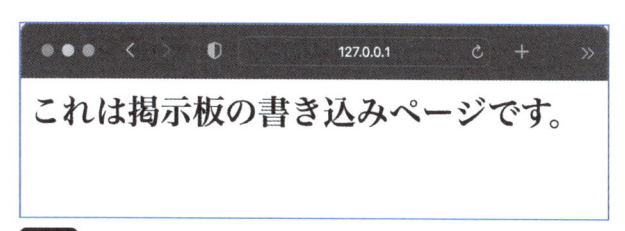

fig18 「/write」にアクセスしたところ

上記のように、「これは掲示板の書き込みページです。」が表示されれば成功です。ルーティングの機能を利用することができました。

プログラムの内容を確認しよう

プログラムの内容を確認してみましょう。

（※1）の部分では、サーバーのルート「/」にアクセスがあった場合のルーティングを設定しています。Flaskは、ルーティングをPythonのデコレーターという機能を使って実現しています。そのため、「@app.route('/')」と書いて、下に「index」関数を定義するだけで、サーバーのルート「/」にアクセスがあった場合に「index」関数を呼び出すようにマッピング（デコレーション）してくれます。

（※2）の部分でも同じ方法で、「/write」にアクセスがあった場合に「write」関数を呼び出す設定をしています。

● 変数付きのルーティングをしてみよう

Flaskでは、URLの中にあるフォルダー名を変数として受け取ることができます。そこで、先ほどのルーティングの設定に加えて、以下のようなルーティングを行Webアプリを作成してみましょう。

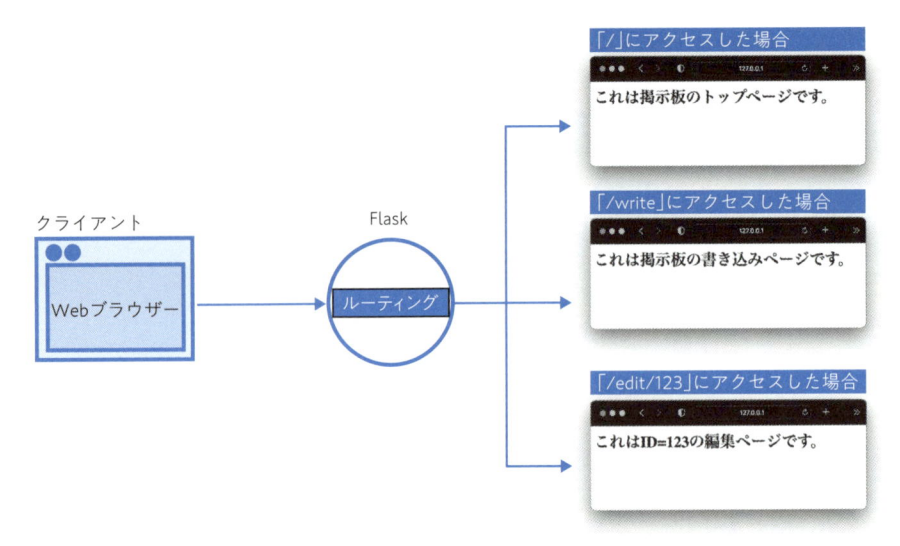

fig19 ルーティングイメージ

VSCodeでの準備をしよう

先ほど作成した「routing」フォルダーに「routing_with_parameter.py」を作成しましょう。

コーディングしよう

「routing_with_parameter.py」に以下のプログラムを書きましょう。

Python ソースリスト   src/ch2/routing/routing_with_parameter.py

```python
from flask import Flask


app: Flask = Flask(__name__)


# 「/」にアクセスがあった場合のルーティング
@app.route("/")
def index():
    return "<h1>これは掲示板のトップページです。</h1>"


# 「/write」にアクセスがあった場合のルーティング
@app.route("/write")
def write():
    return "<h1>これは掲示板の書き込みページです。</h1>"
```

```python
# 「/edit/message_id」にアクセスがあった場合のルーティング ——(※1)
@app.route("/edit/<message_id>")
def edit(message_id):
    return f"<h1>これはID={message_id}の編集ページです。</h1>"



if __name__ == "__main__":
    app.run(debug=True)
```

実行して、結果を確認しよう

　VSCodeの画面左側にあるファイルエクスプローラーで「routing_with_parameter.py」を右クリックして「ターミナルでPythonファイルを実行する」を選択して、Webアプリを起動しましょう。そして、「http://127.0.0.1:5000/edit/123」にアクセスしてみましょう。

fig20 「/edit/123」にアクセスしたところ

　上記のように、「これはID=123の編集ページです。」が表示されれば成功です。変数付きのルーティングの機能を利用することができました。

プログラムの内容を確認しよう

　プログラムの内容を確認してみましょう。

　(※1)の部分で、変数付きのルーティングを利用して、編集ページへのルーティングの設定をしています。具体的には、「@app.route("/edit/<message_id>")」や「def edit(message_id)」と書くことによって、「/edit/123」にアクセスがあった場合に「message_id」に「123」という値を格納して、「edit」関数を呼び出す設定をしています。

　ところで、この「123」という値は、どんな型になっていると思いますか？　「edit」関数のreturn文を以下のように書き換えてみましょう。

```python
return f"<h1>message_idは{type(message_id).__name__}型です。</h1>"
```

　そして再び、「http://127.0.0.1:5000/edit/123」にアクセスしてみましょう。

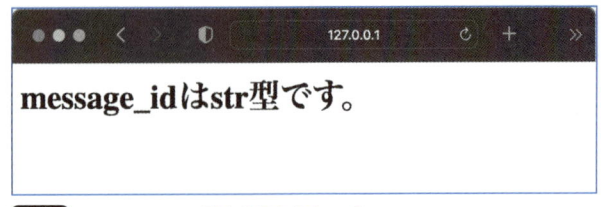

「message_id」がstr（文字列）型であることがわかります。では、str型以外は受け取れないでしょうか。Flaskは、コンバーターという機能を提供していて、このコンバーターを利用することで引数の型を指定することができます。具体的には、以下のコンバーターを指定することができます。

○ 指定できるコンバーター

コンバーター	説明
string	スラッシュ（/）以外の全てのテキストを受け付ける（デフォルト）
int	正の整数を受け付ける
float	正の浮動小数点の値を受け付ける
path	スラッシュ（/）を含む全てのテキストを受け付ける
uuid	UUID文字列を受け付ける

一般的にint型は正の数・負の数の両方を表すことが多いですが、このコンバーターでは、intを指定すると正の整数のみを受け付けます。-10のような負の整数は受け付けません。

では、コンバーターを利用してみましょう。「@app.route("/edit/<message_id>")」 の部分を以下のように書き換えましょう。

```
@app.route("/edit/<int:message_id>")
```

そして再び、「http://127.0.0.1:5000/edit/123」にアクセスしてみましょう。

「message_id」がint型に変更になりました。では、int型以外の値を指定するとどうなるのでしょうか。試しに「http://127.0.0.1:5000/edit/abc」にアクセスしてみましょう。

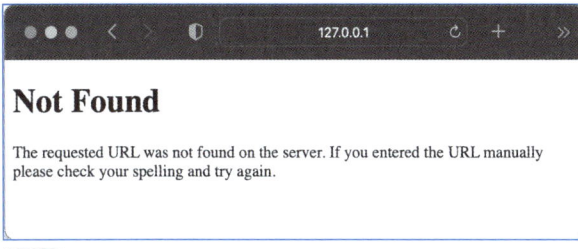

「Not Found」エラーとなりました。ですから、コンバーターがint型だけを受け付けてくれていることがわかります。

なお今回は、1つの変数を受け取っていますが、「@app.route("/edit/<login_user_name>/<int:message_id>")」や「def edit(login_user_name, message_id)」と書いて複数の変数を受け取ることもできます。

HTTPメソッドに応じたルーティングをしてみよう

Flaskでは、HTTPメソッドに応じたルーティングを行うことができます。そこで、「/write」にアクセスがあった場合、HTTPメソッドに応じて以下のようなルーティングを行うWebアプリを作成してみましょう。

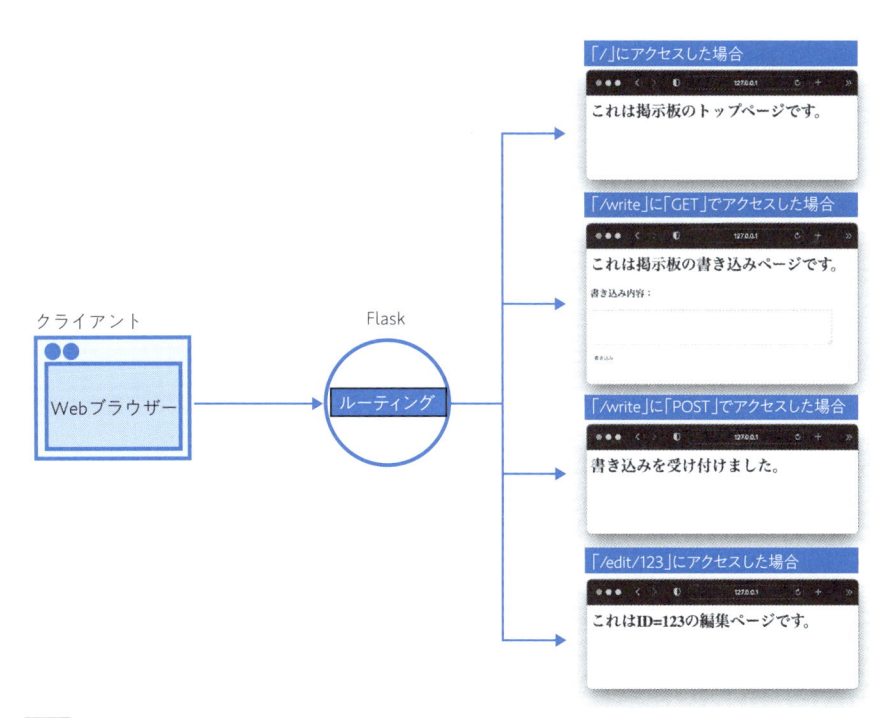

fig24 ルーティングイメージ

Visual Studio Code で準備しよう

「routing」フォルダーに「routing_by_http_method.py」を作成しましょう。

コーディングしよう

「routing_by_http_method.py」に以下のプログラムを書きましょう。

Python ソースリスト | src/ch2/routing/routing_by_http_method.py

```python
from flask import Flask


app: Flask = Flask(__name__)



#  「/」にアクセスがあった場合のルーティング
@app.route("/")
def index():
    return "<h1>これは掲示板のトップページです。</h1>"



#  「/write」にGETメソッドでアクセスがあった場合のルーティング ——(※1)
@app.route("/write", methods=["GET"])
def write_by_get_method():
    return """
        <html><body>
        <h1>これは掲示板の書き込みページです。</h1>
        <h3>書き込み内容：</h3>
        <form action="/write" method="POST">
            <textarea name="msg" rows="5" cols="70"></textarea><br/><br/>
            <input type="submit" value="書き込み">
        </form>
        </body></html>
    """



#  「/write」にPOSTメソッドでアクセスがあった場合のルーティング ——(※2)
@app.route("/write", methods=["POST"])
def write_by_post_method():
    return "<h1>書き込みを受け付けました。</h1>"
```

```python
# 「/edit/message_id」にアクセスがあった場合のルーティング
@app.route("/edit/<int:message_id>")
def edit(message_id: int):
    return f"<h1>これはID={message_id}の編集ページです。</h1>"


if __name__ == "__main__":
    app.run(debug=True)
```

実行して、結果を確認しよう

　VSCodeの画面左側にあるファイルエクスプローラーで「routing_by_http_method.py」を右クリックして「ターミナルでPythonファイルを実行する」を選択して、アプリを起動しましょう。そして、「http://127.0.0.1:5000/write」にアクセスしてみましょう。

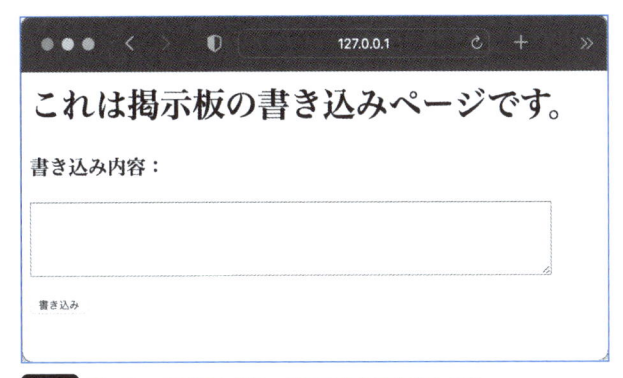

fig25 「/write」に GET メソッドでアクセスしたところ

　上記のように、掲示板の書き込みページが表示されれば成功です。ブラウザーでURLを入力してアクセスすると GET メソッドが利用されます。そのため、ターミナルに以下のようなメッセージが表示されています。

```
"GET /write HTTP/1.1" 200 -
```

　次に、表示された画面で「書き込み」ボタンを押してみましょう。

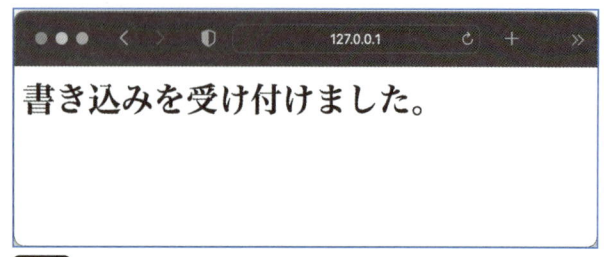

fig26 「/write」にPOSTメソッドでアクセスしたところ

上記のように、「書き込みを受け付けました。」が表示されれば成功です。「書き込み」ボタンをクリックすると、POSTメソッドでアクセスするプログラムになっています。そのため、ターミナルに以下のようなメッセージが表示されています。

```
"POST /write HTTP/1.1" 200 -
```

HTTPメソッドに応じたルーティングを行うことができました。

プログラムの内容を確認しよう

プログラムの内容を確認してみましょう。

(※1)の部分では、「methods=["GET"]」と書くことによって、「/write」にGETメソッドでアクセスがあった場合に「write_by_get_method」関数を呼び出す設定をしています。FlaskはデフォルトでGETメソッドに対してルーティングを行います。そのため、「@app.route("/write", methods=["GET"])」と「@app.route("/write")」は同じ意味になります。そして、「write_by_get_method」関数において、「/write」にPOSTメソッドでアクセスするHTMLのform要素をもったページをリターンしています。

(※2)の部分では、「methods=["POST"]」と書くことによって、「/write」にPOSTメソッドでアクセスがあった場合に「write_by_post_method」関数を呼び出す設定をしています。

ところで、HTTPメソッドごとに関数を準備するよりも、関数の中でHTTPメソッド毎に分岐して処理を分けた方がわかりやすいと感じる人もいるかもしれません。その場合は、以下のようにプログラムを書くこともできます。

Python ソースリスト | src/ch2/routing/routing_by_http_method2.py
```python
# requestのインポート ──(※1)
from flask import Flask, request

app: Flask = Flask(__name__)


# 「/」にアクセスがあった場合のルーティング
```

```
@app.route("/")
def index():
    return "<h1>これは掲示板のトップページです。</h1>"



# 「/write」にGETメソッドかPOSTメソッドでアクセスがあった場合のルーティング ——(※2)
@app.route("/write", methods=["GET", "POST"])
def write():
    # GETメソッドの場合 —(※3)
    if request.method == "GET":
        return """
            <html><body>
            <h1>これは掲示板の書き込みページです。</h1>
            <h3>書き込み内容：</h3>
            <form action="/write" method="POST">
                <textarea name="msg" rows="5" cols="70"></textarea><br/><br/>
                <input type="submit" value="書き込み">
            </form>
            </body></html>
        """
    # POSTメソッドの場合 ——(※4)
    elif request.method == "POST":
        return "<h1>書き込みを受け付けました。</h1>"



# 「/edit/message_id」にアクセスがあった場合のルーティング
@app.route("/edit/<int:message_id>")
def edit(message_id: int):
    return f"<h1>これはID={message_id}の編集ページです。</h1>"



if __name__ == "__main__":
    app.run(debug=True)
```

　「http://127.0.0.1:5000/write」にアクセスしてみると、同じように、掲示板の書き込み
ページが表示され、「書き込み」ボタンを押すと、「書き込みを受け付けました。」が表示さ
れます。では、このプログラムも内容を確認してみましょう。

　(※1)の部分では、「request」オブジェクトをインポートしています。「request」オブ
ジェクトは、HTTPリクエストに関する情報を持っているオブジェクトです。

　(※2)の部分では、「methods=["GET", "POST"]」と書くことによって、「/write」にPOST

メソッドやGETメソッドでアクセスがあった場合に「write」関数を呼び出す設定をしています。

（※3）の部分では、インポートした「request」オブジェクトを利用して、HTTPメソッドの種類を判定しています。具体的には、「request.method == "GET"」と書くことによって、GETメソッドでアクセスがあったかどうかを判定しています。

（※4）の部分でも同じように、「request.method == "POST"」と書くことによって、POSTメソッドでアクセスがあったかどうかを判定しています。

最後に、「methods=["GET", "POST"]」の部分を「「methods=["GET"]」に書き換えましょう。そして、「http://127.0.0.1:5000/write」にアクセスし、掲示板の書き込みページで、「書き込み」ボタンを押してみましょう。

fig27 「/write」に POST メソッドでアクセスしたところ

「Method Not Allowed」エラーが表示されました。そのため、「methods」引数で指定したHTTPメソッドだけを受け付けていることがわかります。

● 生成AIの活用方法 - ルーティングの基本設定をしてもらおう

生成AIを使うと、簡単なプログラムを自動生成することができます。それで、ルーティングの基本的な設定をしてもらうこともできるでしょう。

例えば、以下は、「/」にアクセスがあった場合、「index」関数を呼び出し、「/write」にアクセスがあった場合、「write」関数を呼び出すルーティングの設定をしてもらうように依頼するプロンプトです。

生成 AI のプロンプト | src/ch2/ai_make_routing.prompt.txt

```
### 指示:
Flaskを利用してWebアプリを作ろうと思います。
ルーティングの設定をしてください。

設定したいルーティング:
-「/」にアクセスがあった場合、「index」関数を呼び出す
```

- 「/write」にアクセスがあった場合、「write」関数を呼び出す

出力:
Pythonのプログラムを出力してください。

上記のプロンプトをChatGPTに与えてみましょう。すると、次のような応答がありました。

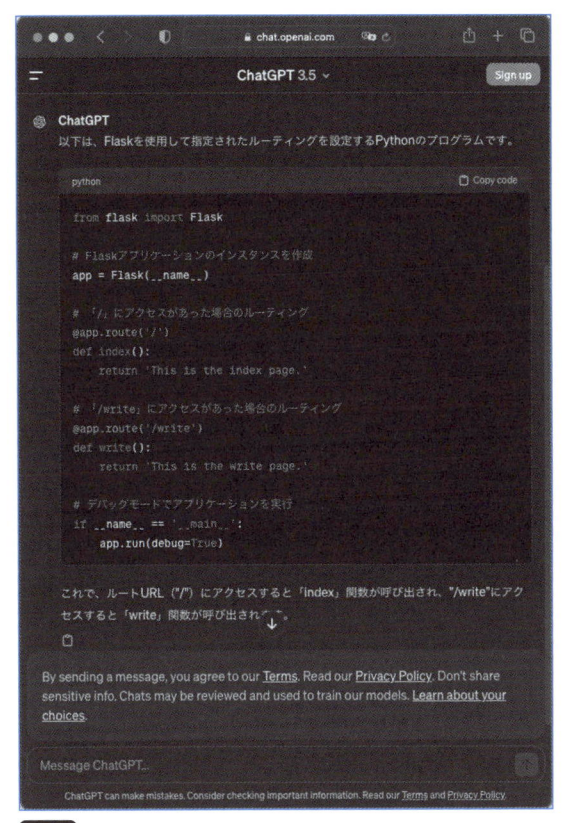

fig28 ChatGPT でルーティングの基本的な設定を生成したところ

　人によって結果は異なるかもしれませんが、今回は日本語のコメントがついたプログラムを生成してくれました。また、生成されたプログラムをファイルに保存して、実際に実行してみると、以下のように正しい結果になりました。

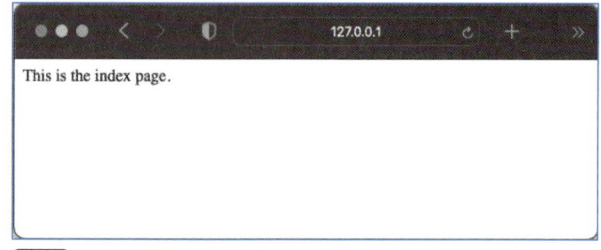

fig29 ChatGPTで生成したプログラムを実行したところ

　このように、生成AIを活用して、作成したいアプリのルーティングの基本設定をすることもできるでしょう。

この節の まとめ

(!) Flaskにおけるルーティングとは、「どんなリクエスト（URLやHTTPメソッドなど）がされたら、どの関数を呼び出すか」をマッピングする機能のことである

(!) Flaskインスタンスが持つroute関数にパスを指定し、マッピングしたい関数のデコレーターとして定義をすることで、ルーティングを設定できる

(!) Flaskでは、変数付きのルーティングや、HTTPメソッドに応じたルーティングをすることもできる

chapter 2
04
テンプレートエンジンを使ってみよう

ここでは、Flask が採用している「Jinja2」というテンプレートエンジンを利用してみましょう。

● テンプレートエンジンとは

「テンプレートエンジン」とは、渡されたテンプレート（ひな形）に、渡されたデータを当てはめて、結果を出力する機能です。Flaskでは、MVTモデルにおけるTemplateの機能でテンプレートエンジンが利用されており、「テンプレート（ひな形）HTMLに、データを当てはめて、ユーザーに表示するHTMLを生成する」ために主に利用されています。

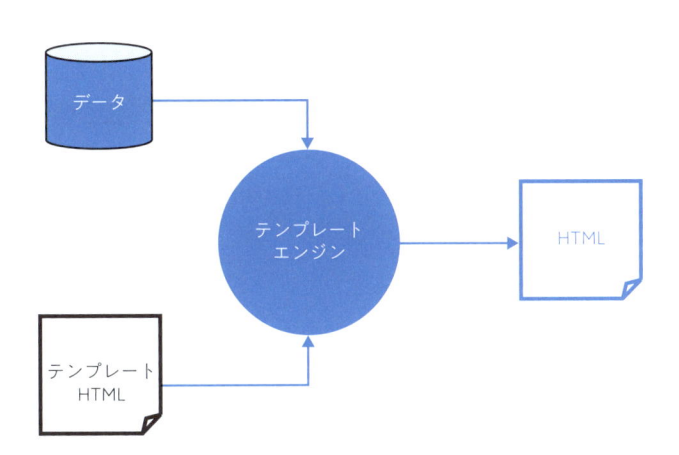

fig30 Flask におけるテンプレートエンジンの利用イメージ

Flaskでは、「Jinja2」というテンプレートエンジンを採用しています。

● Jinja2を使って簡単なWebアプリを作ってみよう

それでは、Jinja2を使って簡単なWebアプリを作ってみましょう。

VSCodeでの準備をしよう

仮想環境のルートフォルダー（本書では「flask_workspace」）を開き、「use_template_basic」フォルダーを作成しましょう。次に、「use_template_basic」フォルダーに「app.py」と「templates」フォルダーを作成しましょう。さらに、「templates」フォルダーに「top.html」と「write.html」を作成しましょう。

プロジェクトの構成

```
use_template_basic
├── app.py … メインプログラム
└── templates
    ├── top.html … トップページ用のテンプレート
    └── write.html … 書き込みページ用のテンプレート
```

コーディングしよう

「app.py」に以下のプログラムを書きましょう。

Python ソースリスト   src/ch2/use_template_basic/app.py

```python
# render_templateのインポート ──(※1)
from flask import Flask, render_template

app: Flask = Flask(__name__)


# 「/」にアクセスがあった場合のルーティング
@app.route("/")
def index():
    login_user_name: str = "osamu"
    # 「top.html」に「login_user_name」を当てはめて表示 ──(※2)
    return render_template("top.html", login_user_name=login_user_name)


# 「/write」にアクセスがあった場合のルーティング
@app.route("/write")
def write():
    # 「write.html」の表示 ──(※3)
    return render_template("write.html")
```

```python
if __name__ == "__main__":
    app.run(debug=True)
```

「top.html」に以下のプログラムを書きましょう。

HTML ソースリスト | src/ch2/use_template_basic/templates/top.html

```html
<!DOCTYPE html>
<html lang="ja">

<head>
    <meta charset="UTF-8">
    <title>掲示板のトップページ</title>
</head>


<body>
    <header>
        <!-- 「login_user_name」変数の値で差し替え ——(※4) -->
        <h1>掲示板のトップページ - {{login_user_name}}さん</h1>
        <!-- メニュー -->
        <nav>
            <ul>
                <li>
                    <!-- 「/」にアクセスするURLを作成 ——(※5) -->
                    <a href="{{url_for('index')}}">トップページ</a>
                </li>
                <li>
                    <!-- 「/write」にアクセスするURLを作成 ——(※6) -->
                    <a href="{{url_for('write')}}">書き込みページ</a>
                </li>
            </ul>
        </nav>
    </header>
</body>

</html>
```

「write.html」に以下のプログラムを書きましょう。

```html
<!DOCTYPE html>
<html lang="ja">

<head>
    <meta charset="UTF-8">
    <title>掲示板の書き込みページ</title>
</head>

<body>
    <header>
        <h1>掲示板の書き込みページ</h1>
        <!-- メニュー -->
        <nav>
            <ul>
                <li>
                    <!-- 「/」にアクセスするURLを作成 ——(※7) -->
                    <a href="{{url_for('index')}}">トップページ</a>
                </li>
                <li>
                    <!-- 「/write」にアクセスするURLを作成 ——(※8) -->
                    <a href="{{url_for('write')}}">書き込みページ</a>
                </li>
            </ul>
        </nav>
    </header>
</body>

</html>
```

実行して、結果を確認しよう

　VSCodeの画面左側にあるファイルエクスプローラーで「app.py」を右クリックして「ターミナルでPythonファイルを実行する」を選択して、Webアプリを起動しましょう。そして、ブラウザーを開いて「http://127.0.0.1:5000」にアクセスしてみましょう。

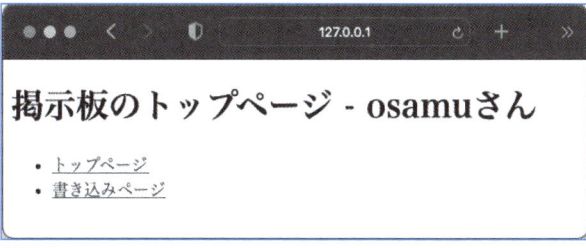

fig31 「/」にアクセスしたところ

　上記のように、「掲示板のトップページ」が表示されれば成功です。次に、「書き込みページ」リンクをクリックしましょう。

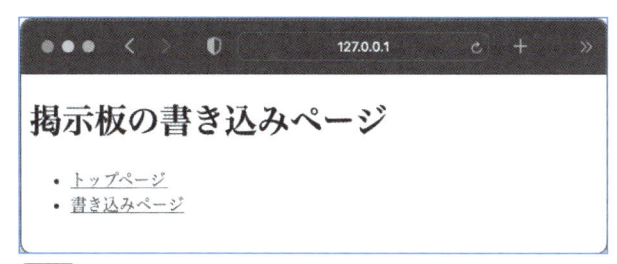

fig32 「書き込みページ」リンクをクリックしたところ

　上記のように、「掲示板の書き込みページ」が表示され、「トップページ」リンクをクリックすると、「掲示板のトップページ」が表示されれば成功です。テンプレートエンジンの機能を利用することができました。

プログラムの内容を確認しよう

　最初に、「app.py」の内容を確認してみましょう。

　(※1) の部分では、Flaskでテンプレートエンジンを利用するためのポイントとなる「render_template」関数をインポートしています。「render_template」関数は、Jinja2を利用して、引数で渡したテンプレートHTMLに、引数で渡したデータを当てはめてくれます。

　(※2) の部分では、「render_template」関数にテンプレートHTMLとして「top.html」を、データとして「login_user_name」を渡して結果を返却しています。第一引数では、利用するテンプレートHTMLを指定しています。「render_template」関数がテンプレートHTMLを探しに行くフォルダーのデフォルト設定は、メインとなるPythonファイル（今回のプログラムでは「app.py」）と同一階層の「templates」フォルダーとなっています。そのため「top.html」を指定すると、テンプレートHTMLとして、「use_template_basic/templates」フォルダーにある「top.html」が利用されます。第二引数では、テンプレートHTMLに当てはめるデータを「変数名＝値」の形で指定しています。この変数名は、テン

プレートHTML内の変数名（ここでは「login_user_name」）と同じにする必要があります。今回は、データを1つだけ渡していますが、「render_template("top.html", login_user_name=login_user_name, age=16)」のように複数指定することも可能です。

（※3）の部分でも同じように、「render_template」関数に「write.html」を指定して、「use_template_basic/templates」フォルダーにある「write.html」を利用してHTMLを生成し、返却しています。テンプレートに対して渡すデータがないため、テンプレート名のみ指定しています。

これまでのところで、「render_template」関数にテンプレートHTMLとデータを渡す方法について、見ることができました。では、「render_template」関数において、テンプレートHTMLのどこにデータを当てはめてくれるのでしょうか。「top.html」の内容を確認してみましょう。

（※4）の部分で、引数で渡されたデータを当てはめています。テンプレートHTMLにおいて「{{}}」で囲むことにより、Pythonの変数や式を埋め込むことができます。そうすると、「render_template」関数を実行したとき、「{{}}」で囲まれた部分を変数の値や式の評価結果に差し替えてくれます。ここでは、「{{login_user_name}}」と書くことによって、「login_user_name」変数の値に差し替えてくれます。「render_template」関数で指定する変数名を、テンプレートHTML内の変数名（ここでは「login_user_name」）と同じにする必要があるのはこのためです。

（※5）の部分では、トップページへのリンクとして、「/」にアクセスするURLを「url_for」関数を使って作成しています。「url_for」関数は、View機能に定義されている関数（ここでは「app.py」の「index」関数や「write」関数）に対応するURLを生成してくれます。そして、「url_for」関数をテンプレートHTMLで使うために「{{}}」で囲んでいます。ここでは、「{{url_for('index')}}」と書くことによって、「app.py」の「index」関数に対応するURL（http://127.0.0.1:5000/）に差し替えられます。

（※6）の部分でも同じように、「{{url_for('write')}}」と書くことによって、「app.py」の「write」関数に対応するURL（http://127.0.0.1:5000/write）を「url_for」関数を使って作成しています。

最後に、「write.html」の内容も確認してみましょう。

（※7）と（※8）の部分で、「top.html」と同じ方法で、トップページや書き込みページへのリンクを作成しています。

なお、「url_for」関数は、変数付きのルーティングをするためのURLを生成することも可能です。例えば、「app.py」に以下のような変数付きルーティングの設定があったとします。

```
# 「/edit/message_id」にアクセスがあった場合のルーティング
@app.route("/edit/<int:message_id>")
def edit(message_id:int):
    return f"<h1>これはID={message_id}の編集ページです。</h1>"
```

そして、「message_id」に「1」を設定したURL（http://127.0.0.1:5000/edit/1）を生成したい場合は、以下のように「url_for」関数を記載します。

```
url_for('edit',message_id=1)
```

「url_for」関数の第二引数に「変数名＝値」の形で指定します。この例では引数が1つだけですが、複数指定することも可能です。

● 条件分岐機能や繰り返し機能を使ってみよう

「{{}}」で囲むことにより、Pythonの変数や式を埋め込むことができることを確認できました。さらにテンプレートエンジンでは、条件分岐や繰り返しを記述することができますので、使ってみましょう。

VSCodeでの準備をしよう

仮想環境のルートフォルダー（本書では「flask_workspace」）を開き、「use_template_control_syntax」フォルダーを作成しましょう。次に、「use_template_control_syntax」フォルダーに「app.py」と「templates」フォルダーを作成しましょう。さらに、「templates」フォルダーに「top.html」と「write.html」を作成しましょう。

プロジェクトの構成
```
use_template_control_syntax
├── app.py … メインプログラム
└── templates
    ├── top.html … トップページ用のテンプレート
    └── write.html … 書き込みページ用のテンプレート
```

コーディングしよう

「app.py」に以下のプログラムを書きましょう。

```python
# render_templateのインポート
from flask import Flask, render_template


app: Flask = Flask(__name__)



# 掲示板の一つ一つのメッセージを示すクラス ——(※1)
class Message:
    # コンストラクター
    def __init__(self, id: str, user_name: str, contents: str):
        self.id = id
        self.user_name = user_name
        self.contents = contents



# 「/」にアクセスがあった場合のルーティング
@app.route("/")
def index():
    login_user_name: str = "osamu"
    # メッセージリストを作成 ——(※2)
    message_list = [
        Message("202400502102310", "osamu", "朝からビールですか！楽しみです。"),
        Message("202400502100223", "noriko", "こちらこそ！次回はABコースで！"),
        Message("202400502092101", "osamu", "昨日はHBコース楽しかったです！"),
    ]
    # 「top.html」に「login_user_name」や「message_list」を当てはめて表示 ——(※3)
    return render_template(
        "top.html", login_user_name=login_user_name, message_list=message_list
    )



# 「/write」にアクセスがあった場合のルーティング
@app.route("/write")
def write():
    # 「write.html」の表示
    return render_template("write.html")



if __name__ == "__main__":
```

```
    app.run(debug=True)
```

「top.html」に以下のプログラムを書きましょう。

HTML ソースリスト src/ch2/use_template_control_syntax/templates/top.html
```
<!DOCTYPE html>
<html lang="ja">

<head>
    <meta charset="UTF-8">
    <title>掲示板のトップページ</title>
</head>

<body>
    <header>
        <h1>
            <!-- 「login_user_name」の値に応じた条件分岐 ——(※4)-->
            {% if login_user_name %}
            掲示板のトップページ - {{login_user_name}}さん
            {% else %}
            掲示板のトップページ - ゲストさん
            {% endif %}
        </h1>
        <!-- メニュー -->
        <nav>
            <ul>
                <li>
                    <!-- 「/」にアクセスするURLを作成 -->
                    <a href="{{url_for('index')}}">トップページ</a>
                </li>
                <li>
                    <!-- 「/write」にアクセスするURLを作成 -->
                    <a href="{{url_for('write')}}">書き込みページ</a>
                </li>
            </ul>
        </nav>
    </header>
    <main>
        <!-- 繰り返し機能を使って「message_list」の要素を表示 ——(※5)-->
        {% for message in message_list %}
```

```
    <article>
        <p>{{message.id}} - {{message.user_name}}</p>
        <p>{{message.contents}}</p>
    </article>
    {% endfor %}
    </main>
</body>

</html>
```

「write.html」に以下のプログラムを書きましょう。「Jinja2を使って簡単なページを作ってみよう」のときと同じ内容になりますので、「use_template_basic」フォルダーの「write.html」をコピー＆ペーストしても問題ありません。

HTML ソースリスト ｜ src/ch2/use_template_control_syntax/templates/write.html

```
<!DOCTYPE html>
<html lang="ja">

<head>
    <meta charset="UTF-8">
    <title>掲示板の書き込みページ</title>
</head>

<body>
    <header>
        <h1>掲示板の書き込みページ</h1>
        <!-- 各画面へのメニュー -->
        <nav>
            <ul>
                <li>
                    <!-- 「/」にアクセスするURLを作成 -->
                    <a href="{{url_for('index')}}">トップページ</a>
                </li>
                <li>
                    <!-- 「/write」にアクセスするURLを作成 -->
                    <a href="{{url_for('write')}}">書き込みページ</a>
                </li>
            </ul>
        </nav>
    </header>
```

```
    </body>

    </html>
```

実行して、結果を確認しよう

　VSCodeの画面左側にあるファイルエクスプローラーで「app.py」を右クリックして「ターミナルでPythonファイルを実行する」を選択して、Webアプリを起動しましょう。そして、ブラウザーを開いて「http://127.0.0.1:5000」にアクセスしてみましょう。

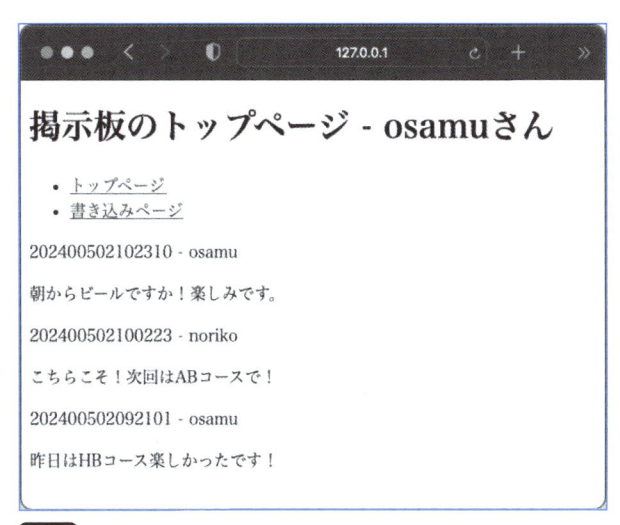

fig33　「/」にアクセスしたところ

　上記のように、「掲示板のトップページ」が表示され、複数のメッセージが表示されれば、繰り返し機能については成功です。

　次に、条件分岐機能を利用するため、「app.py」の「index」関数の「login_user_name: str = "osamu"」部分を「login_user_name: str = None」に書き換えて、再度Webアプリを起動しましょう。そして、ブラウザーを開いて「http://127.0.0.1:5000」にアクセスしてみましょう。

fig34 ゲストユーザーが「/」にアクセスしたところ

　上記のように、「掲示板のトップページ - ゲストさん」が表示されれば、条件分岐機能についても成功です。

プログラムの内容を確認しよう

　最初に、「app.py」の内容を確認してみましょう。

　(※1)の部分では、掲示板の一つ一つのメッセージを示す「Message」クラスを作成しています。

　(※2)の部分では、「Message」クラスを利用して、書き込まれたメッセージのリストを作成しています。

　(※3)の部分では、「render_template」関数に、テンプレートHTMLとして「top.html」を、データとして「login_user_name」や「message_list」を渡し、結果を返却しています。

　次に、「top.html」の内容を確認しましょう。

　(※4)の部分では、「render_template」関数の引数で渡された「login_user_name」変数の値に応じた条件分岐をしています。テンプレートHTMLにおいて「{% %}」で囲むことにより、条件分岐や繰り返しを埋め込むことができます。そして、条件分岐は以下のような書式で記載します。

```
{% if 条件1 %}
    条件1がtrueの時の処理
{% elif 条件2 %}
    条件1がfalseで条件2がtrueの時の処理
{% else %}
```

```
        条件1と条件2がfalseの時の処理
{% endif %}
```

（※5）の部分では、「render_template」関数の引数で渡された「message_list」変数の値を利用して、繰り返し処理をしています。具体的には、「message_list」から要素（「Message」クラス）を一つ一つ取り出して、「message」変数に取り出した要素を設定し、「message」変数の内容（「Message」クラスのインスタンス変数の値）を表示するHTMLを生成しています。今回のプログラムでは、「app.py」の（※2）部分で、以下の通り3件のメッセージを登録しています。

```
message_list = [
    Message("202400502102310", "osamu", "朝からビールですか！楽しみです。"),
    Message("202400502100223", "noriko", "こちらこそ！次回はABコースで！"),
    Message("202400502092101", "osamu", "昨日はHBコース楽しかったです！"),
]
```

そのため、プログラムを実行したときには、3件のメッセージを表示するHTMLが生成され、画面に表示されました。繰り返し機能は以下のような書式で記載します。

```
{% for 各要素を代入する変数名 in 要素を複数もつオブジェクト %}
    各要素に対する処理
{% endfor %}
```

● 継承機能を使ってみよう

Flaskでは、Jinja2の機能を使って、テンプレートを継承することができます。この機能を利用すると、テンプレートHTMLにおける共通のレイアウト（HTMLやCSSなど）や処理（JavaScriptなど）をベースとなるテンプレートHTMLに集約し、継承先のテンプレートHTMLには固有の内容を記述すれば良くなります。そのため、テンプレートHTMLにおける共通のレイアウトや処理を変更したい場合にベースとなるテンプレートHTMLだけを修正すれば良くなったり、継承先のテンプレートHTMLのコーディング量が少なくなったりなど、多くのメリットがあります。

具体的には、ベースとなるテンプレートHTMLに、共通のレイアウトや処理を記述し、書き換えが可能な部分を「ブロック」として定義します。そして、継承先のテンプレートHTMLでは、そのブロックをどのように書き換えるか（ベースとなるテンプレートHTMLのブロックをそのまま利用することも可能）を記述します。

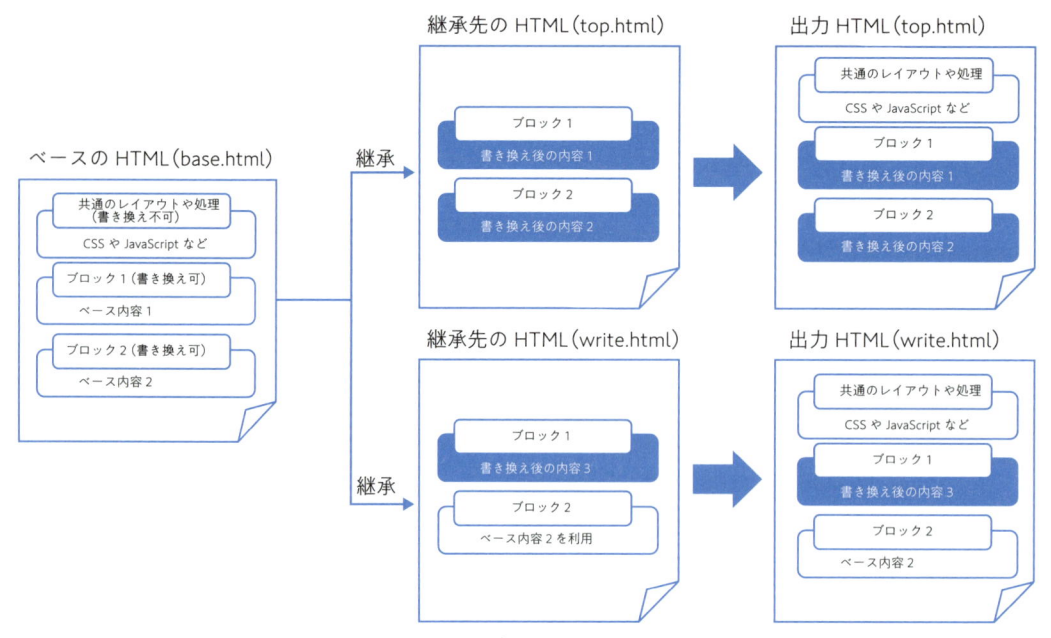

fig35 継承機能のイメージ

VSCodeでの準備をしよう

　仮想環境のルートフォルダー（本書では「flask_workspace」）を開き、「use_template_extends」フォルダーを作成しましょう。次に、「use_template_extends」フォルダーに「app.py」と「templates」フォルダーを作成しましょう。さらに、「templates」フォルダーに「base.html」と「top.html」と「write.html」を作成しましょう。

> プロジェクトの構成

```
use_template_extends
├── app.py … メインプログラム
└── templates
     ├── base.html … ベースとなるテンプレート
     ├── top.html … トップページ用のテンプレート
     └── write.html … 書き込みページ用のテンプレート
```

コーディングしよう

　「app.py」に以下のプログラムを書きましょう。「条件分岐機能や繰り返し機能を使ってみよう」のときと同じ内容になりますので、「use_template_control_syntax」フォルダーの「app.py」をコピー＆ペーストでも問題ありません。

```python
# render_templateのインポート
from flask import Flask, render_template


app: Flask = Flask(__name__)


# 掲示板の一つ一つのメッセージを示すクラス
class Message:
    # コンストラクター
    def __init__(self, id: str, user_name: str, contents: str):
        self.id = id
        self.user_name = user_name
        self.contents = contents


# 「/」にアクセスがあった場合のルーティング
@app.route("/")
def index():
    login_user_name: str = "osamu"
    # メッセージリストを作成
    message_list = [
        Message("202400502102310", "osamu", "朝からビールですか！楽しみです。"),
        Message("202400502100223", "noriko", "こちらこそ！次回はABコースで！"),
        Message("202400502092101", "osamu", "昨日はHBコース楽しかったです！"),
    ]
    # 「top.html」に「login_user_name」や「message_list」を当てはめて表示
    return render_template(
        "top.html", login_user_name=login_user_name, message_list=message_list
    )


# 「/write」にアクセスがあった場合のルーティング
@app.route("/write")
def write():
    # 「write.html」の表示
    return render_template("write.html")


if __name__ == "__main__":
    app.run(debug=True)
```

「base.html」に以下のプログラムを書きましょう。

src/ch2/use_template_extends/templates/base.html

```html
<!DOCTYPE html>
<html lang="ja">

<head>
    <meta charset="UTF-8">
    <!-- タイトルブロックを定義 ——(※1)-->
    <title>
        {% block title %}
        <!-- ここにタイトルを表示 -->
        {% endblock %}
    </title>
</head>

<body>
    <header>
        <h1>
            <!-- ヘッダーブロックを定義 ——(※2)-->
            {% block header %}
            <!-- ここにヘッダーを表示 -->
            {% endblock %}
        </h1>
        <!-- 各画面へのメニュー -->
        <nav>
            <ul>
                <li>
                    <!-- 「/」にアクセスするURLを作成 -->
                    <a href="{{url_for('index')}}">トップページ</a>
                </li>
                <li>
                    <!-- 「/write」にアクセスするURLを作成 -->
                    <a href="{{url_for('write')}}">書き込みページ</a>
                </li>
            </ul>
        </nav>
    </header>
    <main>
        <!-- コンテンツブロックを定義 ——(※3)-->
```

```
            {% block contents %}
            <!-- ここにコンテンツを表示 -->
            <!-- デフォルトで「まだ何もコンテンツがありません。」を表示する -->
            まだ何もコンテンツがありません。
            {% endblock %}
        </main>
    </body>

</html>
```

「top.html」に以下のプログラムを書きましょう。

HTML ソースリスト src/ch2/use_template_extends/templates/top.html

```
<!-- 「base.html」を継承 ――(※4)-->
{% extends "base.html" %}


<!-- タイトルブロックを書き換える ――(※5)-->
{% block title %}
掲示板のトップページ
{% endblock %}


<!-- ヘッダーブロックを書き換える ――(※6)-->
{% block header %}


<!-- 「login_user_name」の値に応じた条件分岐 -->
{% if login_user_name %}
掲示板のトップページ - {{login_user_name}}さん
{% else %}
掲示板のトップページ - ゲストさん
{% endif %}


{% endblock %}


<!-- コンテンツブロックを書き換える ――(※7)-->
{% block contents %}
<!-- 繰り返し機能を使って「message_list」の要素を表示 -->
{% for message in message_list %}
<article>
    <p>{{message.id}} - {{message.user_name}}</p>
    <p>{{message.contents}}</p>
```

```
</article>
{% endfor %}
{% endblock %}
```

「write.html」に以下のプログラムを書きましょう。

HTML ソースリスト src/ch2/use_template_extends/templates/write.html

```
<!-- 「base.html」を継承 ──(※8)-->
{% extends "base.html" %}

<!-- タイトルブロックを書き換える ──(※9)-->
{% block title %}
掲示板の書き込みページ
{% endblock %}

<!-- ヘッダーブロックを書き換える ──(※10)-->
{% block header %}
掲示板の書き込みページ
{% endblock %}

<!-- コンテンツブロックを書き換える ──(※11)-->
{% block contents %}
<!-- コンテンツが何もないので「base.html」の内容を出力 -->
{{super()}}
{% endblock %}
```

実行して、結果を確認しよう

　VSCodeの画面左側にあるファイルエクスプローラーで「app.py」を右クリックして「ターミナルでPythonファイルを実行する」を選択して、アプリを起動しましょう。そして、ブラウザーを開いて「http://127.0.0.1:5000」にアクセスしてみましょう。

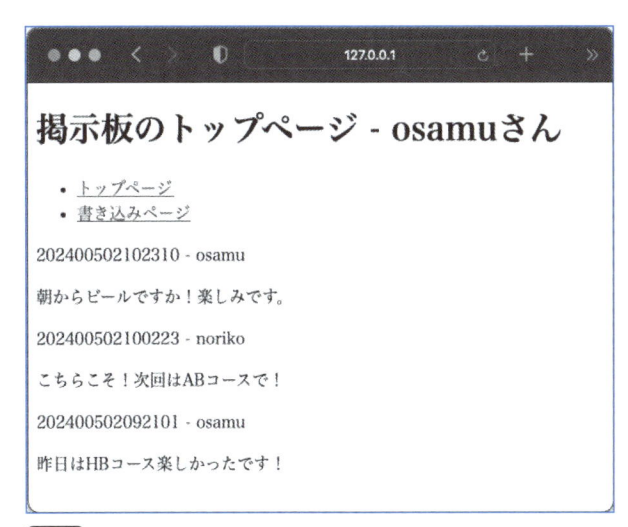

fig36 「**/**」にアクセスしたところ

　上記のように、「条件分岐機能や繰り返し機能を使ってみよう」の部分で作成したプログラム（「use_template_control_syntax」フォルダーに存在）を実行したときと同じように「掲示板のトップページ」が表示されれば成功です。次に、「書き込みページ」リンクをクリックしてみましょう。

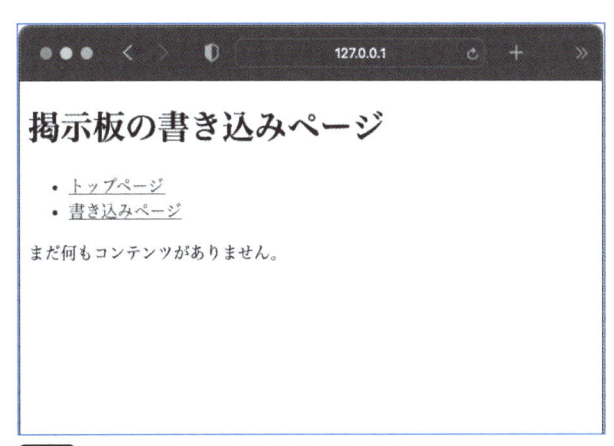

fig37 「書き込みページ」リンクをクリックしたところ

　上記のように、「掲示板の書き込みページ」が表示され、「まだ何もコンテンツがありません。」というメッセージが表示されれば成功です。

プログラムの内容を確認しよう

　プログラムの内容を確認してみましょう。「app.py」の内容は、「条件分岐機能や繰り返し機能を使ってみよう」のときと同じ内容ですので、説明は割愛します。
　最初に、「base.html」の内容を確認してみましょう。

（※1）から（※3）の部分で、タイトル、ヘッダー、コンテンツのブロックを定義しています。ブロックを定義するには、以下のような書式で記載します。

```
{% block ブロック名 %}
    デフォルトのブロックの内容
{% endblock %}
```

　ブロックに任意の名前をつけ、デフォルトのブロックの内容があれば、記述することができます。今回は、（※3）のコンテンツブロックにおいて、「まだ何もコンテンツがありません。」をデフォルトで表示するようにしています。

　もし、共通で利用したいCSSやJavaScriptの処理やライブラリーがあれば、「base.html」に記述することができます。

　次に、「top.html」の内容を確認してみましょう。

　（※4）の部分で、「base.html」を継承しています。継承を定義するには、以下のような書式で記載します。

```
{% extends 継承するHTMLファイル名 %}
```

　（※5）から（※7）の部分で、「base.html」で定義したブロックを再定義しています。ブロックを再定義するときの書式は、ブロックを定義するときと同じで、以下の通りとなります。

```
{% block ブロック名 %}
    再定義のブロックの内容
{% endblock %}
```

　ブロックを再定義すると、「base.html」で定義したブロックの内容が、「top.html」で定義した同一名のブロックの内容に上書きされます。

　最後に、「write.html」の内容を確認してみましょう。

　（※8）の部分で、「base.html」を継承しています。

　（※9）から（※11）の部分で、「base.html」で定義したブロックを再定義しています。（※11）の部分には、「{{super()}}」という記述があります。「{{super()}}」と記述することにより、「base.html」の内容を出力することができます。書き込みページを表示したとき、「まだ何もコンテンツがありません。」という「base.html」のコンテンツブロックの内容が表示されたのはこのためです。「base.html」にベースとなるコンテンツを記載しておいて、「write.html」でさらに追加する内容を記述したいという場合にも利用できます。

● 生成AIの活用方法 – テンプレートの基本設定をしてもらおう

前節では、生成AIにルーティングの基本的な設定をしてもらいましたが、本節では、テンプレートの基本設定をしてもらいましょう。

例えば、以下は、ベースとなるテンプレートHTMLとそれを継承したトップページのテンプレートHTML、書き込みページのテンプレートHTMLを作成してもらうように依頼するプロンプトです。

生成 AI のプロンプト src/ch2/ai_make_template.prompt.txt

```
### 指示:
- Flaskを利用してWebアプリを作ろうと思います。
- 叩き台となるテンプレートHTMLを生成してください。

### 作成したいテンプレートHTML:
-「base.html」：継承元のテンプレートHTML。
-「top.html」：「base.html」を継承した、トップページのテンプレートHTML。
-「write.html」：base.html」を継承した、書き込みページのテンプレートHTML。

###「base.html」の仕様:
- ブロックとして、タイトルブロック、ヘッダーブロック、コンテンツブロックを持っている。

###「top.html」の仕様:
-「write」関数を呼び出すリンクを持っている。

### 「write.html」の仕様:
-「index」関数を呼び出すリンクを持っている。

### 共通の仕様:
- メニューやタイトルなどは全て日本語にしてください。
```

上記のプロンプトをChatGPTに与えてみましょう。すると、次のような応答がありました。

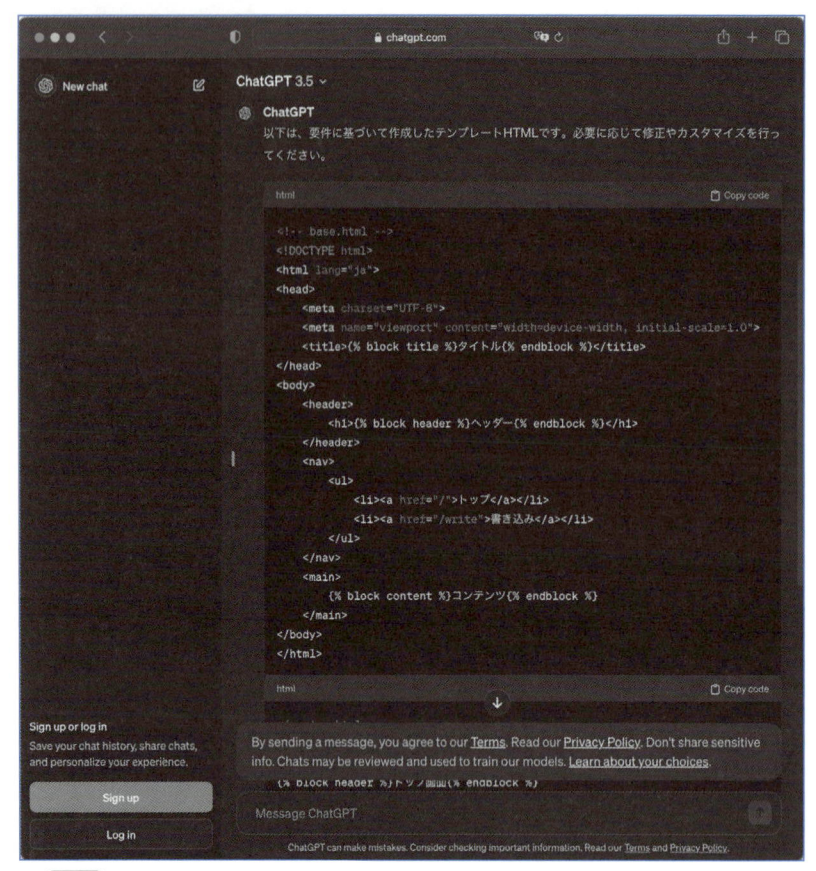

　人によって結果は異なるかもしれませんが、メニューなどもしっかり日本語にしてくれたものを生成してくれました。また、生成されたプログラムをファイルに保存して、実際に実行してみると、以下のように正しい結果になりました。

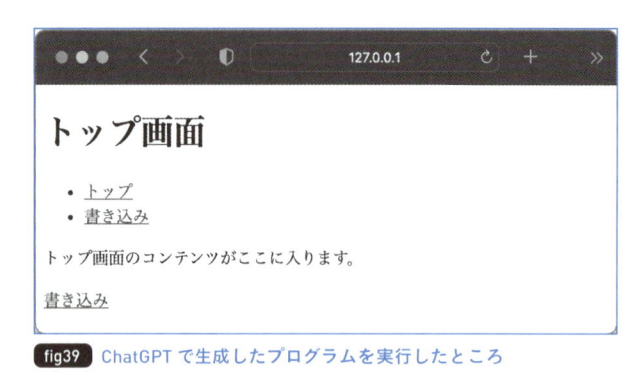

このように、生成AIを活用して、作成したいWebアプリのテンプレートの基本設定を行い、必要な部分をカスタマイズすることで効率的に開発を行うことができるでしょう。具体的には、今回の結果では、トップページや書き込みページに対するリンクのURLに「url_for」関数が利用されていなかったので、修正することができるでしょう。

> **この節のまとめ**
>
> (!) 「テンプレートエンジン」を利用すると、テンプレートHTMLに、データを当てはめてくれる
>
> (!) Flaskでは、「Jinja2」というテンプレートエンジンを利用している
>
> (!) Jinja2では、テンプレートHTMLに変数、条件分岐処理、繰り返し処理を埋め込んだり、テンプレートの継承機能を利用したりできる

Webフォームを使ってみよう

chapter 2
05

これまでの節では主に、FlaskのView機能やTemplate機能を使って、Webサーバーで処理した結果をユーザーに返却する方法を見てきました。しかし、Webアプリを作成するには、ユーザーからWebサーバーにデータを送信する方法についても知る必要があります。そのため、本節では、フォームを使って、ユーザーからWebサーバーにデータを送信する方法についてみてみましょう。

ここで
学ぶこと
- ➡ Webフォームとは
- ➡ GETメソッドによるフォームの送信
- ➡ POSTメソッドによるフォームの送信

● Webフォームとは

　Webフォームとは、ユーザーからサーバーに入力したデータを送信する方法です。具体的には、以下のように検索ワードを入力することや、掲示板のメッセージを入力して、サーバーに送信するときにも利用します。

fig40 検索ワードを入力するフォーム

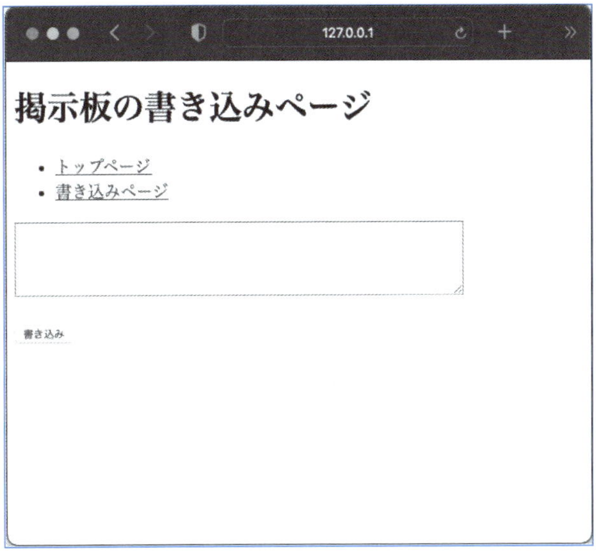

fig41 メッセージを入力するフォーム

　Webフォームを使うには、HTMLの「form」タグにどのURLにどのような方法でデータを送信したいかを指定します。そして、Webフォームを送信する方法には、HTTPのGETメソッドを利用する方法と、POSTメソッドを利用する方法があります。それぞれの方法について確認してみましょう。

● GETメソッドでフォームを送信してみよう

　最初に、GETメソッドでフォームを送信する方法を見てみましょう。

VSCodeでの準備をしよう

　仮想環境のルートフォルダ（本書では「flask_workspace」）を開き、「use_form_get」フォルーダを作成しましょう。次に、「use_form_get」フォルダーに「app.py」と「templates」フォルダーを作成しましょう。さらに、「templates」フォルダーに「base.html」と「top.html」と「write.html」を作成しましょう。

```
use_form_get
├── app.py … メインプログラム
└── templates
    ├── base.html … ベースとなるテンプレート
    ├── top.html … トップページ用のテンプレート
    └── write.html … 書き込みページ用のテンプレート
```

コーディングしよう

「base.html」に以下のプログラムを書きましょう。

HTML ソースリスト src/ch2/use_form_get/templates/base.html

```html
<!DOCTYPE html>
<html lang="ja">

<head>
    <meta charset="UTF-8">
    <!-- タイトルブロックを定義 -->
    <title>
        {% block title %}
        <!-- ここにタイトルを表示 -->
        {% endblock %}
    </title>
</head>

<body>
    <header>
        <h1>
            <!-- ヘッダーブロックを定義 -->
            {% block header %}
            <!-- ここにヘッダーを表示 -->
            {% endblock %}
        </h1>
        <!-- 各画面へのメニュー -->
        <nav>
            <ul>
                <li>
                    <!-- 「/」にアクセスするURLを作成 -->
                    <a href="{{url_for('index')}}">トップページ</a>
```

```
                </li>
                <li>
                    <!-- 「/write」にアクセスするURLを作成 -->
                    <a href="{{url_for('write')}}">書き込みページ</a>
                </li>
            </ul>
        </nav>
    </header>
    <main>
        <!-- コンテンツブロックを定義 -->
        {% block contents %}
        <!-- ここにコンテンツを表示 -->
        <!-- デフォルトで「まだ何もコンテンツがありません。」を表示する -->
        まだ何もコンテンツがありません。
        {% endblock %}
    </main>
</body>

</html>
```

「top.html」に以下のプログラムを書きましょう。

| HTML ソースリスト | src/ch2/use_form_get/templates/top.html |

```
<!-- 「base.html」を継承 -->
{% extends "base.html" %}

<!-- タイトルブロックを書き換える -->
{% block title %}
掲示板のトップページ
{% endblock %}

<!-- ヘッダーブロックを書き換える -->
{% block header %}
<!-- 「login_user_name」の値に応じた条件分岐 -->
{% if login_user_name %}
掲示板のトップページ - {{login_user_name}}さん
{% else %}
掲示板のトップページ - ゲストさん
{% endif %}
{% endblock %}
```

```html
<!-- コンテンツブロックを書き換える -->
{% block contents %}
<!-- 検索ワードを送信するフォームを定義 ---(※1)-->
<section>
    <form action="{{url_for('index')}}" method="GET">
        <input type="search" name="search_word" value="{{search_word}}"></label>
        <input type="submit" value="検索">
    </form>
</section>
<section>
    <!-- 繰り返し機能を使って「message_list」の要素を表示 -->
    {% for message in message_list %}
    <article>
        <p>{{message.id}} - {{message.user_name}}</p>
        <p>{{message.contents}}</p>
    </article>
    {% endfor %}
</section>
{% endblock %}
```

「write.html」に以下のプログラムを書きましょう。

HTML ソースリスト | src/ch2/use_form_get/templates/write.html

```html
<!-- 「base.html」を継承 -->
{% extends "base.html" %}


<!-- タイトルブロックを書き換える -->
{% block title %}
掲示板の書き込みページ
{% endblock %}


<!-- ヘッダーブロックを書き換える -->
{% block header %}
掲示板の書き込みページ
{% endblock %}


<!-- コンテンツブロックを書き換える -->
{% block contents %}
<!-- コンテンツが何もないので「base.html」の内容を出力 -->
```

```
{{super()}}
{% endblock %}
```

「app.py」に以下のプログラムを書きましょう。

Python ソースリスト | src/ch2/use_form_get/app.py

```python
from flask import Flask, render_template, request


# 掲示板の一つ一つのメッセージを示すクラス
class Message:
    # コンストラクター
    def __init__(self, id: str, user_name: str, contents: str):
        self.id = id
        self.user_name = user_name
        self.contents = contents


# グローバル変数の宣言
app: Flask = Flask(__name__)
login_user_name: str = "osamu"
message_list: list[Message] = [
    Message("202400502102310", "osamu", "朝からビールですか！楽しみです。"),
    Message("202400502100223", "noriko", "こちらこそ！次回はABコースで！"),
    Message("202400502092101", "osamu", "昨日はHBコース楽しかったです！"),
]


# 「/」にアクセスがあった場合のルーティング
@app.route("/")
def index():
    # GETメソッドのフォームの値を取得 ——(※2)
    search_word: str = request.args.get("search_word")

    # search_word変数の有無を判定 ——(※3)
    if search_word is None:
        # search_word変数が存在しない場合、
        # すべてのメッセージを「top.html」に表示
        return render_template(
            "top.html", login_user_name=login_user_name, message_list=message_list
```

```python
        )
    else:
        # search_word変数が存在する場合、
        # 検索ワードでフィルターしたメッセージを「top.html」に表示
        filtered_message_list: list[Message] = [
            message for message in message_list if search_word in message.contents
        ]
        return render_template(
            "top.html",
            login_user_name=login_user_name,
            message_list=filtered_message_list,
            search_word=search_word,
        )


# 「/write」にアクセスがあった場合のルーティング
@app.route("/write", methods=["GET", "POST"])
def write():
    # 「write.html」の表示
    return render_template("write.html")


if __name__ == "__main__":
    app.run(debug=True)
```

実行して、結果を確認しよう

　VSCodeの画面左側にあるファイルエクスプローラーで「app.py」を右クリックして「ターミナルでPythonファイルを実行する」を選択して、Webアプリを起動しましょう。そして、ブラウザーを開いて「http://127.0.0.1:5000」にアクセスしてみましょう。

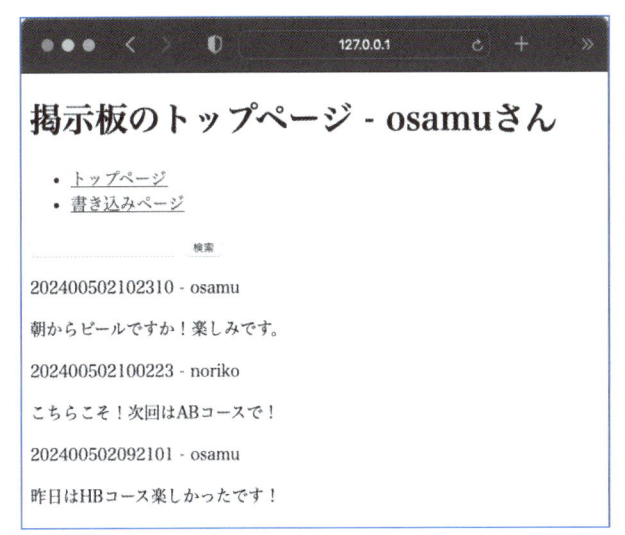

fig42 「/」にアクセスしたところ

　上記のように、検索ワードを入力するテキスト部品と、検索ボタンが表示されます。メッセージに存在する適当な文字列（例えば、「楽しみ」）を入力して、検索ボタンをクリックしてみましょう。

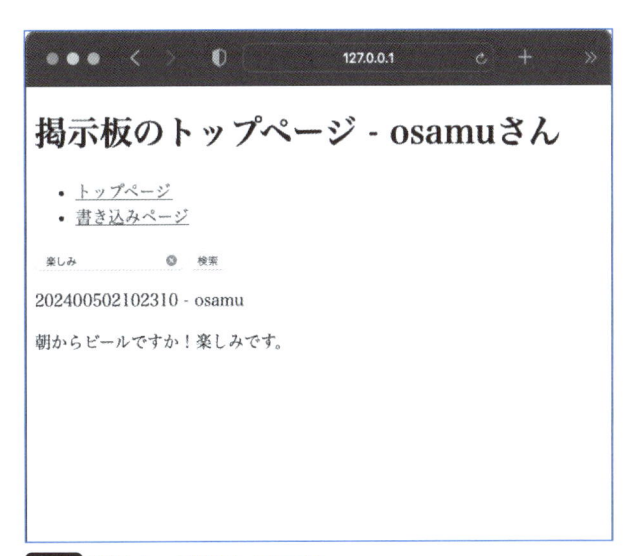

fig43 「楽しみ」で検索したところ

　入力した検索ワードを含むメッセージが表示されていれば成功です。また、ターミナルに以下のようなメッセージが表示されていて、GETメソッドにより、「search_word」という変数で「楽しみ」という値がサーバーに送信されていることがわかります。

```
"GET /?search_word=楽しみ HTTP/1.1" 200 -
```

ブラウザーで以下のURLにアクセスしても同じ結果が表示されますので、試してみてください。

```
http://127.0.0.1:5000/?search_word=楽しみ
```

　つまり、GETメソッドでフォームを送信すると、URLの後ろに「?変数名=値」が追加されて送信されることがわかります。ここから、GETメソッドで送信するというのは、わざわざ今回のようにフォームを作成して送信しなくても、ブラウザーにURLを入力することでサーバー側の処理を確認できるため、手軽に感じるでしょう。そのため、今回のサンプルのように、検索条件などを送信するのによく使われます。しかし、URLには文字数制限があるため、大きいデータや、URLに表示したくないような情報を送信するときは、POSTメソッドを利用して送信すると良いでしょう

プログラムの内容を確認しよう

　プログラムの内容を確認してみましょう。「base.html」と「write.html」については、「2-4.テンプレートエンジンを使ってみよう」の「継承機能を使ってみよう」のときと同じ内容ですので、説明は割愛します。最初に、「top.html」の内容を確認してみましょう。

　(※1)の部分において、GETメソッドでフォームを送信するための設定をしています。具体的には、HTMLの「form」タグの「action」に「{{url_for('index')}}」と記載して、「app.py」の「index」関数に対応するURLを指定し、「method」に「GET」と記載して、GETメソッドで送信することを指定しています。また、「form」タグの子要素に、サーバーに送信する検索ワードを入力するテキスト部品と、サーバーに送信するトリガーとなる「検索」ボタンを定義しています。これにより、「検索」ボタンを押すと、GETメソッドによりサーバーに、「search_word」という変数名で、テキスト部品への入力値が送信されます。

　では、サーバー側ではどのようにデータを受け取れるのでしょうか？「app.py」の内容を確認してみましょう。

　(※2)の部分で、GETメソッドで送信された内容を受け取っています。GETメソッドで送信された内容は以下のどちらかの方法で受け取ることができます。

```
# GETメソッドのフォームの値を取得する方法
value = request.args['変数名']
value = request.args.get('変数名', デフォルト値(省略可能))
```

「request.args['変数名']」と「request.args.get('変数名')」の違いは、変数名がフォームに含まれなかった場合、「request.args」は例外が発生しますが、「request.args.get」はデフォルト値（デフォルト値を省略した場合はNone）が返却されます。

(※3)の部分では、「search_word」変数がフォームに含まれない場合は、すべての「message_list」を「top.html」に返却し、「search_word」変数がフォームに含まれる場合は、その内容で「message_list」をフィルターした結果を「top.html」に返却しています。なお、「search_word」変数がフォームに含まれる場合は、「search_word」も「top.html」に返却し、「top.html」の検索ワードを入力するテキスト部品の属性を「value="{{search_word}}"」とすることで、フィルター後も検索ワードを「top.html」に表示するようにしています。

● POSTメソッドでフォームを送信してみよう

次に、POSTメソッドでフォームを送信する方法を見てみましょう。

VSCodeでの準備をしよう

仮想環境のルートフォルダー（本書では「flask_workspace」）を開き、「use_form_get」フォルダーをコピーして、「use_form_post」フォルダーを作成しましょう。

プロジェクトの構成

```
use_form_post
├── app.py … メインプログラム
└── templates
    ├── base.html … ベースとなるテンプレート
    ├── top.html … トップページ用のテンプレート
    └── write.html … 書き込みページ用のテンプレート
```

コーディングしよう

write.htmlに以下のプログラムを書きましょう。

HTMLソースリスト | src/ch2/use_form_post/templates/write.html

```html
<!-- 「base tml」を継承 -->
{% extends "base.html" %}

<!-- タイトルブロックを書き換える -->
{% block title %}
掲示板の書き込みページ
```

```
{% endblock %}


<!-- ヘッダブロックを書き換える -->
{% block header %}
掲示板の書き込みページ
{% endblock %}


<!-- コンテンツブロックを書き換える -->
{% block contents %}
<!-- メッセージ内容やユーザー名を送信するフォームを定義 --- (※1) -->
<form action="{{url_for('write')}}" method="POST">
    <p><textarea name="contents" rows="5" cols="60"></textarea></p>
    <input type="hidden" name="user_name" value="{{login_user_name}}"></label>
    <input type="submit" value="書き込み">

</form>
{% endblock %}
```

「app.py」に以下のプログラムを書きましょう。

Python ソースリスト | src/ch2/use_form_post/app.py

```python
from datetime import datetime

from flask import Flask, render_template, request


# 掲示板の一つ一つのメッセージを示すクラス
class Message:
    # コンストラクター
    def __init__(self, id: str, user_name: str, contents: str):
        self.id = id
        self.user_name = user_name
        self.contents = contents


# グローバル変数の宣言
app: Flask = Flask(__name__)
login_user_name: str = "osamu"
message_list: list[Message] = [
    Message("202400502102310", "osamu", "朝からビールですか！楽しみです。"),
```

```
    Message("202400502100223", "noriko", "こちらこそ！次回はABコースで！"),
    Message("202400502092101", "osamu", "昨日はHBコース楽しかったです！"),
]


# 「/」にアクセスがあった場合のルーティング
@app.route("/")
def index():
    # GETメソッドのフォームの値を取得
    search_word: str = request.args.get("search_word")

    # search_wordパラメーターの有無
    if search_word is None:
        # search_wordパラメーターが存在しない場合は、すべてのメッセージを「top.html」に表示
        return render_template(
            "top.html", login_user_name=login_user_name, message_list=message_list
        )
    else:
        # search_wordパラメーターが存在する場合は、検索ワードでフィルターしたメッセージを「top.html」に表示
        filtered_message_list: list[Message] = [
            x for x in message_list if search_word in x.contents
        ]
        return render_template(
            "top.html",
            login_user_name=login_user_name,
            message_list=filtered_message_list,
            search_word=search_word,
        )


# 「/write」にアクセスがあった場合のルーティング
@app.route("/write", methods=["GET", "POST"])
def write():
    # GETメソッドの場合
    if request.method == "GET":
        # 「write.html」の表示 ──(※2)
        return render_template("write.html", login_user_name=login_user_name)

    # POSTメソッドの場合
    elif request.method == "POST":
```

```python
    # POSTメソッドのフォームの値を利用し、
    # 新しい「Message」クラスインスタンスを生成 ——(※3)
    id: str = datetime.now().strftime("%Y%m%d%H%M%S")
    contents: str = request.form.get("contents")
    user_name: str = request.form.get("user_name")
    # 「message_list」に追加して、「top.html」の表示
    if contents:
        message_list.insert(0, Message(id, user_name, contents))
    return render_template(
        "top.html", login_user_name=login_user_name, message_list=message_list
    )


if __name__ == "__main__":
    app.run(debug=True)
```

「base.html」や「top.html」については、コメント以外は変更がありませんので、割愛します。

実行して、結果を確認しよう

VSCodeの画面左側にあるファイルエクスプローラーで「app.py」を右クリックして「ターミナルでPythonファイルを実行する」を選択して、アプリを起動しましょう。そして、ブラウザーを開いて「http://127.0.0.1:5000」にアクセスし、「書き込みページ」リンクをクリックしましょう。

fig44 「書き込みページ」にアクセスしたところ

上記のように、テキストエリアと「書き込み」ボタンが表示されます。テキストエリアにメッセージを入力して、「書き込み」ボタンをクリックしましょう。

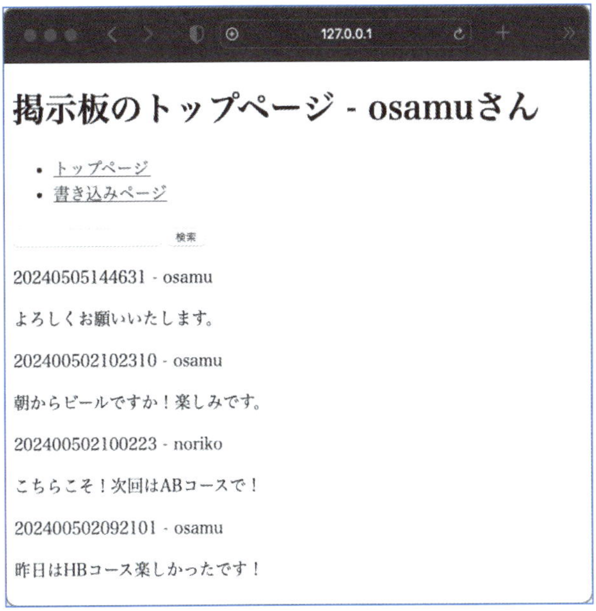

fig45 「書き込み」ボタンをクリックしたところ

　「トップページ」が表示され、書き込んだメッセージが追加で表示されれば、成功です。また、ターミナルに以下のようなメッセージが表示されていて、POSTメソッドにより、データがサーバーに送信されていることがわかります。

プログラムの内容を確認しよう

　最初に、「write.html」の内容を確認してみましょう。

　(※1) の部分において、POSTメソッドでフォームを送信するための設定をしています。具体的には、HTMLの「form」タグの「action」に「{{url_for('write')}}」と記載して、「app.py」の「write」関数に対応するURLを指定し、「method」に「POST」と記載して、POSTメソッドで送信することを指定しています。また、「form」タグの子要素に、サーバーに送信するメッセージやユーザー名のための部品と、サーバーに送信するトリガーとなる「書き込み」ボタンを定義しています。これにより、「書き込み」ボタンを押すと、POSTメソッドによりサーバーに、「contents」や「user_name」という変数名でデータが送信されます。

　次に、「app.py」の内容を確認してみましょう。

　(※2) の部分では、GETメソッドでアクセスがあった場合に、「write.html」に「login_user_name」変数の値を設定して返却しています。「write.html」では、「form」タグの中で、ユーザー名を保持する非表示データ（type="hidden"）で、「value="{{login_user_name}}"」と指定することにより、ユーザー名をサーバーから受け取っています。

　(※3) の部分では、POSTメソッドでアクセスがあった場合に、新しい「Message」クラ

スインスタンスを生成し、「message_list」に追加して、「top.html」に設定して返却しています。POST メソッドで送信された内容は以下のどちらかの方法で受け取ることができます。

```
# POSTメソッドのフォームの値を取得する方法
value = request.form['変数名']
value = request.form.get('変数名', デフォルト値(省略可能))
```

「request.form['変数名']」と「request.form.get('変数名')」の違いは、変数名がフォームに含まれなかった場合、「request.form」は例外が発生しますが、「request.form.get」はデフォルト値（デフォルト値を省略した場合はNone）が返却されます。

> **この節の まとめ**
>
> (!) Webフォームとは、ユーザーが入力したデータをサーバーへ送信する方法である
>
> (!) Webフォームでは、HTTPのGETメソッドかPOSTメソッドでデータを送信できる
>
> (!) Flaskでは、GETメソッドやPOSTメソッドで送信されたデータを簡単に取得できる

chapter

3

Webフレームワークと
データベース

3章では、一般的なWebシステムが必要とする「データベース接続」「ログイン機能」などを、「Flask」が用意している機能を使って実装していきましょう。前半の2節では「リレーショナルデータベース」を、後半の2節では「ドキュメントデータベース」を利用します。

01 掲示板アプリをリレーショナルデータベース対応しよう

2章で作った掲示板アプリをリレーショナルデータベースに対応させることにより、ずっと使い続けられるアプリにしてみましょう。

ここで 学ぶこと	➡ リレーショナルデータベースについて ➡ アプリとリレーショナルデータベースの接続について

● リレーショナルデータベースとは？

　2章で作った掲示板アプリは起動するたびにデータがリセットされるものでした。一般的にWebアプリは何度もサーバーを起動し直す、複数のサーバーで動作することなどを考慮する必要があり、そのために必要なのが「データの永続化」です。

　どのようなアプリでも、共通して言えることは、「データを集め、それを活用する」ということです。「データの永続化」はアプリの大切なデータを安全に守り、使いたい時に使えるようにすることを意味します。

　「データの永続化」を実現するための方法はいくつかありますが、よく用いられるのはデータベースです。データベースは、Webアプリの起動と関係なく存続できるようになっています。

　また、データベースにはいくつか種類があり、この節で扱うリレーショナルデータベースはそのうちの一つの種類となります。Excelのような表（テーブル）をいくつも持ち、その表が相互に関連する（リレーショナル）というイメージになります。

　Excelのような表で扱えるためイメージしやすく、データを扱う環境（ツールなど）も整っており、最も多く使われている種類のデータベースです。

　リレーショナルデータベースは英語ではRelational Database、あるいはRelational Database Management Systemと書くため、略してRDBやRDBMSと呼ぶことがあります。

　次の図は、例として掲示板アプリのために作るテーブルのイメージです。

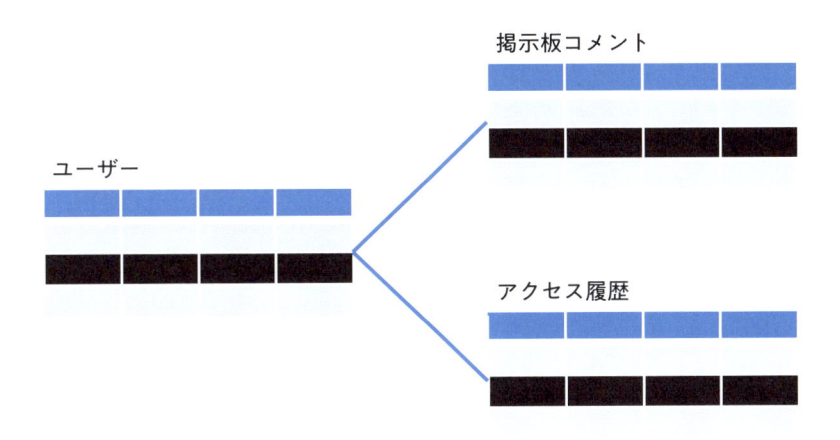

ユーザー

掲示板コメント

アクセス履歴

fig01 掲示板アプリのためのテーブルイメージ

リレーショナルデータベースの選択

リレーショナルデータベースにもさまざまな製品があります（Oracle Database, Microsoft SQL Server, PostgreSQL, SQLite など）。

それぞれの製品には特徴があるため、用途に合わせて選択する必要があります。例えば扱うデータの規模、性質、機密性などによって考慮します。

今回は簡単に開発体験をするために、SQLite を使います。他の製品との違いとして以下のような点があります。

・サーバー型データベース

　　　Oracle Database, Microsoft SQL Server など

　　　サーバープロセスとして動作するため、サーバーが必要

　　　複数の同時アクセスに対応し、安定して運用するための機能が豊富

　　　システムの運用環境に適している

・自己完結型データベース

　　　SQLite

　　　サーバーが不要で、アプリ自身に内蔵させる事ができる。さまざまなコンピューター、モバイル機器上でも動作可能

　　　複数の同時アクセスには弱く、機能がシンプル。

　　　モバイルアプリに内蔵するときや、システム開発時のテストに適している。

アプリからリレーショナルデータベースに接続するには

　データベース製品ごとに機能や考え方が少しずつ異なり、そのため接続方法も異なります。

　それぞれのデータベース製品が提供する方法で接続しようとすると、もし後からデータベース製品を変えたいと思った時にプログラムを大きく変える必要がでてきてしまいます。

　どのようなプログラミング言語でも、さまざまなデータベース製品に接続できるライブラリーがあります。そのようなライブラリーを使うと、後からデータベース製品を変えたくなった場合に小さい修正ですみます。たとえば、今回作るプログラムも、後からサーバー型データベースに接続するように変えることができます。

　PythonではSQLAlchemyというライブラリーがあり、このライブラリーを通してSQLiteに接続することができます。

　SQLAlchemyはORM(Object Relational Mapper)と呼ばれるライブラリーです。リレーショナルデータベースは通常、SQLというプログラミング言語を使ってデータを読み取ったり更新したりする指示を書くのですが、ORMではSQLを書かずに元々のプログラミング言語（今回はPython）でデータアクセスする指示を書くことができます。

　データベース製品ごとにもつ特殊な機能を利用したいが、ORMでは使えない、というケースもありますが、そういった事がなければORMはとても便利です。

　また、セキュリティも考慮されていて、ORMを使うことによってセキュリティ対策もできるので、可能な場合はORMを使うことをお勧めします。

　今回はSQLAlchemyを使って、SQLiteにアクセスするプログラムを実装しましょう。

　次の図のようなイメージです。

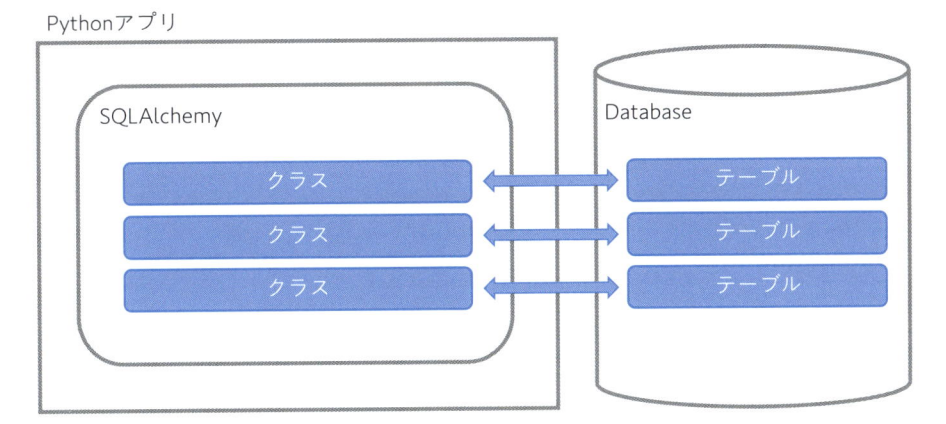

Pythonアプリ

SQLAlchemy

| クラス |
| クラス |
| クラス |

Database

| テーブル |
| テーブル |
| テーブル |

fig02 SQLAlchemy を使ってデータベースへ接続するイメージ

● アプリからリレーショナルデータベースに接続してみよう

まず、プロジェクトにSQLAlchemyをインストールします。仮想環境で以下のコマンド
を実行しましょう。

コマンド実行
```
$ pip install flask-sqlalchemy
```

インストールが完了したら、以下のようにapp.pyのプログラムを書き換えましょう。

Python ソースリスト src/ch3/use_database/app.py
```
from datetime import datetime

from flask import Flask, render_template, request, redirect, url_for
# SQLAlchemyをインポート ――(※1)
from flask_sqlalchemy import SQLAlchemy


app: Flask = Flask(__name__)
login_user_name: str = "osamu"


# Databaseの設定 ――(※2)
app.config['SQLALCHEMY_DATABASE_URI'] = 'sqlite:///db.sqlite'
db = SQLAlchemy(app)

# メッセージのデータベースモデル ――(※3)
```

```python
class Message(db.Model):
    id = db.Column(db.Integer, primary_key=True)
    user_name = db.Column(db.String(100))
    contents = db.Column(db.String(100))


@app.route("/")
def index():
    search_word: str = request.args.get("search_word")

    if search_word is None:
        # search_wordパラメーターが存在しない場合は、全てのメッセージを「top.html」に表示 ——(※4)
        message_list: list[Message] = Message.query.all()
    else:
        # search_wordパラメーターが存在する場合は、検索ワードでフィルターしたメッセージを「top.html」に表示
        message_list: list[Message] = Message.query.filter(Message.contents.like(f"%{search_word}%")).all()

    return render_template(
        "top.html",
        login_user_name=login_user_name,
        message_list=message_list,
        search_word=search_word,
    )


@app.route("/write", methods=["GET", "POST"])
def write():
    if request.method == "GET":
        return render_template("write.html", login_user_name=login_user_name)

    elif request.method == "POST":
        # POSTメソッドのフォームの値を利用して、新しいメッセージを作成 ——(※5)
        contents: str = request.form.get("contents")
        user_name: str = request.form.get("user_name")
        new_message = Message(user_name=user_name, contents=contents)
        db.session.add(new_message)
```

```
    # 変更をデータベースにコミット
    db.session.commit()

    # 「/」にリダイレクト ——(※6)
    return redirect(url_for("index"))

# データベースの初期化 ——(※7)
with app.app_context():
    db.create_all()

if __name__ == "__main__":
    app.run(debug=True)
```

実行して結果を確認しよう

　「app.py」を起動しましょう。そして、ブラウザーを開いて「http://127.0.0.1:5000」にアクセスしてみると、先ほどまでとは違い、データが一件もありません。プログラム内で定義していたデータがないためです。

　では、先ほどと同様に書き込みページを開き、書き込みをしてみましょう。正常に書き込みができていれば成功です。今回の書き込みデータは、プログラム内で保持しているものではなく、データベースで保持しています。それを確認してみましょう。

　ターミナルでCtrlとCを同時に押して、一度サーバーを終了させてください。その後、もう一度「app.py」を起動させてください。すると、先ほど書き込みした内容が残っていることが確認できます。これでデータベースに対してデータを書き込み、読み取れていることが確認できました。

プログラムの内容を確認しよう。

　書き換えたコードについて内容を確認しましょう。

　(※1)データベースを扱うライブラリー、SQLAlchemyをインポートしています。

　(※2)SQLAlchemyで接続するデータベースの設定をしています。「sqlite:///」と書くことで、SQLiteを使うことを指定し、「db.sqlite」は、生成されるSQLiteのデータベースファイル名を指定しています。「app.py」があるフォルダーを見てみると、「instance」フォルダーができており、その中に「db.sqlite」ファイルができていることがわかります。このファイルの中に、先ほど書き込んだ情報が保存されている
ということになります。

　(※3)前章でもMessageクラスがありましたが、ここでは同じプロパティ名を持つクラスのまま、SQLAlchemyが扱えるように書き換えています。「db.Model」を継承したクラ

ス（モデルクラス）があると、SQLAlchemy は接続先データベースにそのクラスの内容に合ったテーブルを作成します。ですので、このモデルクラスは SQLAlchemy に対する設定と考えることができます。クラスを構成するプロパティは基本的に「db.Column」クラスである必要があります。

（※4）トップページに表示するために、データベースにアクセスして「Message」テーブルの全データを取得しています。その下では、検索文字列に対応するため、filter メソッドが実行されています。このように書くことで、条件に合致するデータを全件取得することができます。

（※5）書き込みページで書き込まれた内容をもとに、データベースに書き込むための「Message」クラスのインスタンスを作っています。その後、「db.session.add」によりテーブルに書き込む準備をし、「db.session.commit」でコミット（確定処理）をしています。

（※6）書き込みが完了したら、トップページにリダイレクトします。データベースから最新の情報を取得し直し、最新の情報を表示します。

（※7）アプリ起動時の処理ですが、「db.create_all」と書くことで、これまでの設定に基づいて実際にデータベースを作る処理が行われています。この処理により、データベースが存在しなければ作成し、データベースはあるけれどテーブルが不足している場合は必要なテーブルを作成します。

● 更新、削除機能を追加してみよう

ここまでで、アプリをリレーショナルデータベースに接続することができましたが、まだ不十分です。アプリユーザーはデータを作るだけではなく、更新したくなるものです。データベースを扱うアプリにとって、作成（Create）、閲覧（Read）、更新（Update）、削除（Delete）の4機能は必要とされる基本機能と考えられており、4つまとめて CRUD（クラッド）と呼ばれます。

この掲示板アプリは、まだ CRUD のうちの、UD の機能が不足しています。早速追加して行きましょう。

以下のように「app.py」に update, delete メソッドを追記してください。

[Python ソースリスト][src/ch3/use_database_updatable/app.py]
```python
from datetime import datetime

from flask import Flask, render_template, request, redirect, url_for
from flask_sqlalchemy import SQLAlchemy


app: Flask = Flask(__name__)
```

```python
login_user_name: str = "osamu"


app.config['SQLALCHEMY_DATABASE_URI'] = 'sqlite:///db.sqlite'
db = SQLAlchemy(app)

class Message(db.Model):
    id = db.Column(db.Integer, primary_key=True)
    user_name = db.Column(db.String(100))
    contents = db.Column(db.String(100))


@app.route("/")
def index():
    search_word: str = request.args.get("search_word")

    if search_word is None:
        message_list: list[Message] = Message.query.all()
    else:
        message_list: list[Message] = Message.query.filter(Message.conten
ts.like(f"%{search_word}%")).all()

    return render_template(
        "top.html",
        login_user_name=login_user_name,
        message_list=message_list,
        search_word=search_word,
    )


@app.route("/write", methods=["GET", "POST"])
def write():
    if request.method == "GET":
        return render_template("write.html", login_user_name=login_user_
name)

    elif request.method == "POST":
        contents: str = request.form.get("contents")
        user_name: str = request.form.get("user_name")
        new_message = Message(user_name=user_name, contents=contents)
```

```python
        db.session.add(new_message)
        db.session.commit()

        return redirect(url_for("index"))

# 更新機能のルーティング ——(※1)
@app.route("/update/<int:message_id>", methods=["GET", "POST"])
def update(message_id: int):
    # メッセージIDから更新対象のメッセージを取得 ——(※2)
    message: Message = Message.query.get(message_id)

    # 更新画面を表示 ——(※3)
    if request.method == "GET":
        return render_template("update.html", login_user_name=login_user_
name, message=message)

    # 更新処理 ——(※4)
    elif request.method == "POST":
        message.contents = request.form.get("contents")
        db.session.commit()

        return redirect(url_for("index"))

# 削除機能のルーティング ——(※5)
@app.route("/delete/<int:message_id>")
def delete(message_id: int):
    # メッセージIDから削除対象のメッセージを取得 ——(※6)
    message: Message = Message.query.get(message_id)
    # メッセージを削除 ——(※7)
    db.session.delete(message)
    db.session.commit()

    return redirect(url_for("index"))


with app.app_context():
    db.create_all()

if __name__ == "__main__":
    app.run(debug=True)
```

続いて更新画面として「update.html」を作成しましょう。

HTML ソースリスト src/ch3/use_database_updatable/templates/update.html

```
{% extends "base.html" %}

{% block title %}
掲示板の書き込みページ
{% endblock %}

{% block header %}
掲示板の書き込みページ
{% endblock %}

{% block contents %}
<!-- メッセージ内容やユーザー名を送信するフォームを定義 ──(※8) -->
<form action="{{url_for('update', message_id=message.id)}}" method="POST">
    <p><textarea name="contents" rows="5" cols="60">{{message.contents}}</textarea></p>
    <input type="hidden" name="user_name" value="{{login_user_name}}"></label>
    <input type="submit" value="書き込み">

</form>
{% endblock %}
```

最後に、更新画面に遷移できるよう、「top.html」に追記してください。

HTML ソースリスト src/ch3/use_database_updatable/templates/top.html

```
{% extends "base.html" %}

{% block title %}
掲示板のトップページ
{% endblock %}

{% block header %}
    {% if login_user_name %}
    掲示板のトップページ - {{login_user_name}}さん
    {% else %}
    掲示板のトップページ - ゲストさん
    {% endif %}
```

```
{% endblock %}

{% block contents %}
<section>
    <form action="{{url_for('index')}}" method="GET">
        <input type="search" name="search_word" value="{{search_word}}"></label>
        <input type="submit" value="検索">
    </form>
</section>
<section>
    {% for message in message_list %}
    <article>
        <p>{{message.id}} - {{message.user_name}}</p>
        <p>{{message.contents}}</p>
        <!-- 更新、削除リンク ——(※9) -->
        <p><a href="{{url_for('update', message_id=message.id)}}">更新</a></p>
        <p><a href="{{url_for('delete', message_id=message.id)}}">削除</a></p>
    </article>
    {% endfor %}
</section>
{% endblock %}
```

実行して結果を確認しよう

ここまでできたら、「app.py」を起動させ、動かしてみましょう。

fig03 更新削除機能のついた掲示板アプリ

各投稿の下に、更新画面へ遷移するリンク、削除するリンクが追加されていることがわかります。それぞれ試してみましょう。

　更新リンクを押すと更新画面に遷移し、現在のデータが表示されます。書き換えてから「書き込み」を押すと、書き換えた内容に更新されていることがわかります。

　削除を押すと、データが削除されます。

プログラムの内容を確認しよう。

　書き換えたコードについて内容を確認しましょう。

　(※1)更新機能に関するルーティングです。この処理においてどのデータを更新するか指定する必要があります。その指定が「/<int:message_id>」の部分で、URLパラメーターを追加しています。

　(※2)パラメーターで指定された「message_id」を使い、データベースから更新対象のデータを取得しています。

　(※3)GETメソッドの場合は、追加時と同様に更新の画面へ遷移させます。その際、現在のデータを表示できるよう、テンプレートに渡しています。

　(※4)POSTメソッドの場合は、(※2)で取得しておいた更新対象にformから受け取った内容を上書きし、保存しています。「commit」を実行したタイミングでデータベースへの書き込みが実行されます。

　(※5)削除機能に関するルーティングです。こちらでもどのデータを更新するか指定するためパラメーターを追加しています。

　(※6)パラメーターで指定された「message_id」を使い、データベースから削除対象のデータを取得しています。

　(※7)削除対象のデータの削除を実行しています。

　(※8)updateにはパラメーターが必要なので、パラメーターのついたURLを生成するよう、「url_for」の引数に「, message_id=message.id」を追加しています。また、現在のデータを表示するために、textareaの中に「{{message.contents}}」を追記しています。

　(※9)更新、削除リンクを設置しています。(※8)と同じようにパラメーターのついたURLを生成しています。

　これでCRUDの一通りの処理ができました。でも掲示板アプリとしては不十分な部分があります。続けて実装していきましょう。

SQLAlchemyの便利機能

今回のコードではSQLAlchemyの一部の機能だけを使っています。他にもたくさんの便利な機能がありますので一部を紹介します。

- query.get_or_404

  updateの中で、データを一件だけ取得するためにgetメソッドを実行しています。ですが、実行する寸前にデータが削除された場合など、実行した時点でデータが無い可能性があります。そのような現象が起きると、このコードはうまく動作しません。そのような際に備えてget_or_404を使うと、以降の処理を行わずにHTTPレスポンスステータス404（開くべきページが無いことを示す）を返してくれます

- query.paginate

  データ件数が多く、全てのデータを返却すると大変（処理時間、メモリ消費など）になることがあります。そのためにページという概念があります。例えばGoogle検索などでも、まずは最初の10件だけ表示して、次のページを表示するためのリンクがあるのではないでしょうか。同じように1ページ目のデータだけ取得することができるのがpaginateメソッドです

- query.count

  データが全部で何件あるのか、取得するメソッドです。多くの場合、上記のpaginateと合わせて使います。全部で100件あるが、1ページあたり10件表示なので、全部で10ページある、というような制御や表示に使います

現在実装しようとしているこのアプリを拡張していくと、「もっとこうできれば良いのに」と思うことが出てくるかもしれません。どのような機能があるかを知っていると、やりたいことの実現につながります。

気になったライブラリーがあれば、公式ドキュメントを見て、どんな機能があるかを調べる習慣をつけましょう。

VSCode で SQLite の中を見てみよう

データベースの中身は実際どうなっているのでしょうか。SQLite のファイルを開いてみることのできるツールはいくつかあります。今回は、すでに使っている VSCode で見てみましょう。

　VSCode の左下の歯車アイコンから拡張機能を開き、検索窓に SQLite と入力します。検索結果から「SQLite Viewer」を選んでインストールしてください。インストールが完了したら、instance フォルダーの中にある db.sqlite ファイルを開いてみましょう。

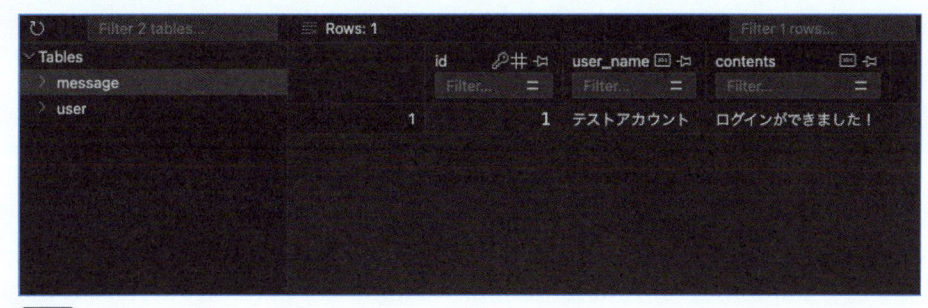

fig04 データベースの内容を見ることができる

このように、SQLite ファイルに「どのようなテーブルが存在し」「テーブルにはどのようなデータが保存されているか」をツールを使って見ることができます。

この節の
まとめ

- ⚠ 本節ではなぜリレーショナルデータベースが必要になるかを考えた
- ⚠ アプリをリレーショナルデータベースに接続する手順を確認した
- ⚠ データベースアプリには CRUD と呼ばれる4つの基本処理がある
- ⚠ SQLAlchemy を使うと CRUD 処理を簡単に実装できる

掲示板アプリにログイン機能を追加しよう

掲示板アプリにログイン機能を設け、みんなで使える掲示板アプリにしましょう。

● ログイン機能とは？

複数の人が利用するアプリには大抵ログイン機能が実装されています。ログイン機能は以下のような目的を果たすために必要です。

- ・ユーザー識別

  アプリがユーザーを識別できるようになり、ユーザーに合わせた情報を表示することができます
- ・アクセス制御

  ユーザーによって異なる「アクセスして良い情報、実行して良い処理」を限定させることができます
- ・セキュリティ

  ログイン方法をセキュリティについて考慮したものに限定するなら、ユーザーの持つ情報を守り、また悪意あるユーザーがアプリにアクセスすることを防ぐことができます
- ・追跡

  ユーザーごとの行動ログを記録して、何らかの問題が生じた際の調査、利用状況の分析が可能になります

本書で説明してきた、これまでの掲示板アプリでは、ログイン機能がないため、上記の一つ目「ユーザー識別」ができず、メッセージの名前が全て同じ人になっています。これから、ログイン機能を追加していきましょう。

ログイン機能はどのように実現するか

ログイン機能は以下の要素によって実現されます。

・認証機能

　登録されているユーザーだけが、正しく自分のアカウントにログインできる必要があります。基本的な認証方法はユーザーIDとパスワードによる認証です。加えて、セキュリティを向上させるためのいくつかの方法があります（2要素認証、パスキー認証など）。

・セッション管理

　ログインしているユーザーの状態を維持するための仕組みです。サーバーでは、セッション情報としてユーザーに関する情報を一定期間保持します。クライアント（WEBブラウザーなど）とサーバーとの間で、CookieやJWT（JSONWebToken）を用いてセッションキーを送受信し、同じセッション情報を扱えるようにします。

　そこで今回は、シンプルに「ユーザーIDとパスワードによる認証」「Cookieによるセッション管理」をしたいと思います。

ログイン機能を実装しよう

　Flaskでは簡単にログイン機能を実装するためのライブラリー「Flask-Login」があります。まずはこれをインストールしましょう。

コマンド実行
```
$ pip install flask-login
```

　インストールが完了したら、まずは「app.py」に以下のようにコードを追加してください。なお、@app.route("/") から下は変化ありません。

Python ソースリスト ｜ src/ch3/use_database_updatable_login/app.py
```
from datetime import datetime

from flask import Flask, render_template, request, redirect, url_for
from flask_sqlalchemy import SQLAlchemy
# Flask-Loginのインポート ──(※1)
from flask_login import LoginManager, UserMixin, login_user, current_user,
logout_user
from werkzeug.security import generate_password_hash, check_password_hash
import os


app: Flask = Flask(__name__)

app.config['SQLALCHEMY_DATABASE_URI'] = 'sqlite:///db.sqlite'
```

```python
db = SQLAlchemy(app)


# ログインマネージャーの設定 ——(※2)
app.config['SECRET_KEY'] = os.urandom(24)
login_manager = LoginManager()
login_manager.init_app(app)

# ユーザーモデルの作成 ——(※3)
class User(UserMixin, db.Model):
    id = db.Column(db.Integer, primary_key=True)
    username = db.Column(db.String(50), nullable=False, unique=True)
    password = db.Column(db.String(25))

class Message(db.Model):
    id = db.Column(db.Integer, primary_key=True)
    user_name = db.Column(db.String(100))
    contents = db.Column(db.String(100))


# ユーザーを読み込むためのコールバック ——(※4)
@login_manager.user_loader
def load_user(user_id):
    return User.query.get(int(user_id))

# ログインユーザー名を保持する変数 ——(※5)
@app.before_request
def set_login_user_name():
    global login_user_name
    login_user_name = current_user.username if current_user.is_authenticat
ed else None


# アカウント登録 ——(※6)
@app.route('/signup', methods=['GET', 'POST'])
def signup():
    if request.method == "GET":
        return render_template("signup.html")

    elif request.method == "POST":
```

```python
        username = request.form.get('username')
        password = request.form.get('password')
        # Userのインスタンスを作成
        user = User(username=username, password=generate_password_hash(pas
sword))
        db.session.add(user)
        db.session.commit()
        return redirect('login')


# ログイン ——(※7)
@app.route('/login', methods=['GET', 'POST'])
def login():
    if request.method == "GET":
        return render_template("login.html")

    elif request.method == "POST":
        username = request.form.get('username')
        password = request.form.get('password')
        # Userテーブルからusernameに一致するユーザーを取得
        user = User.query.filter_by(username=username).first()
        if check_password_hash(user.password, password):
            login_user(user)
            return redirect('/')


# ログアウト ——(※8)
@app.route('/logout')
def logout():
    logout_user()
    return redirect('/')


@app.route("/")
def index():
    search_word: str = request.args.get("search_word")

    if search_word is None:
        message_list: list[Message] = Message.query.all()
    else:
        message_list: list[Message] = Message.query.filter(Message.conten
ts.like(f"%{search_word}%")).all()
```

```python
    return render_template(
        "top.html",
        login_user_name=login_user_name,
        message_list=message_list,
        search_word=search_word,
    )


@app.route("/write", methods=["GET", "POST"])
def write():
    if request.method == "GET":
        return render_template("write.html", login_user_name=login_user_
name)

    elif request.method == "POST":
        contents: str = request.form.get("contents")
        user_name: str = request.form.get("user_name")
        new_message = Message(user_name=user_name, contents=contents)
        db.session.add(new_message)
        db.session.commit()

        return redirect(url_for("index"))

@app.route("/update/<int:message_id>", methods=["GET", "POST"])
def update(message_id: int):
    message: Message = Message.query.get(message_id)

    if request.method == "GET":
        return render_template("update.html", login_user_name=login_user_
name, message=message)

    elif request.method == "POST":
        message.contents = request.form.get("contents")
        db.session.commit()

        return redirect(url_for("index"))

@app.route("/delete/<int:message_id>")
def delete(message_id: int):
```

```python
        message: Message = Message.query.get(message_id)
        db.session.delete(message)
        db.session.commit()

        return redirect(url_for("index"))


with app.app_context():
    db.create_all()

if __name__ == "__main__":
    app.run(debug=True)
```

続いて新たに「signup.html」を作成してください。

```html
{% extends 'base.html' %}

{% block title %}
アカウント登録ページ
{% endblock %}

{% block header %}
アカウント登録ページ
{% endblock %}

{% block contents %}

<!-- アカウント登録フォーム (※9) -->
<form method="POST">
    <label for="username">ユーザー名</label>
    <input type="text" name="username" required>
    <label for="password">パスワード</label>
    <input type="password" name="password" required>
    <input type="submit" value="新規登録">
</form>
{% endblock %}
```

さらに「login.html」も作成しましょう。

```
{% extends 'base.html' %}

{% block title %}
ログインページ
{% endblock %}

{% block header %}
ログインページ
{% endblock %}

{% block contents %}

<!-- ログインフォーム (※10) -->
<form method="POST">
    <label for="username">ユーザー名</label>
    <input type="text" name="username" required>
    <label for="password">パスワード</label>
    <input type="password" name="password" required>
    <input type="submit" value="ログイン">
</form>
{% endblock %}
```

続けて「top.html」を書き換えます。

```
{% extends "base.html" %}

{% block title %}
掲示板のトップページ
{% endblock %}

{% block header %}
    {% if login_user_name %}
    掲示板のトップページ - {{login_user_name}}さん
    {% else %}
    掲示板のトップページ - ゲストさん
    {% endif %}
{% endblock %}
```

```
{% block contents %}
<section>
    <form action="{{url_for('index')}}" method="GET">
        <input type="search" name="search_word" value="{{search_word}}"></label>
        <input type="submit" value="検索">
    </form>
</section>
<section>
    {% for message in message_list %}
    <article>
        <p>{{message.id}} - {{message.user_name}}</p>
        <p>{{message.contents}}</p>
        <!-- ログインしている場合のみ表示 (※11) -->
        {% if login_user_name %}
            <p><a href="{{url_for('update', message_id=message.id)}}">更新</a></p>
            <p><a href="{{url_for('delete', message_id=message.id)}}">削除</a></p>
        {% endif %}
    </article>
    {% endfor %}
</section>
{% endblock %}
```

最後に「base.html」を書き換えてメニューを調整します。

HTML ソースリスト | src/ch3/use_database_updatable_login/templates/base.html

```
<!DOCTYPE html>
<html lang="ja">

<head>
    <meta charset="UTF-8">
    <title>
        {% block title %}
        {% endblock %}
    </title>
</head>

<body>
    <header>
        <h1>
            {% block header %}
```

```
            {% endblock %}
        </h1>
        <nav>
            <ul>
                <li>
                    <a href="{{url_for('index')}}">トップページ</a>
                </li>

                <!-- ログインしている場合のみ表示 (※12) -->
                {% if login_user_name %}
                <li>
                    <!-- 「/write」にアクセスするURLを作成 -->
                    <a href="{{url_for('write')}}">書き込みページ</a>
                </li>
                <li>
                    <!-- 「/logout」にアクセスするURLを作成 -->
                    <a href="{{url_for('logout')}}">ログアウト</a>
                </li>
                {% endif %}

                <!-- ログインしていない場合のみ表示 (※13) -->
                {% if not login_user_name %}
                <li>
                    <!-- 「/signup」にアクセスするURLを作成 -->
                    <a href="{{url_for('signup')}}">アカウント登録ページ</a>
                </li>
                <li>
                    <!-- 「/login」にアクセスするURLを作成 -->
                    <a href="{{url_for('login')}}">ログインページ</a>
                </li>
                {% endif %}
            </ul>
        </nav>
    </header>
    <main>
        {% block contents %}
        まだ何もコンテンツがありません。
        {% endblock %}
    </main>
</body>
```

```
</html>
```

実行して結果を確認しよう

ここまでできたら、「app.py」を起動させ、動かしてみましょう。

掲示板のトップページ - ゲストさん

- トップページ
- アカウント登録ページ
- ログインページ

| None | 検索 |

fig05 未ログイン状態のトップページ

先ほどまでと違い、書き込みページへのリンクがありません。その代わりに、アカウント登録とログインへのリンクがあります。これが「未ログイン状態のメニュー」となります。

ではアカウント登録ページへ遷移し、適当なユーザー名とパスワードを入力してください。ここで入力したものはどこかにメモしておいてください。新規登録を押すと、アカウント登録が実行され、ログイン画面に遷移します。

ログイン画面に来たら、先ほど入力したユーザー名とパスワードを入力し、ログインを押してみましょう。ログインに成功するとトップページに戻ります。

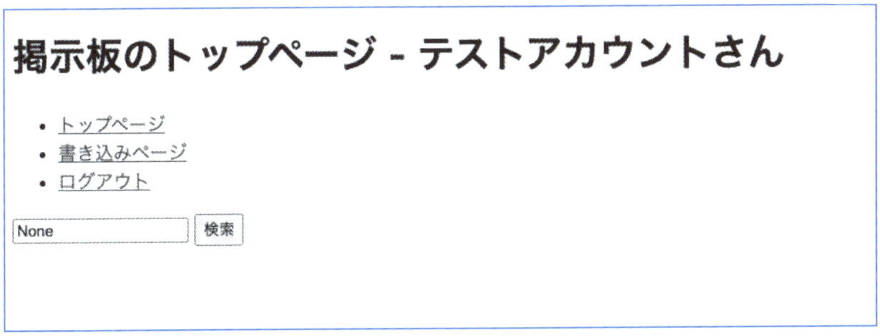

掲示板のトップページ - テストアカウントさん

- トップページ
- 書き込みページ
- ログアウト

| None | 検索 |

fig06 ログイン済状態のトップページ

上部に入力したユーザー名が表示され、メニューが「ログイン済状態のメニュー」になっています。

次に書き込みをしてみましょう。これまでは書き込んだユーザー名が全て「osamu」でしたが、ログインしているユーザー名になったのではないでしょうか。

掲示板のトップページ - テストアカウントさん

- トップページ
- 書き込みページ
- ログアウト

```
None  [検索]
```

1 - テストアカウント

ログインができました！

更新

削除

こうして、誰が書いたかちゃんとわかる掲示板になりました。

プログラムの内容を確認しよう。

では、コードについて内容を確認しましょう。

（※1)Flask_loginをインポートしています。その下にあるWerkzeugはドイツ語で「道具」という意味を持っており、Flaskで採用されているライブラリー集です。今回はパスワードの暗号化に関するライブラリーをインポートしています。

COLUMN

なぜパスワードを暗号化するか

パスワードは暗号化しなければ、わからなくなった時に調べることができて便利、と考えるかもしれません。

ですが、パスワードを暗号化しないとどうなるでしょうか。以下のような問題が生じます。

情報漏洩した際の被害拡大：もしあなたのシステムからユーザーの暗号化されていないパスワードが漏洩すると、悪意ある人が、そのパスワードを使ってシステムにログインできるようになります。

また、もしそのユーザーが他のシステムでも同じパスワードを使っていた場合、そちらにもログインされてしまう可能性があり、被害が拡大します。

内部者による不正アクセスの可能性：データベースにアクセスできる人は、全てのユーザーに成りすますことができることになります。そのようなシステムは、ユーザーが信頼して使うことができません。

上記などの理由により、パスワードを暗号化することは常識となっています。

わかりやすいため暗号化という言葉を使っていますが、厳密にはハッシュ化を行います。

暗号化とハッシュ化は「元の文字列を特定の法則で違う文字列に変換する」という点で似ていますが、以下の点で異なっています。

暗号化：復号化（元の文字列に戻す）ができる
ハッシュ化：復号化ができない

パスワードは、「保存された文字列」と「ログイン時に入力された文字列」、それぞれを同じように ハッシュ化することで同じ文字列が入力されたかを確認することができるため、復号化する必要がない（できない方が良い）ということになります。

（※2）Flask_Loginの中核機能である「LoginManager」をセットアップしています。「LoginManager」の「init_app」を実行する際には、「SECRET_KEY」を設定する必要があります。

これはログインIDが保存されるセッションデータを暗号化して保護するためのものです。「SECRET_KEY」は十分な長さの文字列であれば、概ね何でも良いのですが、それが漏洩すると、セッションデータを復号化することができてしまいます。

ここでは「os.urandom」によって、サーバーを起動させるたびに生成されるランダムな文字列を設定して、漏洩しても問題がないようにしていますが、この方法だとサーバーが再起動すると以前のセッションが無効になってしまい、再度ログインが必要になります。本当は、環境変数などを使って「再起動しても変わらない、秘密にできる十分な長さの文字列」を設定できると良いでしょう。

（※3）ユーザー情報を保存するためのユーザーモデルを作成します。「User」クラスに2つのクラスを継承させています。「db.Model」は、前の節で追加した「Message」クラスと同様で、データベースにテーブルを作成するためのものです。

「UserMixin」を継承すると、Flask_Loginがユーザーモデルとして扱うことができます。この後ユーザーを作成したり、ログイン、ログアウトしたりするときにこのモデルクラスのデータが使われることになります。

（※4）「@login_manager.user_loader」デコレータは「Login_Manager」が「ログイン中のユーザーのユーザーモデル」を読み込むためのコールバックです。セッションに保存されているユーザーIDをもとに、ユーザーテーブルから該当するデータを取得しています。

（※5）これまで、「login_user_name」という変数にはずっと同じ文字列を設定していました。「@app.before_request」デコレータは、ルーティング処理の前に実行されるもので、つまりどのようなURLへのアクセスが来ても、この処理を通ることになります。その処理の中で、「login_user_name」にログイン中のユーザー名をセットしています。

セッションにログイン中のユーザー情報を保持しているなら、「current_user.is_authenticated」メソッドはtrueを返し、「current_user.username」はユーザー名を返してくれます。

（※6）アカウント登録処理のルーティングです。保存するためのUserクラスのインスタンスを作る処理では、「generate_password_hash」メソッドを実行しています。このメソ

ッドは、デフォルトで十分なハッシュ化をパスワードに施してくれます。

(※7) ログイン処理のルーティングです。「check_password_hash」で「入力されたパスワードをハッシュ化したもの」と、DBに保存されている「ハッシュ化されたパスワード」を比較しており、そのためにDBから入力されたusernameに一致するUserクラスのインスタンスを取得しています。

ログインできることを確認したのち、Flask_Loginの「login_user」メソッドを実行しています。この処理はセッションにログイン中のユーザー情報を保存し、そのセッションキーをCookieに保存されます。

ブラウザーの開発者ツールを使うとCookieが作られていることを確認できます。

(※8) ログアウト処理のルーティングです。「logout_user」メソッドを実行するとセッションからログイン中のユーザー情報を削除します。

(※9) アカウント登録用のフォームです。usernameとpasswordを登録するのに必要なフィールドを備えています。(※10) ログイン用のフォームもアカウント登録フォームと同じように実装しています。

(※11) ログインしていない場合には、更新と削除機能へのリンクは表示されないようにします。ログイン状態かどうかは、「ログイン中のユーザー名」があるかどうかで判断しています。同様に (※12) でもログインしている場合だけ書き込み、ログアウトが可能なようにしています。また、(※13) ではログインしていない場合だけアカウント登録やログインが可能なようにしています。

COLUMN

エラーハンドリングについて

今回のプログラムでは、以下のようなパターンでエラーが発生します。

> すでに登録済みのusernameでアカウントの再登録を試みた
> 存在しないアカウントでログインを試みた

今回はサンプルプログラムを簡潔にするために割愛しましたが、本来であれば、このようなエラーが起きるケースはエラーハンドリング（発生したエラーに対して適切な処理をする）をすべきです。Flask、及びPythonにはエラーハンドリングをするための仕組みがあります。

> @app.errorhandler デコレータ：このデコレータをつけたメソッドを定義しておくなら、エラーが発生した際に実行されます
> try ~ except構文：tryとexceptの間に書いた処理でエラーが起きた際に、except以降に書いた処理を実行することができます
> flash：画面に表示する一時的なメッセージを渡す意図で使われます。flashとredirectを組み合わせて元の画面でエラー表示をするなら、ユーザーにわかりやすいアプリにすることができます

これで、ログインしてそれぞれのユーザーで書き込みができる掲示板ができました。だいぶアプリらしくなってきたのではないでしょうか。

アプリを今後拡張するためのアイデア

このアプリはまだまだ発展の余地があります。もし多くの人に使ってもらえるアプリを目指すなら、以下のようなポイントを考える必要があります。

アクセス権限：今はログインしているかどうかで画面表示を切り替えていますが、画面表示を介さずに「システムにとって有効なHTTPリクエスト」を作ることができます。その方法を使うなら、ログインしていなくても書き込み処理などを実行することができてしまいます。
「ログインしていないと実行できない処理」を意味する「@login_required」デコレーターを各メソッドにつけるなら、ログインせずにアクセスされてしまうことを防ぐことができます。
また、今はログインさえしていれば書き込み、更新、削除などの機能にアクセスできますが、他のユーザーの書き込みを更新、削除できてはいけないと考えることができます。
そのような際には、各処理の冒頭で「ログインしているユーザーが更新対象のデータにアクセスして良いか」を検証する必要があります。
パスワードポリシー：今はどのようなパスワードでも登録できてしまいますが、一般的にはパスワードに対して「ある程度の複雑さ」を要求し、その要求に適応しないと登録できないようにします。これをパスワードポリシーと言います。
適切なパスワードポリシーを設けないと、システムは攻撃を受けやすくなります。攻撃者からすると簡単に突破できそうに見えるためです。また、いずれかの認可を受ける必要があるシステムの場合、求められるセキュリティの基準の一つとして適切なパスワードポリシーを求められることが多く、そうした点でも必要となります。
IDaaS：認証、認可、アカウント管理などを担うことのできるクラウドサービスがあり、それをIDaaS（Identity as a Service）と呼びます。
サービスを運用していくと、様々な要望が出てきがちです。
「ログイン（認証）のセキュリティを強化するためMFA（複数の認証要素）に対応させたい」「パスキーを使いたい」「認証のログを解析したい」「アカウントの利用状況を確認したい」
しかし、このような要望を実現するには開発が必要となり、最初からこうした機能を備えているIDaaSを使ってシステム構築するケースが増加しています。採用を検討してみても良いかもしれません。

この節の
まとめ

(!) 本節ではログイン機能の必要性、どのような仕組みで機能するかについて考えた

(!) アプリにログイン機能を実装する手順を確認した

(!) Flask_Login を使うとログイン機能を簡単に実装できる

03
ドキュメントデータベースと双方向通信を使ってリアルタイムチャットを作ってみよう

データベースの一種、ドキュメントデータベースを使ってリアルタイムチャットを作ってみましょう。
リアルタイムな通信を実現するために、非同期双方向通信の技術を利用します。

ここで学ぶこと
- ➡ ドキュメントデータベースについて
- ➡ 非同期双方向通信について
- ➡ リアルタイムチャットの実装について

● ドキュメントデータベースについて

　前節まで、データベースの一種としてリレーショナルデータベースを使ってきました。
　ドキュメントデータベースとは、「構造化された情報（ドキュメント）」のコレクションをデータソースとする形式のデータベースです。

【リレーショナルデータベース】
データ構造：データは表（テーブル）形式で管理される。行と列で構成され、スキーマが厳密に定義される
データの一貫性：ACID（Atomicity, Consistency, Isolation, Durability）特性を提供し、高いデータ整合性を保つ
クエリー言語：SQL（Structured Query Language）を使用してデータを操作する。
リレーション：テーブル間のリレーション（関係）が主キーと外部キーを使用して定義される
トランザクション：複数の操作を一つのトランザクションとして扱い、一貫したデータ更新を保証する
スケーリング：垂直スケーリング（サーバーの性能を向上させる）に適している
【ドキュメントデータベース】
データ構造：データはドキュメント形式で管理され、柔軟なスキーマを持つ
データの一貫性：BASE（Basically Available, Soft state, Eventually consistent）特性を持つことが多く、最終的な一貫性を目指す
クエリー言語：特定のクエリー言語（例：MongoDBのクエリー言語）や、キー・バリュ

―アクセス方式を使用する

リレーション：ドキュメント間のリレーションはあまり強調されず、データのネストや
埋め込みで関係を持たせることが多い

トランザクション：多くのデータベースはトランザクションをサポートしないか、限定
的なサポートにとどまる

スケーリング：水平スケーリング（複数のサーバーにデータを分散させる）に適している

上記にも含まれますが、リレーショナルデータベースはSQL言語で操作することに対し、ドキュメントデータベースはSQLを使用しないことからNoSQLと呼ばれることもあります（厳密には、ドキュメントデータベースでもSQLを部分的にサポートする製品もあります）。

システムを作る際には、そのシステムの性質や、作り方に合わせてデータベースを選択する必要があります。

ドキュメントデータベースは以下の点で、リアルタイムチャットに向いていると言えます。

・チャットデータはツリー構造（ドキュメント形式）のデータ構造に適している
・お金を扱うシステムのように、高いデータの整合性が求められるわけではない
・複数同時アクセスに対応するための、水平スケーリングに適している

必ずしもドキュメントデータベースを使う必要があるわけではありませんが、より向いている技術を選択することは「実装するための費用、運用し続けるための費用」を抑えることにつながります。

● MongoDB Atlas について

ドキュメントデータベース製品の一つにMongoDBというものがあります。MongoDB AtlasはMongoDBが提供しているMongoDBのホスティングサービスで、インターネット上に自分用のデータベースを簡単に作成することができるものです。

無料で使える範囲がありますので、これを使って開発してみたいと思います。

MongoDB Atlas にアカウントを作成しよう

以下のURLにアクセスし、「Try Free」ボタンからアカウント作成をしましょう。

● MongoDB Atlas
[URL] https://www.mongodb.com/ja-jp/atlas

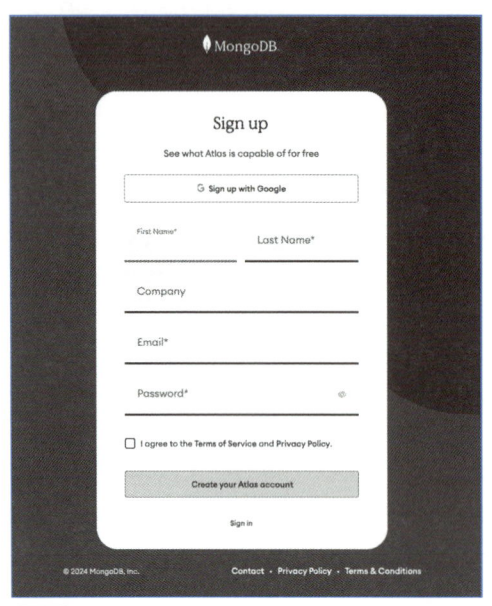

サインアップ画面

　Googleアカウントを使うこともできますので、お持ちの方はそちらを使う方が簡単です。入力を進めると、アンケートの画面が出てきます。

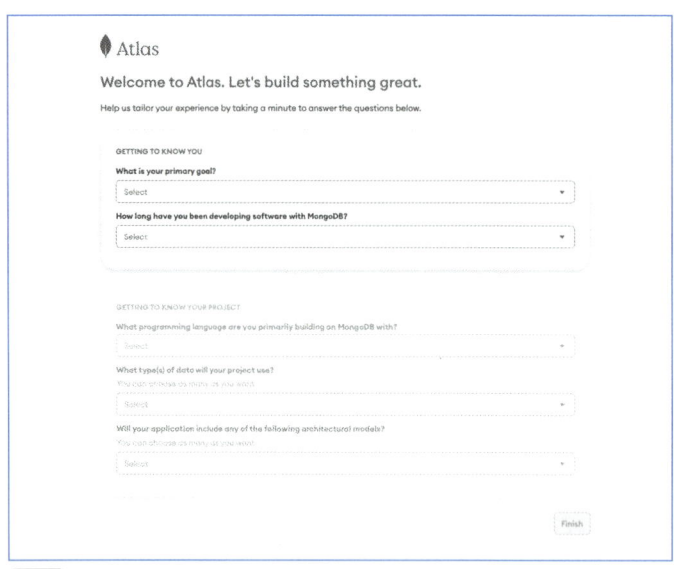

アンケート画面

　ここで入力した内容によって何かが変わる、といったこともないようですので、ご自分の好きな内容で回答して下さい。

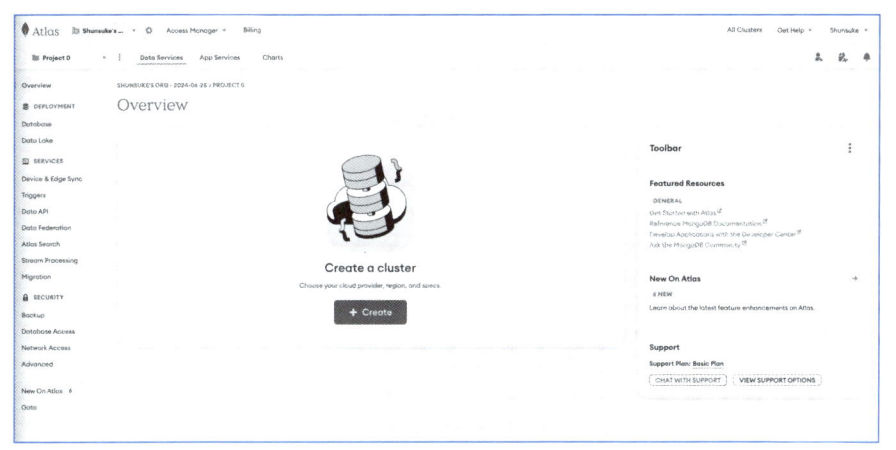

fig10 アカウント完成

　アカウントが無事作成できると、このような画面になります。次はクラスター作成をしますので、画面中央のCreateボタンを押しましょう。

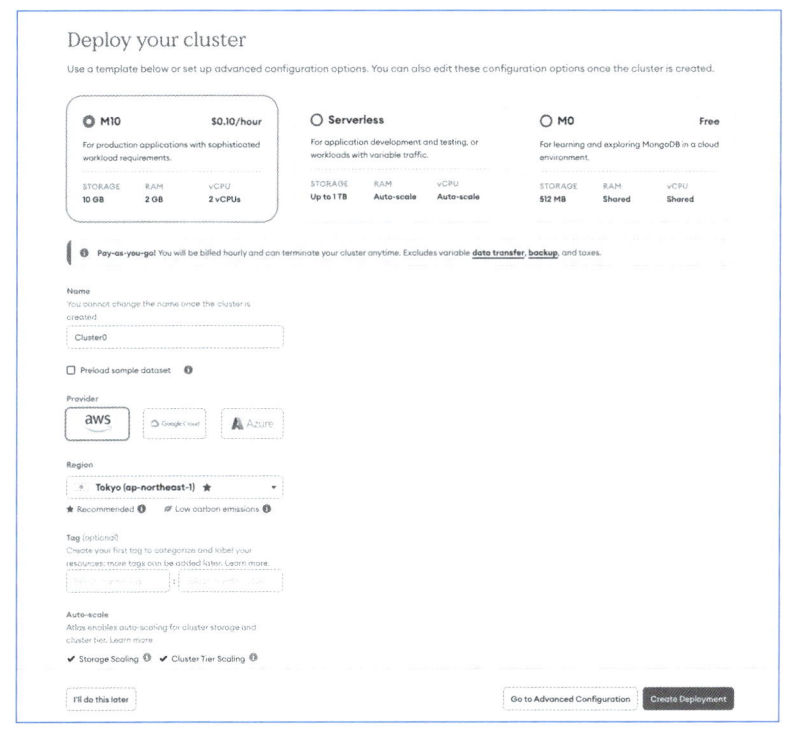

fig11 クラスター作成

　プランはM0を選択しましょう。これを選択すれば、非力ですが無料で使用できます。それ以外は、今回はデフォルトのままでOKです。Create Deploymentボタンを押しましょう。

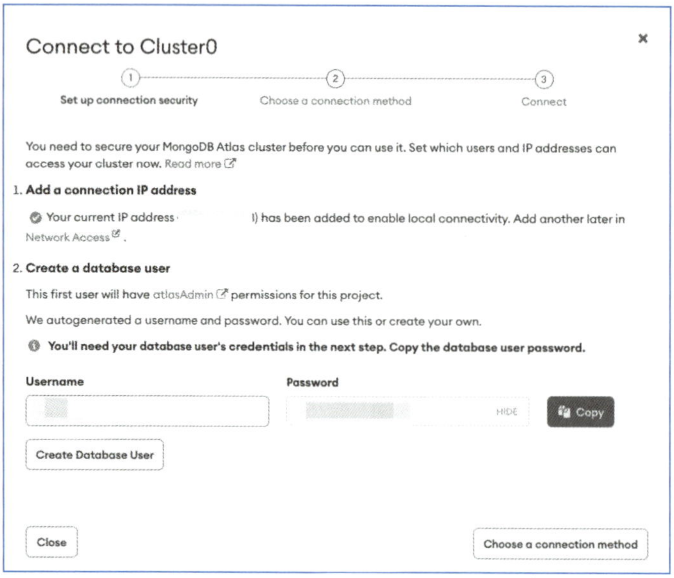

fig12 クラスターへ接続

　クラスターが完成すると、このような画面になります。作成したてのクラスターには、どのIPアドレスからも接続できないようになっていますが、このダイアログでチェックマークが入っているように「今接続しているIPアドレス」からは接続できるように自動で設定されました。すぐ開発できるようになっており、便利ですね。また、生成されたUsernameとPasswordが表示されていますので、これをコピーして手元において下さい。Closeボタンを押して閉じましょう。

　これにより、Atlasで開発するための準備はできました。後ほど、実際にコードを書いてみましょう。

● 非同期通信について

　これまでに作ってきたWebアプリは、同期通信でした。同期通信とは以下のような仕組みを指しています。

・操作などにより通信が発生すると、画面は通信終了まで待機する
・通信に伴い、画面を全て書き換える

図にすると、次のようなイメージになります。

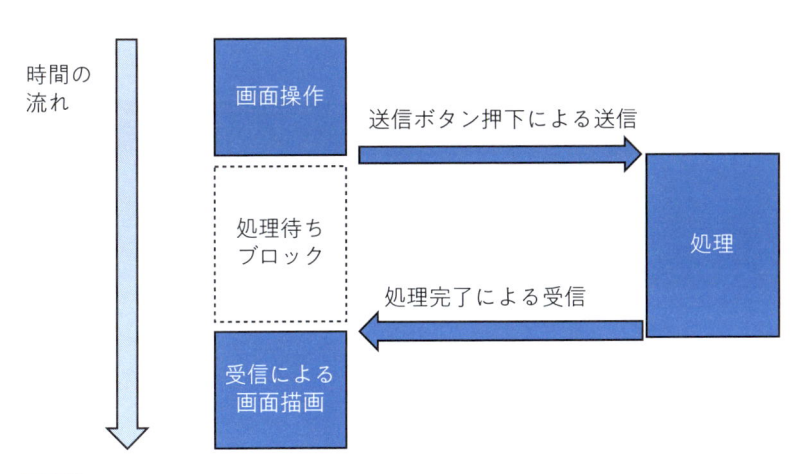

クライアント（画面）　　　　　　サーバー

時間の
流れ

画面操作

送信ボタン押下による送信

処理待ち
ブロック

処理完了による受信

受信による
画面描画

処理

fig13 同期通信のイメージ

それに対し、非同期通信は以下のような仕組みです。

・通信が発生しても画面に対する操作をブロックせず、ユーザーは操作し続けることが
　できる
・画面全体を書き換えるのではなく、一部だけ書き換えることができる

図にすると、次のようなイメージになります。

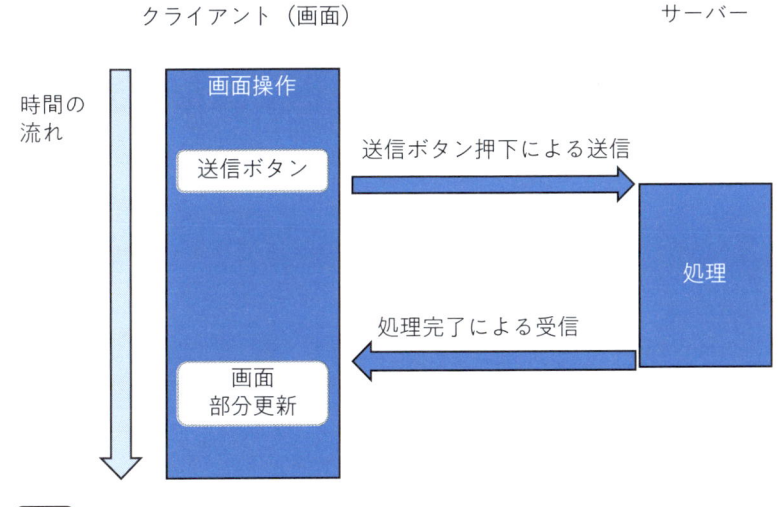

クライアント（画面）　　　　　　サーバー

時間の
流れ

画面操作

送信ボタン

送信ボタン押下による送信

処理完了による受信

画面
部分更新

処理

fig14 非同期通信のイメージ

非同期通信の実装は、同期通信に比べて複雑になりますが、ユーザーの操作感が良いため、最近のアプリでは採用が増えてきています。

● 双方向通信について

　これまでに実装した掲示板アプリは、クライアントからサーバーに対してのみ送信する、いわば「単方向通信」でした。

　図にすると、次のようなイメージになります。

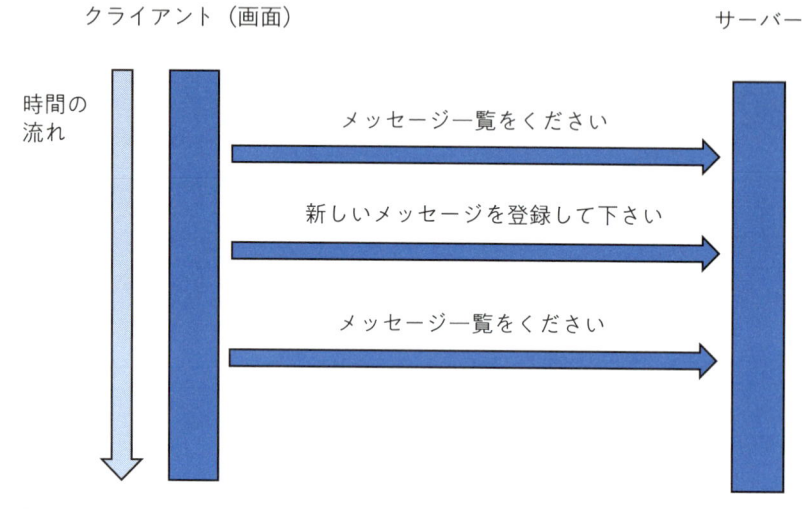

fig15　単方向通信のイメージ

　それに対し、サーバーからクライアントに対して送信したいタイミングで送信を行う仕組みを「双方向通信」と呼びます。

　図にすると、次のようなイメージになります。

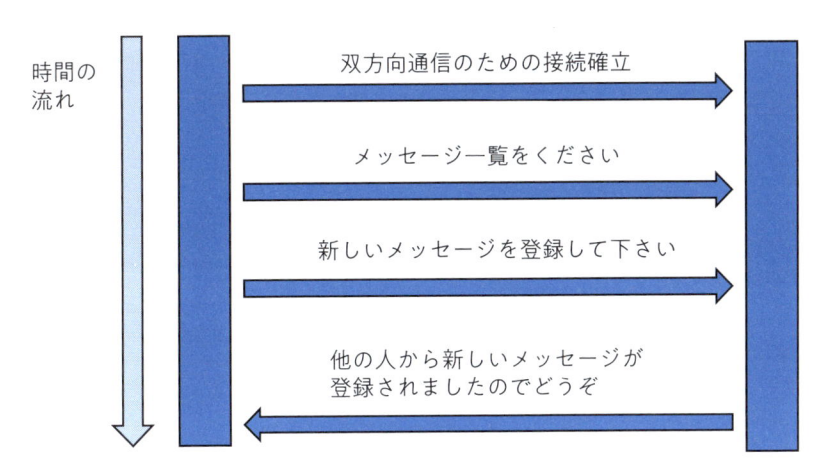

クライアント（画面）　　　　　　　　　　　サーバー

時間の
流れ

双方向通信のための接続確立

メッセージ一覧をください

新しいメッセージを登録して下さい

他の人から新しいメッセージが
登録されましたのでどうぞ

fig16　双方向通信のイメージ

これを実現するための技術は複数あります。

・ポーリング
・WebSocket
・gRPC　など

より無駄の少ない仕組みや、クライアント、サーバーそれぞれの仕様により使えるもの
が変わるため、そうした点を考慮して選択することになります。

Socket.io について

Socket.io は双方向通信を実現するためのライブラリーで、以下のように動作します

・WebSocket が動作する環境なら WebSocket で通信
・上記に当てはまらないなら、ポーリング

COLUMN

ポーリングとは

周期的に通信し、新しい変更がないか確認する方法です。
「新しい変更がなくても通信し続ける」ことや、「変更を速く検知したい場合は、短い間隔で通
信する必要がある」ため、ネットワークやサーバーの負荷という観点では無駄が生じやすいこ
とになります。
とはいえ、シンプルな仕組みのため安定して動作しやすいというメリットがあります。

では、リアルタイムチャットアプリを実装していきましょう。リアルタイムな双方向通信のためにSocket.ioと、その通信に対応できるドキュメントデータベースを利用します。

ログイン機能は設けず、シンプルに非同期双方向通信の実装をしてみましょう。

新しいプロジェクトを作成しよう

前の章のように操作し、新しいフォルダーで仮想環境が動くようにして下さい。それから必要なライブラリーをインストールしましょう。

コマンド実行
```
$ pip install flask flask-socketio pymongo
```

Flask-SocketIOは名前の通り、FlaskでSocket.ioを扱うためのライブラリーで、PymongoはPythonでMongoDBを扱うためのライブラリーです。これらを使って実装していきます。

コーディングしよう

では、以下のようにapp.pyにコードを書いていきましょう。

Python ソースリスト | src/ch3/use_nosql/app.py
```python
from flask import Flask, render_template
from flask_socketio import SocketIO, emit
from datetime import datetime
from pymongo import MongoClient

app = Flask(__name__)

# Socket.ioのセットアップ ——(※1)
socketio = SocketIO(app)

# MongoDBの接続先設定 ——(※2)
mongo_uri = "mongodb+srv://<接続文字列>"
client = MongoClient(mongo_uri)
db = client["SNS"]
messages_collection = db["messages"]

@app.route("/")
def index():
```

```python
    return render_template("index.html")


# メッセージの読み込み ——(※3)
@socketio.on('load messages')
def load_messages():
    messages = messages_collection.find().sort('_id', -1).limit(10)
    messages = list(messages)[::-1]
    messages_return = [message['message'] for message in messages]
    # メッセージをクライアントへ送信 ——(※4)
    emit('load all messages', messages_return)


# メッセージの登録 ——(※5)
@socketio.on('send message')
def send_message(message):
    messages_collection.insert_one({'message': message})
    # メッセージをクライアントへ送信 ——(※6)
    emit('load one message', message, broadcast=True)


if __name__ == "__main__":
    # Socket.ioサーバーの起動 ——(※7)
    socketio.run(app, debug=True)
```

　mongo_uriのところには、Atlasのページで「左メニューのDatabase ＞ 画面中央部の Connectボタン」で表示されるページ から取得できる文字列をコピーして下さい。 <password>には前もって保存しておいたパスワードを入力して下さい。

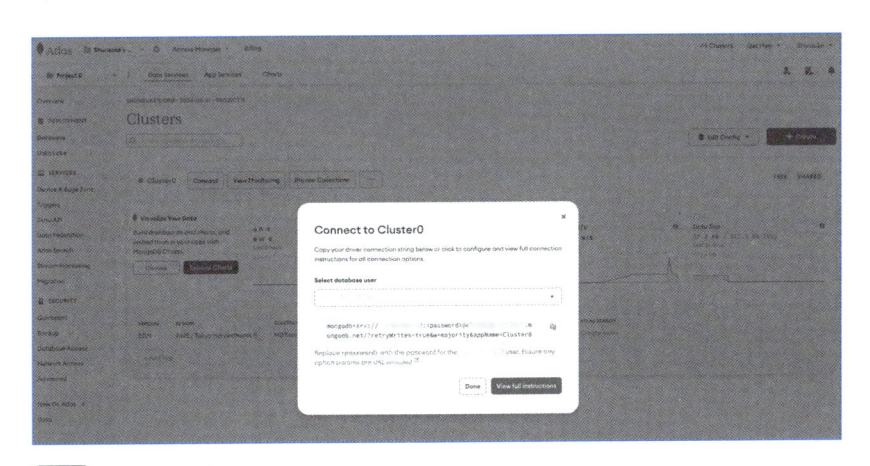

fig17 Atlas 接続文字列

次に、index.htmlにコードを書いて下さい。

```html
<!DOCTYPE html>
<html lang="ja">
<head>
    <meta charset="UTF-8">
    <title>リアルタイムチャット</title>
    <!-- socket.ioの読み込み (※8) -->
    <script src="https://cdnjs.cloudflare.com/ajax/libs/socket.io/4.4.1/socket.io.min.js"></script>
    <script>
        document.addEventListener('DOMContentLoaded', () => {

            // Socket.ioのセットアップ (※9)
            const socket = io();

            const messageInput = document.getElementById('message-input');
            const messageButton = document.getElementById('send-message');
            const messagesList = document.getElementById('messages');

            // 受け取ったメッセージを描画する (※10)
            const appendMessage = message => {
                const li = document.createElement('li');
                li.textContent = message;
                messagesList.appendChild(li);
            };

            // サーバーとの接続確立 (※11)
            socket.on('connect', () => socket.emit('load messages'));

            // メッセージ全件受信処理 (※12)
            socket.on('load all messages', messages => messages.forEach(appendMessage));

            // メッセージ送信処理 (※13)
            messageButton.addEventListener('click', () => {
                socket.emit('send message', messageInput.value);
                messageInput.value = '';
                return false;
            });
```

```
        // メッセージ受信処理 (※14)
        socket.on('load one message', appendMessage);
    });
    </script>
</head>
<body>
    <h1>リアルタイムチャット</h1>
    <ul id="messages"></ul>
    <input type="text" id="message-input" placeholder="メッセージを入力">
    <button id="send-message">送信</button>
</body>
</html>
```

実行して結果を確認しよう

app.pyを実行し、アクセスしてみましょう。今回はぜひ複数のブラウザーを開いて同時にアクセスみてして下さい。

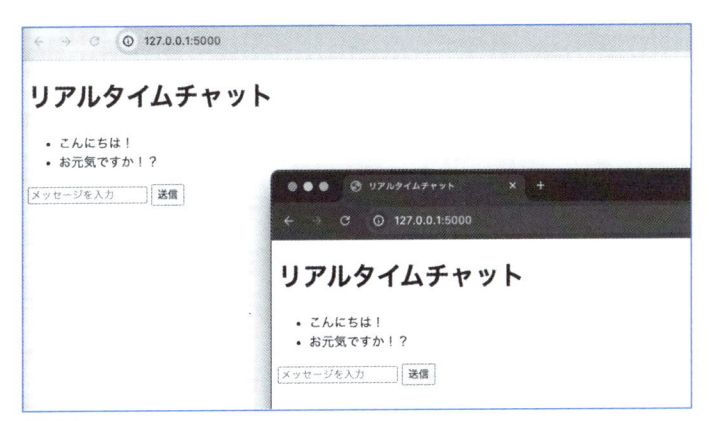

fig18 リアルタイムチャットのページ

開けたら、片方のブラウザーからメッセージを入力してみましょう。送信すると、もう片方のブラウザーにも新しいメッセージが即座に表示されることがわかると思います。これはサーバーからブラウザーに対して送信しているためです。

また、メッセージを入力中に他のブラウザーから新しいメッセージが送信されると、入力中のメッセージが消えずに新しいメッセージが表示されると思います。これらの点から、非同期双方向通信ができていることがわかります。

プログラムの内容を確認してみよう

では、コードについて内容を確認しましょう。

（※1）socket.ioのサーバーとして動作するための準備です。

（※2）MongoDBにアクセスするための準備です。すでにAtlasのページから作ったのはクラスターというサーバーに相当するものです。ここのコードでクラスターの中に作るSNSというデータベース、データベースの中に作るmessagesというコレクションを指定しています。

前もってAtlasのページからデータベースやコレクションを作っておくこともできますが、プログラムが動くときに、指定したものがなければ、自動で作成されます。

（※3）メッセージを全て読み込む時の処理です。「@socketio.on」は引数の文字列で非同期通信を待ち受けることになります。

messagesのコレクションに対して、以下の処理をした結果を取得しています。

・sort('_id', -1)

MongoDBではデータを作ると _id というフィールドが自動で作られます。このフィールドの値の大きさはデータを作成した順番と一致するため、ソートに使うとデータを作った順番にすることができます

2番目の引数に -1を渡すと、降順（新しい順）になります

・limit(10)

ソートした結果から最大10件を取得しています。合わせると、「最も新しい10件を取得」ということになります

・list(messages)[::-1]

新しい順で取得した10件を、古い順にするために、順番を入れ替えています

・[message['message'] for message in messages]

通信量を必要最低限にするため、必要なデータだけ詰め替えてクライアントに返します

（※4）準備できたデータをクライアントに送ります。emitメソッドの第一引数の文字列で、クライアント側で待ち受けている処理を実行させます。ここでは「このサーバー側の処理に通信してきたクライアントにだけ」送ります。

（※5）メッセージを登録する処理です。messagesのコレクションに対して、「insert_one」メソッドを実行するだけで、MongoDBへの書き込みが完了します。渡すデータはJson形式で記述します。

（※5）今回登録されたメッセージをクライアントに送ります。今回のemitでは3番目の引数で、「broadcast=True」となっています。これは「現在接続しているすべてのクライアント」に対して送信することを意味しています。

（※7）Socket.ioのサーバー機能を起動する。これによりサーバー側の非同期通信の待ち受けを開始します。

（※8）外部サーバーにあるsocket.ioのライブラリーを読み込んでいます。

(※9)Socket.ioのクライアント側が動作するための準備です。

(※10)受け取ったメッセージをページ内に描画するメソッドを定義しています。ulタグの中にliタグを追加していく形で描画しています。このメソッドを実行するタイミングは、後ほど出てきます。

(※11)クライアントとサーバーの間で、Socket.ioの接続ができると実行されるイベントです。「socket.on」メソッドは、第一引数の文字列で待ち受け、その待ち受けている文字列に対してサーバーから通信がくると、第二引数の処理が実行されます。

ここではサーバー側の処理を呼ぶ「socket.emit」を実行しています。引数に「load messages」と書くことにより、(※3)で書いているサーバー側の処理が実行されます。

(※12)サーバーからの通信を受け、受け取ったメッセージを描画しています。

整理すると以下のような順番で実行していることになります

(1) ページを開く
(2) サーバーとの間でSocketIOの接続が完了すると、サーバーから「connect」の文字で通信がくる(※11)
(3) サーバーへ「load messages」を送信する
(4) サーバーはデータベースからメッセージ一覧を取得(※3)
(5) サーバーから「load all messages」の文字で通信がくる(※4)
(6) 全てのメッセージを受け取って描画する(※12)

(※13)送信ボタンを押した時の処理です。サーバーへ「send message」の文字と入力内容を送り、データベースに登録してもらいます。

(※14)サーバーからの通信を受け、受け取った一つのメッセージを描画しています。

整理すると以下のような順番で実行しています

自身が送信した場合
・送信ボタンを押してサーバーへ「send message」を送信する(※13)
・サーバーはデータベースにメッセージを登録(※5)
・サーバーから「load one message」の文字で通信がくる(※6)
・追加された一つのメッセージを受け取って描画する(※14)

他のユーザーが送信した場合
・他のユーザーの操作によりデータベースにメッセージが登録される
・サーバーから「load one message」の文字で通信がくる(※6)
・追加された一つのメッセージを受け取って描画する(※14)

開発中のアプリを外部公開したい

リアルタイムチャットができましたが、このような開発中のアプリに他の人からもアクセスしてもらいたい場合があるでしょう。

ですが、自宅のPCに対してインターネットから通信できるようにすることは少し手間がかかり、またセキュリティを考えると慎重に行う必要があります。

そのような際に便利なツールとしてngrokというものがあります。

使い方の説明は割愛しますが、一時的にインターネットに公開したい、というときには大変便利なツールです。

公式サイトにしっかり説明がありますので、興味がある方はご確認ください。

データの確認

MongoDB Atlasに作られたデータを確認してみましょう。

ページを開き、「左側メニューのDatabase > 画面中央部のBrowse Collectionsボタン」を押して下さい。

下図のような画面になります。

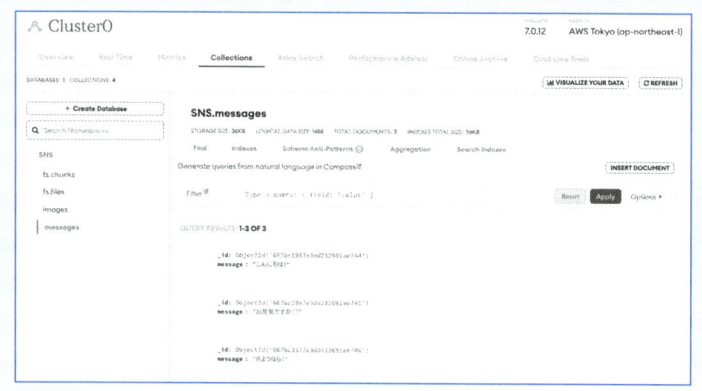

作られたデータをこうして見ることができます。データにマウスカーソルを乗せると、変更したり削除したりするためのボタンも表示されます。

開発中には頻繁にデータを確認したり、変更したりしたくなることでしょう。是非活用して下さい。

fig19 MongoDB Atlasで作られたデータを確認する

この節のまとめ

(!) 本節ではドキュメントデータベース、および非同期双方向通信について考えた

(!) ドキュメントデータベースとして、MongoDB Atlasを使って開発をする手順を確認した

(!) それらの技術を利用してリアルタイムチャットを実装する手順を確認した

chapter 3
04
画像のアップロードに対応して 画像SNSを作ってみよう

掲示板で画像などのファイルをやり取りするには、少し工夫が必要になります。ファイルのやり取りと、ファイルの保存について考え、画像SNSを作ってみましょう。

ここで 学ぶこと

→ バイナリーファイルの通信について
→ バイナリーファイルの保存について
→ 画像の送受信について

● バイナリーファイルとは

　ある種の文字コードの範囲に収まるビット列をテキストデータと呼びます。また、テキストデータからなるファイルをテキストファイルと呼びます。

　それに対し、テキストデータではないものをバイナリーデータと呼び、バイナリーデータからなるファイルをバイナリーファイルと呼びます。

　例えば画像、動画、実行可能ファイル、オフィスファイルなどがあります。

　WEBシステムではテキストデータの通信は簡単にできますが、バイナリーデータの通信は少し工夫が必要になります。

バイナリーファイルの通信について

　バイナリーファイルを通信するには以下のような選択肢があります。

・Base64エンコーディング
　　バイナリーデータをテキスト形式に変換して通信します。ファイルサイズが大きくなってしまうものの、安全に転送することができます
・マルチパートフォーム
　　同期通信のWEBシステムではformタグがありましたが、「enctype="multipart/form-data"」という属性をつけることでバイナリーファイルの送信が可能になります
・バイナリーWebSocket, バイナリーXHR
　　非同期通信の方法であるWebSocketやXHRでバイナリーを送ることもできます

　今回は、送信時にも受信時にも扱いやすいBase64エンコーディングによって、バイナリーデータを送受信するコードを実装したいと思います。

バイナリーファイルの保存について

バイナリーデータを扱う際は大きなファイルである可能性を考慮し、開発や運用を見据えて幾つかの選択肢から方法を決定します。

- ・データベースに格納する

    大抵のデータベースでは大きなファイルを格納できるBLOB型、BINARY型のフィールドを定義できるため、それを使う方法があります

    MongoDBでもGridFSという機能があり、MongoDBにファイルを格納することができます

- ・別のストレージに格納する

    データベースとは別にストレージ（ファイルサーバーなど）を用意し、そこにファイルを格納し、配置したファイルへの参照をデータベースに保存する方法があります

    この方法はデータベースの肥大化を防ぐことができて扱いやすいことと、ストレージのコストを比較したときに安価というメリットがあります

今回の開発では、GridFSを使ってMongoDB内にファイルを格納したいと思います。

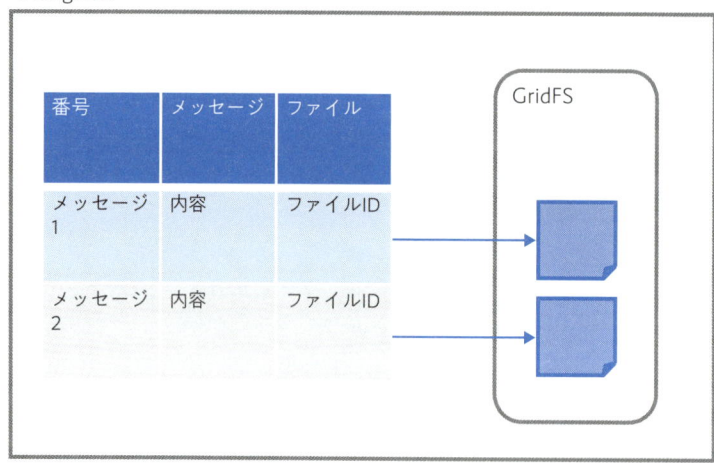

fig20 GridFS のイメージ

● 実装してみよう

では、前の節で実装したリアルタイムチャットアプリを元に、画像の送受信機能を追加しましょう。

ちなみに、最近の画像はオリジナルサイズがとても大きいので、小さくリサイズしたものを送受信したいと思います。

コーディングしよう

では、以下のようにapp.pyを書き換えましょう。

Python ソースリスト | src/ch3/use_nosql_uploadable/app.py

```python
from flask import Flask, render_template
from flask_socketio import SocketIO, emit
from datetime import datetime
from pymongo import MongoClient
import base64
import gridfs
import bson


app = Flask(__name__)


socketio = SocketIO(app)

mongo_uri = "mongodb+srv://<接続文字列>"
client = MongoClient(mongo_uri)
db = client["SNS"]

# GridFSのセットアップ ——(※1)
fs = gridfs.GridFS(db)

@app.route("/")
def index():
    return render_template("index.html")



@socketio.on('load messages')
def load_messages():
    messages = db.images.find().sort('_id', -1).limit(3)
    messages = list(messages)[::-1]
    # メッセージと画像データをリストにして返す ——(※2)
    messages_return = [{'message':message['message'],
                        'image_data':get_image_data(message['image_id'])}
                       for message in messages]

    emit('load all messages', messages_return)
```

```python
# 画像IDから画像データを取得 ——(※3)
def get_image_data(image_id):
    image_file = fs.get(image_id).read()
    image_base64 = base64.b64encode(image_file)
    return image_base64.decode('utf-8')


# メッセージと画像の登録 ——(※4)
@socketio.on('send message')
def send_message(data):
    message = data['message']
    image_data = data['image_data']
    image_name = data['image_name']

    # base64エンコードされている画像データをデコードしてGridFSに保存 ——(※5)
    image_bytes = base64.b64decode(image_data.split(',')[1])
    image_id = fs.put(image_bytes, image_name=image_name)

    # MongoDBに画像を保存したGridFSのファイルIDとテキストを保存 ——(※6)
    image_record = {
        'image_name': image_name,
        'image_id': image_id,
        'message': message
    }
    db.images.insert_one(image_record)

    # メッセージと画像をクライアントへ送信 ——(※7)
    emit('load one message', {"message":message, "image_data":get_image_da
ta(image_id)}, broadcast=True)


if __name__ == "__main__":
    socketio.run(app, debug=True)
```

次に、index.htmlも書き換えてください。

```html
<!DOCTYPE html>
<html lang="ja">
<head>
    <meta charset="UTF-8">
    <title>リアルタイムチャット</title>
    <script src="https://cdnjs.cloudflare.com/ajax/libs/socket.io/4.4.1/socket.io.min.js"></script>
    <script>
        document.addEventListener('DOMContentLoaded', () => {

            const socket = io();

            const fileInput = document.getElementById('file-input');
            const messageInput = document.getElementById('message-input');
            const messageButton = document.getElementById('send-message');
            const messagesList = document.getElementById('messages');
            const canvas = document.getElementById('canvas');

            // 受け取ったメッセージと画像を描画する ——(※8)
            const appendMessage = message => {
                let li = document.createElement('li');
                let img = document.createElement('img');
                img.src = "data:image/jpeg;base64," + message["image_data"];
                li.appendChild(img);
                li.appendChild(document.createTextNode(message["message"]));
                messagesList.appendChild(li);
            };

            socket.on('connect', () => {
                socket.emit('load messages');
            });

            socket.on('load all messages', messages => {
                messagesList.innerHTML = '';
                messages.forEach(appendMessage);
            });
```

```javascript
            // メッセージ送信処理 ──(※9)
        messageButton.addEventListener('click', () => {
            // 選択されたファイルを読み込む
            var file = fileInput.files[0];
            var reader = new FileReader();
            var image = new Image();

            reader.onload = function(event) {
                image.onload = function() {
                    // Canvasを使うための準備
                    var ctx = canvas.getContext('2d');
                    // リサイズ後の上限サイズ
                    var max_size = 400;
                    // リサイズ後のサイズを計算
                    var scale = image.width > image.height? max_size
/ image.width: max_size / image.height;
                    canvas.width = image.width * scale;
                    canvas.height = image.height * scale;
                    // 画像をCanvasでリサイズ
                    ctx.drawImage(image, 0, 0, canvas.width, canvas.he
ight);

                    var imageData = canvas.toDataURL('image/jpeg');

                    socket.emit('send message', {
                        message: messageInput.value,
                        image_name: file.name,
                        image_data: imageData
                    });
                    messageInput.value = '';
                };
                image.src = event.target.result;
            };
            reader.readAsDataURL(file);

            return false;
        });

        socket.on('load one message', appendMessage);
    });
</script>
```

```
    </head>
<body>
    <h1>リアルタイムチャット</h1>
    <ul id="messages"></ul>
    <input type="text" id="message-input" placeholder="メッセージを入力">
    <input type="file" id="file-input">
    <button id="send-message">送信</button>
    <canvas id="canvas" style="display: none;"></canvas>
</body>
</html>
```

実行して結果を確認しよう

　できたら早速動かしてみましょう。いくつか画像をアップロードすると以下の図のようになるでしょう。

fig21 画像アップロードに対応したチャットアプリ

　MongoDB Atlasを見てデータも見てみましょう。

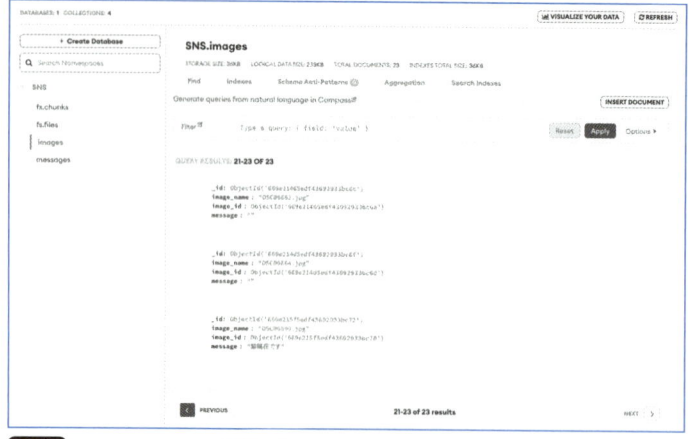

　GridFSによって自動で作られた「fs.chunks」と「fs.files」というコレクションに画像が保存され、そのIDが「images」コレクションのimage_idに保存されている様子がわかります。

● プログラムの内容を確認してみよう

　それでは、コードについて内容を確認しましょう。

　（※1）画像を保存するために使うGridFSの準備をしています。どのデータベース上にGridFSの環境を作るかを、指定するために「db」を渡す必要があります。

　（※2）保存したメッセージと共に画像を取得してリストに収め、クライアントに返しています。画像データは（※3）で説明しますが、image_idをもとに通信しやすい形式（文字列）に変換しています。

　（※3）まず、引数で渡されたimage_idをもとに、GridFSから画像のバイナリーデータを取得しています。それをBase64エンコードして文字列化し、返しています。

　（※4）クライアントから送信されたメッセージと画像を保存する処理です。

　（※5）Base64エンコードされている画像は、次のようなテキストになっています。

```
"data:image/png;base64,iVBORw0KGgoAAAANSUhEUgAA..."
```

　この文字列をカンマで分割（split）すると、前半はBase64エンコードされた画像であることを示し、後半が実際のエンコードされた画像データということになります。そこで、後半の画像データ部分を使ってデコード（画像のバイナリーファイルに戻す）をしています。

　そして、GridFSを使ってその画像をMongoDBに保存しています。その戻り値をimage_idで受け取っています。

　（※6）すでにGridFSを使って保存した画像のimage_idをメッセージと一緒にMongoDB

に保存しています。これにより、GridFSで保存された画像がどのメッセージのものかがわかります。

(※7)保存した画像データをBase64エンコードしてクライアントへ返しています。

> ### なぜ画像をBase64エンコードのまま保存しないか
>
> コードを見ていて、エンコードしたりデコードしたりを繰り返しているため、エンコードした画像をそのまま保存した方が良いのではないか、と思われたかもしれません。
>
> プログラムから見た場合は、その方が効率が良いかもしれませんが、データベースを単体で見た時に、いくつかの問題が生じる可能性があります。例えば以下のようなものです。
>
> ・なぜここはBase64エンコードしてあるのだろうか、という疑問
> ・保存されている画像を確認したいけれどBase64エンコードしてあるからすぐには確認できない
> ・このデータベースに接続する他のプログラムを作る際に、画像バイナリーの方が都合が良い
> ・Base64エンコードをすると、画像バイナリーそのままよりもファイルサイズが大きくなる
>
> このような理由から、プログラムとデータベースは密接に連携してシステムを構成するものの、「それぞれがどうあるべきか」を考えて実装する必要があります。
> ですから、常に画像バイナリーで保存するべきということではなく、Base64エンコードの方が適していると思われる場合もあるかもしれません。

(※8)受け取ったメッセージと画像を描画しています。Base64エンコードされた画像をimgタグに描画するために、(※5)で行った分割と逆のことをしています。そして描画できる文字列になったものを、img.srcに設定しています。

(※9)画像を大きいまま保存したいという要件がない限り、画像は小さくしてから通信する方がメリットがあります。画像を通信する速度が速くなりますし、サーバー側で保存するストレージにかかるコストも少なくすみます。サーバー側での保存処理も速くなるため、アプリのユーザーの体感としても動作が速くなります。

また、大きなファイルを受け取ることができるようにするためには、サーバーとして大きなリクエストを受け付ける設定にしておく必要があり、大きなリクエストを受け付けることができる状態だと、悪意あるユーザーが大きなリクエストを送りつけ続ける攻撃（DoS攻撃）や、悪意ある仕組みを仕込んだファイルがを送信されるリスクが高まります。

今回のプログラムでもメッセージ送信処理の中で、HTML5のCanvasを使ってリサイズをしています。

リサイズ後の上限サイズを400pxとし、縦横の長辺（長い方）を400ピクセルに制限し、アスペクト比を維持したままリサイズしています。

「canvas.toDataURL」を実行するとCanvasに描画されている画像をBase64エンコード

した文字列にしてくれます。

> **この節の まとめ**
>
> ① 本節ではバイナリーデータの送受信と保存について考えた
> ① MongoDBでファイル保存する仕組みであるGridFSを使用して開発する手順を確認した
> ① Canvasを使って画像をリサイズし、Base64エンコーディングして通信する方法を試した
> ① これらの技術を利用して画像アップロード機能のある画像SNSを実装した

4

実践Webアプリを
作ってみよう

4章では、メモやカレンダー、ファイル共有ツールなど、身近なWebツールと、オンライン対戦ゲームとしてリバーシの作り方を紹介します。それぞれ、ここまでで学んだFlaskやデータベースを活用して作成しますが、実際的なツールを作る上で必要な知識を身につけましょう。

01

メモ帳アプリを作ってみよう

実際に自分で使うWebアプリを作るなら、改良を繰り返すことでプログラミングのスキルを高めることができます。シンプルなものから始めると良いでしょう。手始めにメモ帳アプリを作ってみましょう。

ここで 学ぶこと	⊙ メモ帳アプリの開発
	⊙ イテレーション開発
	⊙ MVP
	⊙ XSS脆弱性
	⊙ サニタイズ

● メモ帳アプリを作ってみよう

　本節では、メモ帳アプリを作成します。このプログラム開発を通して、自作Webアプリをつくる愉しさを味わいましょう。メモ帳アプリの構造は、Webアプリ開発において、もっとも基本的な要素の組み合わせです。

　ここでは次のような画面を持つメモ帳アプリを開発してみましょう。

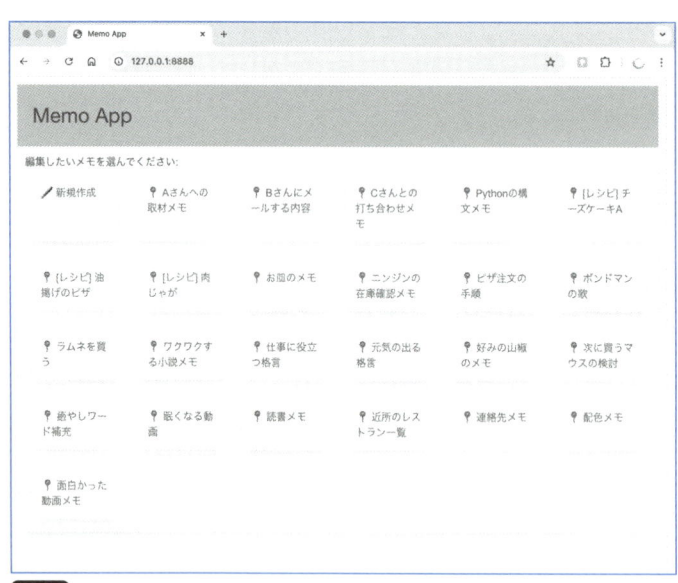

fig01 メモ帳アプリのメモ一覧

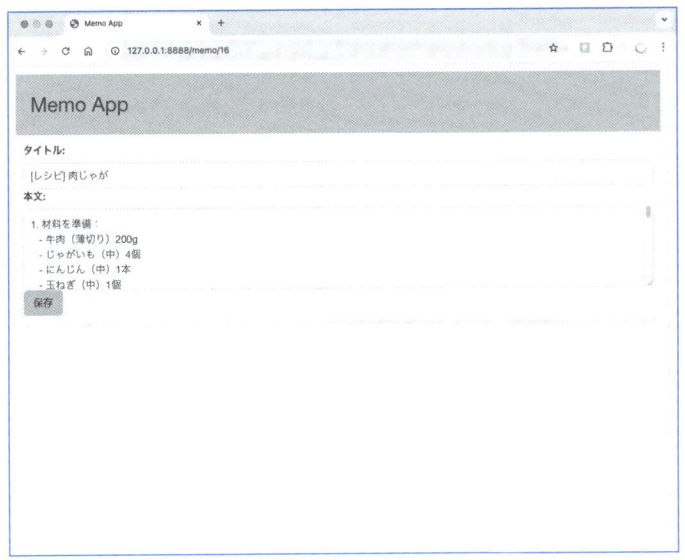

このアプリは、メモ帳の一覧画面、メモ帳の編集画面という2つの画面を持っています。一覧画面で「新規作成」を選ぶと、新しいメモ帳を作成できます。

また、レスポンシブ対応にして、スマートフォンでも同じように使えるように工夫してみましょう。

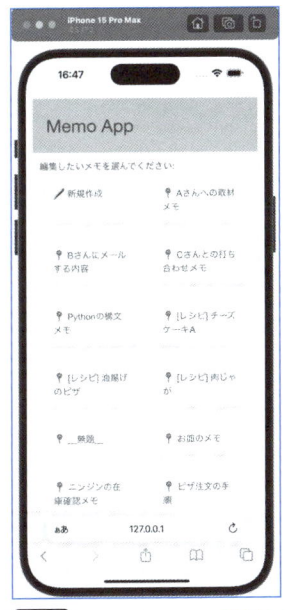

fig03 スマートフォンで表示したところ

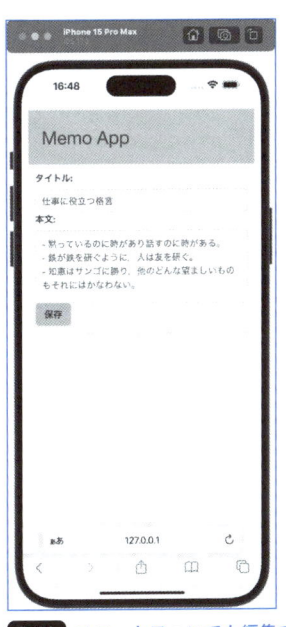

fig04 スマートフォンでも編集できる

メモ帳アプリの設計について

　個人で小さなWebアプリを作ろうと思った場合、自分が作りたい最低限の機能を決めることが重要になります。　「こんな機能もつけたい」「あんな機能もつけたい」と考えてしまいがちですが、最初からいろいろな機能を実装することを目標にすると、完成する前に飽きてしまったり、壁にぶつかったりして作業が止まりがちです。そこで、最低限の機最低限の機能を実装することを目標としましょう。必要最低限の小さなアプリを最初に作成し、そこから、少しずつ機能を追加していくことができます。

イテレーションで開発しよう

　ここで、Webアプリ開発における「イテレーション開発」の手順について、詳しく確認しておきましょう。イテレーション開発では、短い期間で「設計」「開発」「テスト」「改善」を繰り返して開発を進める手法のことです。この手法は、アジャイル開発と呼ばれる開発手法の中で語られます。

　次の図で確認してみましょう。最初のイテレーション1では、短い期間で小さな機能を実装することを目標にします。「設計」「開発」「テスト」「改善」といった作業を経て、リリースを行います。そして、イテレーション1の結果を受けて、イテレーション2の作業に取りかかります。

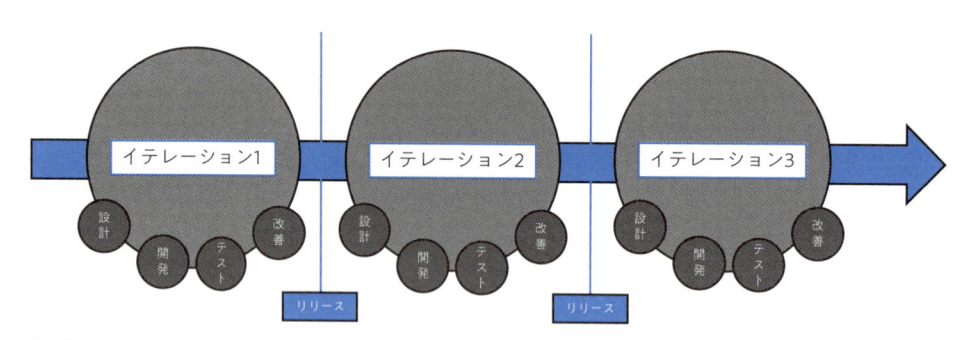

fig05 *イテレーション開発*について

　たとえば、小説を書くことについて考えてみましょう。いきなり全ての章を書き上げるのではなく、まずは第1章を書いてみます。そして、その章を読み返し、内容や文体をチェックして、改善点を見つけます。次に、第1章を改善した後、第2章を書き始めます。このように、章ごとに書き、チェックし、改善するサイクルを繰り返していくことで、最終的には全体として質の高い小説を完成させることができます。

　今回のメモ帳アプリにおいては、最初のイテレーションで、メモの編集画面だけを作ります。そして、次のイテレーションで、複数メモの編集が可能になるように機能を追加します。

このように、短い期間で小さな機能を完成させ、その後に改善や機能追加をします。これを繰り返すことで、問題の早期発見や迅速な対応が可能となり、より柔軟で適応力のあるシステムになります。

最小限の機能でリリースして改善する MVP 戦略について

イテレーション開発についての話が出ましたので、似た概念のMVPについても紹介します。「MVP（Minimum Viable Product）」とは、最小限の機能を持つ製品を早期に市場に投入することを目的とした戦略です。

MVPの戦略を採ることで開発初期段階でユーザーからのフィードバックを迅速に得ることができます。それは製品の方向性や機能を改善するための貴重な情報となります。MVPのメリットは、開発コストを最小限に抑えつつ、市場ニーズにすばやく対応できる点です。スタートアップ企業や新規プロジェクトで特に有効です。

● 最初のステップ - 編集画面だけのメモ帳アプリを作ろう

このイテレーション開発をどのように、メモ帳アプリに適用できるでしょうか。

ここでは、最低限のメモ帳アプリとして「メモの編集画面だけ」を作ってみます。Webアプリの URL にアクセスすると、編集画面が出てきて、メモの内容をデータベースに保存できるものを作ってみましょう。

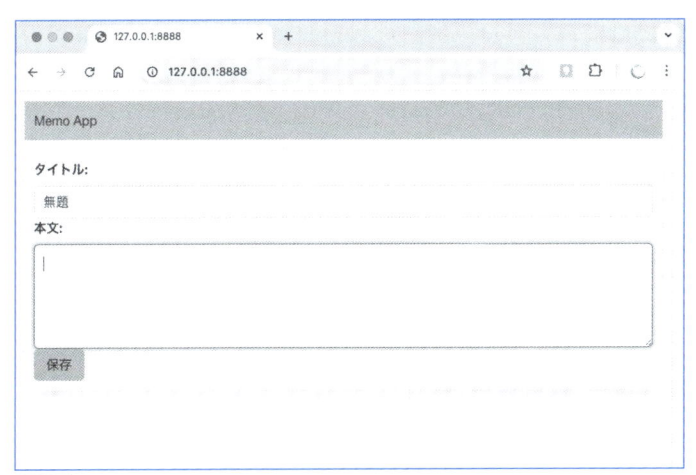

fig06 アプリにアクセスするとエディターが表示される

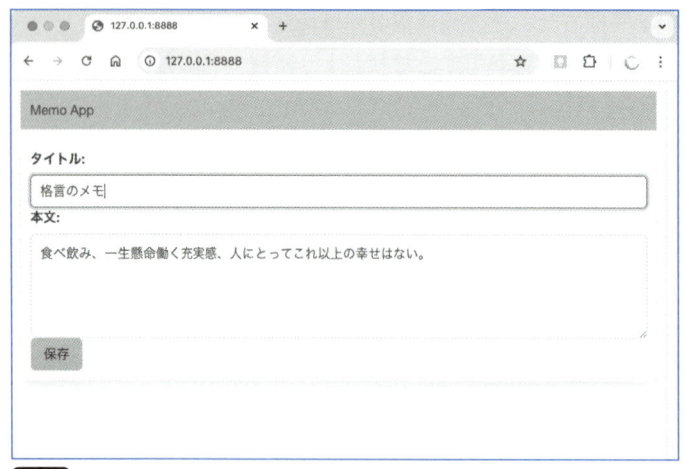

fig07 保存ボタンを押すとデータベースに保存される

3章でSQLAlchemyを利用したデータベースの使い方を紹介しました。そこで、SQLiteのデータベースでこれを利用してみましょう。

メモ帳アプリに必要なライブラリーをインストールしよう

本節のプログラムを動かすために、Flask と flask-sqlalchemy パッケージが必要です。本書サンプルの ch4/memo 以下にある、requirements.txt を利用してインストールしましょう。requirements.txt を使ってパッケージをインストールするには、次のようなコマンドを実行します。

コマンド実行
```
$ cd <本書サンプル>/src/ch4/memo
$ python -m pip install -r requirements.txt
```

とりあえず編集画面を実装してみよう

それでは、いきなり実装してみましょう。この編集画面だけのメモ帳アプリは次のようなファイル構造となります。

プロジェクト構成
```
├── memo_edit_app.py … メモ帳アプリのメインプログラム
└── <instance>
    └── memo_edit.sqlite … メモ帳アプリのデータを保存先
```

以下のプログラムは、一番簡単なメモ帳アプリのプログラムです。

```python
from flask import Flask, request, redirect, url_for
from flask_sqlalchemy import SQLAlchemy
from werkzeug.utils import escape

# Flaskとデータベースの初期化 ──(※1)
app: Flask = Flask(__name__)
app.config["SQLALCHEMY_DATABASE_URI"] = "sqlite:///memo_edit.sqlite"
db:SQLAlchemy = SQLAlchemy(app)
# メモのデータベースモデルを定義 ──(※2)
class MemoItem(db.Model):
    id: int = db.Column(db.Integer, primary_key=True)
    title: str = db.Column(db.Text, nullable=False)
    body: str = db.Column(db.Text, nullable=False)
# データベースの初期化
with app.app_context():
    db.create_all()


# 各種HTMLを定義 ──(※3)
CSS = "https://cdn.jsdelivr.net/npm/bulma@1.0.2/css/bulma.min.css"
HTML_HEADER = f"""
  <!DOCTYPE html><html><head><meta charset="utf-8">
    <meta name="viewport" content="width=device-width, initial-scale=1">
    <link rel="stylesheet" href="{CSS}">
  </head><body class="p-3">
  <h1 class="has-background-info p-3 mb-3">Memo App</h1>
"""
HTML_EDITOR_FORM = """
  <div class="card p-3"><form method="POST">
    <label class="label">タイトル:</label>
    <input type="text" name="title" value="{title}" class="input">
    <label class="label">本文:</label>
    <textarea name="body" class="textarea">{body}</textarea>
    <input type="submit" value="保存" class="button is-primary">
  </form></div>
"""
HTML_FOOTER = "</body></html>"

# メモの編集画面を表示する ──(※4)
@app.route("/", methods=["GET", "POST"])
```

```python
def index():
    # データベースからメモを取得 ——(※5)
    it = MemoItem.query.get(1)
    if it is None:
        # もし、まだメモがなければ新規メモを作成 ——(※6)
        it = MemoItem(id=1, title="無題", body="")
        db.session.add(it)
        db.session.commit()
    # POSTの場合はデータを保存 ——(※7)
    if request.method == "POST":
        it.title = request.form.get("title")
        it.body = request.form.get("body")
        if it.title == "":
            return "タイトルは空にできません"
        db.session.commit()
        return redirect(url_for("index"))
    # メモの編集画面を表示 ——(※8)
    title, body = escape(it.title), escape(it.body)
    edit = HTML_EDITOR_FORM.format(title=title, body=body)
    html = HTML_HEADER + edit + HTML_FOOTER
    return html


if __name__ == "__main__":
    app.run(debug=True, port=8888)
```

　それでは、プログラムを実行してみましょう。ターミナルで下記のコマンドを実行します。

コマンド実行

```
$ python memo_edit_app.py
```

　Webサーバーが起動するので、ブラウザーで表示されたURL「http://127.0.0.1:8888」へアクセスしてみましょう。メモを入力して「保存」ボタンを押すとデータベースにメモが保存されます。ブラウザーを閉じてから、改めてWebアプリにアクセスしてみましょう。正しくメモが保存されていることを確認できるでしょう。

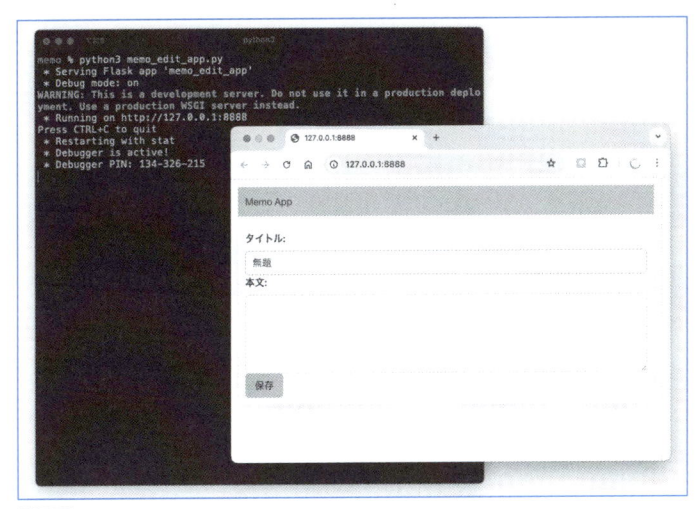

fig08 ターミナルから実行して、ブラウザーにアクセスしよう

このプログラムでは、次のHTTPメソッドにおけるルーティングに沿って動作します。

○メモアプリ編集画面のルーティング

URI	HTTPメソッド	説明
/	GET	既存のメモデータを読み込んで表示する
/	POST	メモデータを更新して、ルート (/) へリダイレクトする

この表を参考にしつつ、実際のプログラムを確認してみましょう。

（※1）ではFlaskとデータベースの初期化を行います。データベースの設定は、app.config["SQLALCHEMY_DATABASE_URI"]に記述する決まりでした。ここでは「sqlite:」から始まる文字列を与えているので、データベースにSQLiteを指定し、続く部分にファイル名を指定します。このように指定すると、instance/memo_edit.sqliteというファイルにデータが保存されます。

（※2）ではデータベースのモデルMemoItemを定義します。今回は最低限のメモを作るので、idとtitle（タイトル）とbody（本体）という3つだけのカラムを利用します。その後、データベースを初期化します。

（※3）では、メモ帳アプリで表示するHTMLを定義します。今回、1章4節で紹介したCSSフレームワークのBulmaを利用します。そこで、変数HTML_HEADERの <head> 要素の中で、Bulmaの配付ファイルをリンクします。

（※4）では、サーバールート（/）にアクセスした時の処理を記述します。GETメソッドとPOSTメソッドの両方を受け付けるように指定しました。GETメソッドの時はデータベースから保存した内容を表示し、POSTメソッドの時はデータベースへ編集内容を保存するようにします。

（※5）ではデータベースから保存済みのメモを取得します。ただし、初めてアクセスする場合には、まだメモがありません。その場合に、（※6）で適当に「無題」のメモを作成して、データベースに追加します。

（※7）ではPOSTメソッドの場合に、メモを保存する処理を記述します。SQLAlchemyを利用しているおかげで、MemoItemオブジェクトのtitleとbodyを変更して、db.session.commitを実行するだけで安全にデータベースに保存できます。

それでも、ここでは、タイトルが空の場合には、エラーが出るようにしています。悪意あるユーザーが、とんでもなく不正なデータを送信してくる可能性を考えてプログラムを作る必要があります。ユーザーが入力したデータはなるべく信頼しないように最悪を想定しましょう。

（※8）ではデータベースの内容を差し込んだHTMLを関数の戻り値として返します。これによって、ブラウザーにHTMLが送出され、ブラウザーではデータベースの内容が反映されたメモ帳アプリの内容が表示されます。

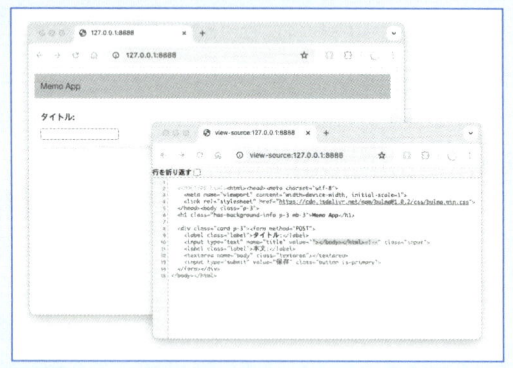

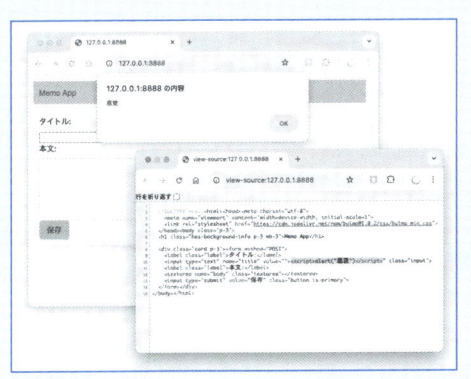

fig10 悪意のある文字列を入力し JavaScript を実行したところ

これを防ぐためには、HTMLにユーザーの入力を埋め込む前に、HTMLの中で特別な意味を持つ「<>&"'」をしっかりエスケープする必要があるのです。テンプレートエンジンを使うと自動的にHTMLをエスケープできるので、それを使うだけでもXSS脆弱性の対策になります。

このように、ユーザー入力や外部データをHTMLに出力する場合に、入力データをエスケープして無害化する処理を「サニタイズ（sanitize）」と呼びます。

● 改良ステップ - 複数メモが保存できるアプリを作ろう

ここまでの部分で、一番簡単な編集画面だけのメモ帳アプリを作りました。それでは、次のステップに進みましょう。

先ほど作ったWebアプリでは、メモは1つしか保存できませんでした。これでは不便です。そこで、プログラムを改良して、複数のメモを保存できるようにして、メモを選択するために「メモ一覧」のページを追加しましょう。

次のような動作になるように機能を追加します。

（1）メモ一覧のページ … メモをクリックすると編集ページへ遷移
（2）メモの編集ページ … メモを保存したら一覧ページへ遷移

また、先ほどのプログラムは、テンプレートエンジンを使わなかったために、Pythonのプログラムの中にHTMLが出現する分かりづらいものになっていました。素直に、テンプレートエンジンを利用して、プログラムとHTMLを分離してみましょう。

複数メモ帳アプリのプロジェクト構成

これから作るメモ帳アプリは次のような構成になります。本書サンプルの「src/ch4/memo」に収録しています。

```
.
├── app.py … メインプログラム
├── <instance>
│       └── memo.sqlite … メモを保存するデータベース
└── <templates>
        ├── base.html … 共通のテンプレート
        ├── list.html … メモの一覧テンプレート
        └── memo.html … メモの編集画面テンプレート
```

複数メモ帳アプリにおけるルーティング

　プログラムの動作を整理するため、URIのルーティングをまとめてみます。ルート（/）にアクセスした時には、メモの一覧を表示します。そして、メモを選択することで、各メモの編集を行います。それで、id=0の時には新規メモを作成することとします。

○ 複数メモ対応のアプリのルーティング一覧

URI	HTTPメソッド	説明
/	GET	メモの一覧を表示する
/memo/<id>	GET	既存のidのメモデータを読み込んで表示する
/memo/<id>	POST	idのメモデータを更新して、ルート(/)へリダイレクトする

複数メモ帳アプリ - メインプログラム

　最初にメインプログラムを確認してみましょう。テンプレートエンジンを利用するようにしたため、Pythonのコードと、HTMLがくっきりと分離して見やすくなりました。

Python ソースリスト　src/ch4/memo/app.py

```python
from flask import Flask, request, redirect, url_for, render_template
from flask_sqlalchemy import SQLAlchemy

# Flaskとデータベースの初期化 ──(※1)
app: Flask = Flask(__name__)
app.config["SQLALCHEMY_DATABASE_URI"] = "sqlite:///memo.sqlite"
db:SQLAlchemy = SQLAlchemy(app)
# メモのデータベースモデルを定義
class MemoItem(db.Model):
    id: int = db.Column(db.Integer, primary_key=True)
```

```python
        title: str = db.Column(db.Text, nullable=False)
        body: str = db.Column(db.Text, nullable=False)
# データベースの初期化
with app.app_context():
    db.create_all()
# メモの一覧を表示する ——(※2)
@app.route("/")
def index():
    items = MemoItem.query.order_by(MemoItem.title).all()
    items.insert(0, {"id": 0, "title": "✏ 新規作成", "body": ""})
    return render_template("list.html", items=items)


# メモの編集画面を出す ——(※3)
@app.route("/memo/<int:id>", methods=["GET", "POST"])
def memo(id: int):
    # メモを取得 ——(※4)
    it = MemoItem.query.get(id)
    if id == 0 or it is None:
        # 新規メモ ——(※5)
        it = MemoItem(title="__無題__", body="")
    # POSTの場合はデータを保存 ——(※6)
    if request.method == "POST":
        it.title = request.form.get("title", "__無題__")
        it.body = request.form.get("body", "")
        if it.title == "":
            return "タイトルは空にできません"
        if id == 0:
            db.session.add(it)
        db.session.commit()
        return redirect(url_for("index"))
    # メモの編集画面を表示 ——(※7)
    return render_template("memo.html", it=it)

 if __name__ == "__main__":
    app.run(debug=True, port=8888)
```

　プログラムを確認しましょう。(※1) では、Flask とデータベースを初期化します。この部分は、先ほど作った「memo_edit_app.py」と同じです。

　(※2) の部分では、サーバーのルート (/) にアクセスした時の処理を記述します。ここでは、メモ一覧ページを表示します。データベースから全てのメモを取り出して、テンプ

レート「list.html」を利用して一覧表示します。

　なお、MemoItem.query.all()と記述するだけでも、メモを全部取得しますが、allメソッドの前にorder_byメソッドを追加することで、titleをキーにして並べ替えた順番でメモを取得します。

　(※3)ではメモの編集画面を出します。「/memo/3」のようなURLにアクセスすることで、id=3のメモを取得したり編集したり出来るようにします。id=0でアクセスした場合には新規メモを作成します。

　(※4)でメモを取得して、うまく取得できない時やid=0の時に、(※5)で新規のMemoItemオブジェクトを作成します。この時、idは自動的に割り当てられるため、明示的にidを指定しないようにします。そして、(※6)では、POSTメソッドの時にデータベースに保存します。最後に、(※7)でテンプレート「memo.html」にメモの内容を埋め込んで出力します。

複数メモ帳アプリ - 共通テンプレート

　続いて、メモ帳アプリで利用するテンプレートの一覧を確認しておきましょう。まずは、共通テンプレートの部分です。ポイントは「contents」というブロックを定義している部分です。この部分が、メモの一覧やエディターに置換されて表示されます。

HTMLソースリスト / src/ch4/memo/templates/base.html

```html
<!DOCTYPE html>
<html><head>
    <meta charset="utf-8">
    <meta name="viewport" content="width=device-width, initial-scale=1">
    <link rel="stylesheet"
     href="https://cdn.jsdelivr.net/npm/bulma@1.0.2/css/bulma.min.css">
    <title>Memo App</title>
</head><body class="p-3">
    <div class="p-5 has-background-info"><!-- タイトル -->
        <h1 class="is-size-3">Memo App</h1>
    </div>
    {% block contents %}
    <!-- ここに contents が表示される -->
    {% endblock %}
</body>
</html>
```

複数メモ帳アプリ - メモ一覧ページのテンプレート

メモ帳一覧ページでは、「{% extends "base.html" %}」と記述することで、上記の共通テンプレートを利用します。また、「{% for it in items %}」の部分で、メモデータの一覧を一つずつ表示します。

```html
<!-- base.html を拡張する -->
{% extends "base.html" %}
<!-- base.html の contents を書き換える -->
{% block contents %}
 <div class='card p-3'>
    編集したいメモを選んでください:
    <ul class='grid'>
        {% for it in items %}
        <li class="cell card p-4 m-2">
            <a href="/memo/{{ it.id }}">
                {% if it.id != 0 %}📌{% endif %}
                {{ it.title }}
            </a>
        </li>
        {% endfor %}
    </ul>
</div>
{% endblock %}
```

複数メモ帳アプリ - 編集ページのテンプレート

編集ページも「{% extends "base.html" %}」と記述していることに注目しましょう。1つ分のメモをフォームに埋め込んで表示します。

```html
<!-- base.html を拡張する -->
{% extends "base.html" %}
<!-- base.html の contents を書き換える -->
{% block contents %}
<div class="card p-3">
    <form method="POST">
        <label class="label" for="title">タイトル:</label>
```

```
        <input id="title" name="title" type="text"
            value="{{ it.title }}" class="input">
        <label class="label" for="body">本文:</label>
        <textarea id="body" name="body"
            class="textarea">{{ it.body }}</textarea>
        <input type="submit" value="保存" class="button is-primary">
    </form>
</div>
{% endblock %}
```

メモ帳アプリを実行する方法

この複数メモ帳アプリを実行するには、ターミナルで下記のコマンドを実行します。

```
$ python app.py
```

Webサーバーが起動したら、表示されたURL「http://127.0.0.1:8888」にブラウザーでアクセスしましょう。「新規作成」ボタンを押すと、メモの編集ができます。「保存」ボタンを押すと、データベースにメモが保存され、メモ一覧ページに戻ります。

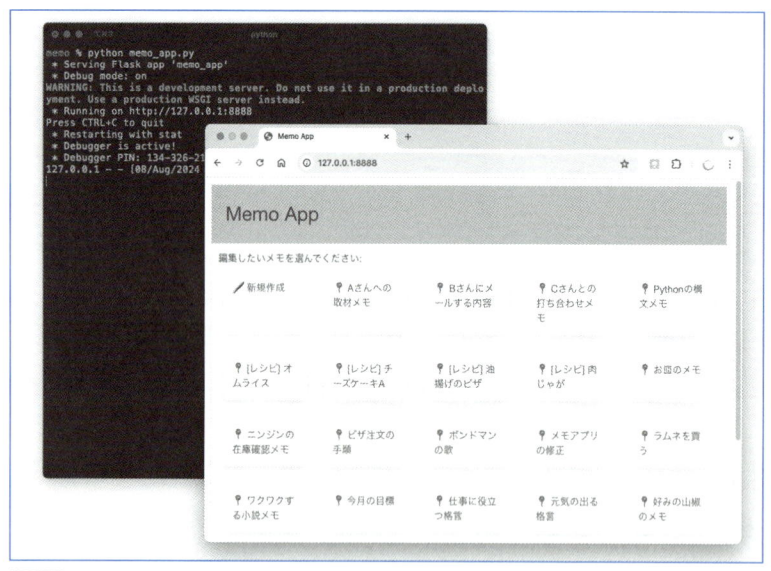

fig11 複数メモ帳アプリを実行したところ

メモ帳アプリ - 改良のヒント

今回のメモ帳アプリには、ログイン機能がありません。そのため、WebアプリのURLさえ知っていれば誰でも閲覧や編集ができてしまいます。次のステップとして、ログイン機能を追加して、パスワードを入力しないと閲覧できないように改良することができるでしょう。

それもできたら、次のステップとして、マルチユーザーに対応させると良いでしょう。この場合、複数のユーザーで表示するメモを分ける必要があります。

このように、イテレーション開発で、機能を少しずつ追加していくと、完成度の高いWebアプリを開発できます。

> **この節のまとめ**
>
> (!) 個人開発や小規模開発では、まずWebアプリを完成させるために、基本機能だけを作って公開するMVP戦略を採るのがオススメ
> (!) イテレーション開発をすることで、完成度の高いメモを作成できる
> (!) ユーザーの入力データなど、外部から得たデータをHTMLに埋め込む時には、エスケープ処理を忘れないようにしよう

カレンダーアプリを
作ってみよう

少し本格的なWebアプリを作ろうと思った時には、カレンダーを組み込む機会も多いと思います。ここでは、Python標準モジュールのcalendarを活用して、簡単なカレンダーアプリを作る方法を紹介します。

● カレンダーアプリを作ってみよう

本節ではカレンダーアプリを作成します。このアプリの開発を通して、日付処理について学びましょう。

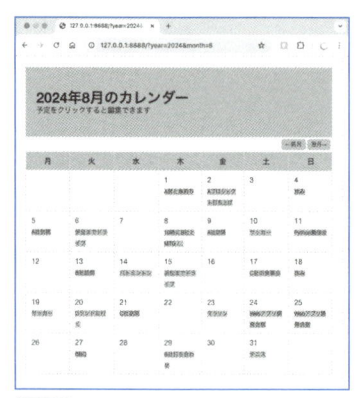

fig12 カレンダーアプリを作ろう

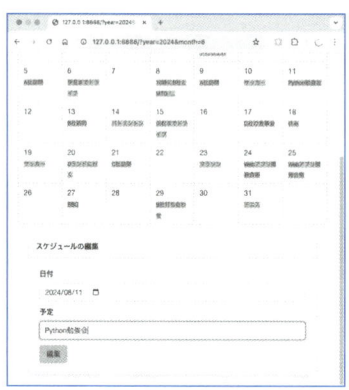

fig13 日付を選ぶとイベントの編集フォームが表示される

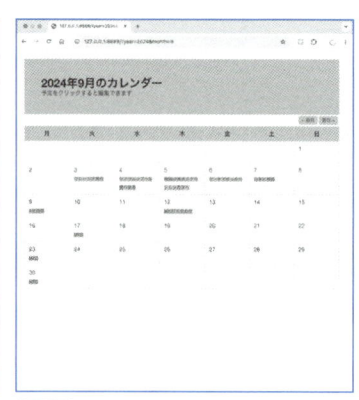

fig14 翌月や前月へ移動して別の月も編集できる

calendarモジュールは、Pythonの標準パッケージに含まれていますので、本節のプログラムを実行するには、Flaskをインストールしておくだけで大丈夫です。

● Pythonなら15行でカレンダーアプリが完成

Pythonのcalendarモジュールを使うと、とても簡単にカレンダーアプリを作成できます。以下は、Flaskを使いつつ、カレンダーを表示する15行のプログラムです。ほとんどがFlaskのための処理であり、カレンダーの表示に必要なのは3行だけです。

Python ソースリスト | src/ch4/calendar/calendar_simple.py

```
import calendar
from datetime import datetime
from flask import Flask, request
# Flaskのアプリを起動
app: Flask = Flask(__name__)
# ルートへアクセスした時
@app.route("/")
def index():
    year = int(request.args.get("year", datetime.now().year))
    month = int(request.args.get("month", datetime.now().month))
    html = calendar.HTMLCalendar().formatmonth(year, month) # ——(※1)
    style = "td {border:1px solid #aaa; width:3em; text-align:center;}"
    return f"<html><body><style>{style}</style>{html}</body></html>"
# Flaskを起動
app.run(debug=True, port=8888)
```

次のコマンドを実行すると、FlaskのWebサーバーが起動します。

コマンド実行

```
$ python calendar_simple.py
```

サーバーが起動したら、コンソールに表示されたURL「http://127.0.0.1:8888」をブラウザーのアドレスバーに入力して、アプリにアクセスしましょう。

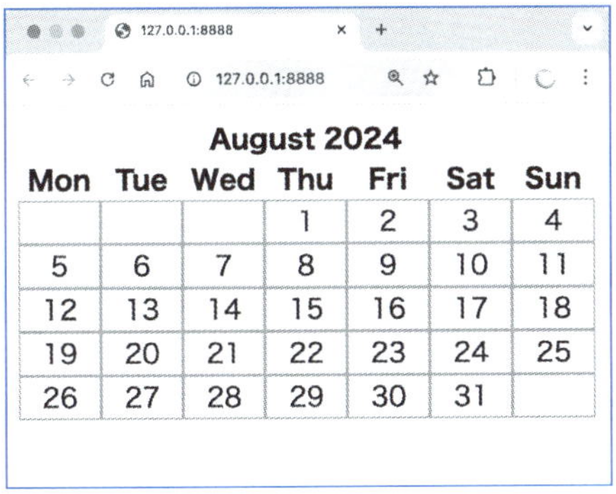

fig15 15行で作ったカレンダーWebアプリ

プログラムの中で、肝となるのが(※1)の部分です。HTMLCalendar.formatmonthメソッドを使う事で、月間カレンダーをHTMLで出力できるのです。

なお、(※1)の次の行では、CSSを記述していますが、これは、HTMLの<table>要素でセルを表す<td>を装飾するためのものです。

予定の書き込みができるカレンダーを作ろう

ここまで見たように、単にカレンダーを表示するのは簡単ですが、カレンダーの日付をクリックしたり、表示をカスタマイズすることはできません。そこで、calendarモジュールを使って、予定（イベント）の書き込みができるカレンダーを作ってみましょう。

この予定の書き込みができるカレンダーは、次のようなファイル構造で作成します。

> **プロジェクトの構成**
> ├── requirements.txt … 必要なパッケージを列挙したファイル
> ├── calendar_events.py … カレンダーのメインプログラム
> ├── calendar_events.json … イベントを保存するデータファイル
> └── templates
>   └── index.html … カレンダーを表示するテンプレート

本節で作るカレンダーでは、Flaskしか利用しませんが、必要なパッケージを「requirements.txt」に記述しています。下記のコマンドを実行して、パッケージをインストールできます。

> **コマンド実行**
```
$ pip install -r requirements.txt
```

予定の書き込みができるカレンダーのメインプログラム

ここでは、次のようなルーティングで動作するように作りましょう。Flaskでは同じURLへのアクセスでもメソッドごとに異なる関数を割り当てることができます。そこで、同じルート（/）へのアクセスに対しても、GETとPOSTメソッドの違いで異なる関数を割り当てることにします。

○ カレンダーアプリのルーティング

URI	HTTPメソッド	Python関数名	説明
/	GET	index_get	カレンダーとイベントの一覧を表示する
/	POST	edit_post	イベントを編集してルート(/)へリダイレクトする

機能的には、それほど複雑ではありませんが、このルーティングに基づいて、カレンダーのメインプログラムを作成しましょう。

> **Python ソースリスト**
```python
import os, json, calendar, re
from datetime import datetime
```

```python
from flask import Flask, request, render_template, redirect, url_for

# 予定イベントの保存先 ——(※1)
SCRIPT_DIR = os.path.dirname(os.path.abspath(__file__))
SAVE_FILE = os.path.join(SCRIPT_DIR, "calendar_events.json")
# イベントデータをファイルから読む ——(※2)
events = {}
if os.path.exists(SAVE_FILE):
    with open(SAVE_FILE, "r") as f:
        events = json.load(f)

# Flaskのアプリを起動 ——(※3)
app: Flask = Flask(__name__)
# ルートへGETアクセスした時 ——(※4)
@app.route("/", methods=["GET"])
def index_get():
    # パラメーターを取得し、デフォルト値を今月とする ——(※5)
    now = datetime.now()
    year = int(request.args.get("year", now.year))
    month = int(request.args.get("month", now.month))
    # 月曜始まりのカレンダーを作成 ——(※6)
    cal = calendar.Calendar(calendar.MONDAY)
    weeks = cal.monthdayscalendar(year, month)
    # 翌月と前月のリンクを作成 ——(※7)
    next_year = year
    next_month = month + 1
    if next_month > 12:
        next_month, next_year = 1, year + 1
    prev_year = year
    prev_month = month - 1
    if prev_month < 1:
        prev_month, prev_year = 12, year - 1
    next_link = f"?year={next_year}&month={next_month}"
    prev_link = f"?year={prev_year}&month={prev_month}"
    # カレンダーをテンプレートエンジンで表示 ——(※8)
    return render_template("index.html",
        weeknames=list("月火水木金土日"),
        year=year, month=month,
        weeks=weeks, events=events,
        next_link=next_link, prev_link=prev_link)
```

```python
# ルートへPOSTアクセスした時 ——(※9)
@app.route("/", methods=["POST"])
def index_post():
    # パラメーターを得る ——(※10)
    date = request.form.get("date", "")
    event = request.form.get("event", "")
    # 入力を検証する ——(※11)
    i = re.match(r"(\d{4})-(\d{2})-\d{2}", date)
    if not i:
        return "日付形式が不正"
    year, month = int(i.group(1)), int(i.group(2))
    # イベントを年月日に追加 ——(※12)
    events[date] = event
    # ファイルに保存 ——(※13)
    with open(SAVE_FILE, "w") as f:
        json.dump(events, f, ensure_ascii=False, indent=2)
    return redirect(url_for("index_get", year=year, month=month))


# Flaskを起動
if __name__ == "__main__":
    app.run(debug=True)
```

　プログラムを確認してみましょう。(※1)ではカレンダーに書き込むイベントデータの保存先を指定します。メインプログラムと同じディレクトリにJSON形式でファイルを保存します。

　(※2)ではイベントデータをファイルから読み込みます。(※3)ではFlaskアプリを起動します。

　(※4)ではルートへGETアクセスした時の処理を記述します。(※5)ではパラメーターを取得します。ここで、パラメーターが指定されていなければ、今月として処理をします。また、入力は西暦年と月を数値で指定するため、request.getメソッドで取得した値をint関数で整数に変換します。

　(※6)ではCalendarオブジェクトを利用して、月曜日始まりのカレンダーを作成します。monthdayscalendarメソッドを使うと、リストでその月のカレンダーを二次元リストの形式で得られます。自力で月間カレンダーを実装する場合には、1日が何曜日なのかを調べて、その日から順に日付を各曜日のあるべき位置に割り付けていく必要がありますが、この関数を使うことで、二次元リストで得られるので便利です。

　Pythonの逐次実行ができるREPLで簡単に、monthdayscalendarメソッドを試してみると、具体的に動作が分かります。

```
>>> import calendar
>>> cal = calendar.Calendar(calendar.MONDAY)
>>> cal.monthdayscalendar(2025, 5)  # 2025年5月の月間カレンダーを得る
[[0, 0, 0, 1, 2, 3, 4], [5, 6, 7, 8, 9, 10, 11], [12, 13, 14, 15, 16, 17,
18], [19, 20, 21, 22, 23, 24, 25], [26, 27, 28, 29, 30, 31, 0]]
```

　2025年5月は1日が木曜日であり、そこから5週分の日付データが二次元リスト（list[list[int]]型）で得られました。0の部分が前月と翌月を表しています。

　(※7)では翌月と前月へのURLへのリンクを作成します。12月の翌月は1月なので西暦年を加算する必要がありますし、1月の前月は12月で西暦年を減算する必要がありますので、その処理を行った上で、パラメーター付きのURLを作成しています。

　(※8)ではrender_template関数を使って、カレンダーのテンプレートを表示します。その際、表示する年月や、イベントデータ、前月と翌月のリンクを与えます。

　(※9)ではルートへPOSTアクセスした時の処理を記述します。(※10)ではパラメーターを得ます。イベントを作成する日付（date）とイベントの内容（event）を取得します。そして、(※11)で入力データが「yyyy-mm-dd」形式かどうかを検証します。その後、(※12)でイベント変数にイベント内容を代入して、(※13)でファイルにJSON形式で保存します。

カレンダーのテンプレート

　次に、カレンダーのテンプレートを確認しましょう。このHTMLファイルは、主に「年月を表示するヘッダー部分」、「カレンダー日付部分」、「イベントを追加するフォーム」の3つの部分で構成されています。

```html
<!DOCTYPE html><html><head>
〜省略〜
</head><body class="m-5">
    <!-- カレンダーのヘッダー部分 ——(※1) -->
    <section class="hero is-info"><div class="hero-body">
        <p class="title is-3">{{ year }}年{{ month }}月のカレンダー</p>
        <p class="subtitle is-6">予定をクリックすると編集できます</p>
    </div></section>
    <div class="m-1 has-text-right is-size-7">
        <a href="{{ prev_link }}" class="tag is-info">←前月</a>
        <a href="{{ next_link }}" class="tag is-info">翌月→</a>
    </div>
    <!-- カレンダーの日付 ——(※2) -->
```

```html
<div id="calendar">
    <table class="table is-bordered is-fullwidth">
~省略~
            {% for cols in weeks %}
            <tr>
                {% for d in cols %}
                {% set key = "{:4}-{:02}-{:02}".format(year, month, d) %}
                <td class="cell" data-d="{{'%02d' % d}}"
                    data-e="{{ events[key] }}">
                    {% if d %}
                        <div class="day">{{ d }}</div>
                        {% if events[key] %}
                            <div><span class="is-size-7 has-background-info">
                            <!-- 予定の長さが20文字以上なら省略 ――(※3) -->
                            {{ events[key]|truncate(20) }}
                            </span></div>
                        {% else %}
                            <div class="is-size-7"><br></div>
                        {% endif %}
                    {% endif %}
                </td>
                {% endfor %}
            </tr>
            {% endfor %}
    </table>
</div>
<!-- イベントを追加するフォーム ――(※4) -->
<div id="form" class="m-5 card is-hidden">
    <div class="card-header">
        <p class="card-header-title">スケジュールの編集</p>
    </div>
    <div class="card-content">
        <form action="/" method="POST">
            <div class="field">
                <label class="label" for="date">日付</label>
                <div class="control">
                    <input id="date" class="input"
                        type="date" name="date">
                </div>
            </div>
        </div>
```

～省略～

```
            </form>
        </div>
    </div>
    <script>
    // JavaScriptでクリックした日付をフォームに自動設定する ——(※5)
    const q = (selector) => document.querySelector(selector);
    const ym = '{{ year }}-{{ "%02d" % month }}-';
    for (let e of document.querySelectorAll('.cell')) {
        e.addEventListener('click', () => {
            if (e.dataset.d == "00") return;
            q("#form").classList.remove('is-hidden'); // フォームを表示
            q('#date').value = ym + e.dataset.d;
            q("#event").value = e.dataset.e
            q("#event").focus()
        });
    }
    </script>
</body>
</html>
```

テンプレートのポイントを確認してみましょう。(※1) ではカレンダーのヘッダー部分を記述します。西暦年（year）と月（month）を表示します。

(※2) では月間カレンダーの日付部分を記述します。テンプレートの{% for ... %}や{% if ... %}を利用して、カレンダーの各セルを記述します。また、イベントが存在する場合は、これを表示します。

(※3) で予定のイベント文字列が20文字以上なら省略するように指定しています。テンプレートエンジンのJinjaでは「{{ 変数 | truncate(20) }}」のように記述することで、20文字以上の文字列を「文字列...」のように省略して表示してくれます。

(※4) ではイベントを追加するフォームを記述します。日付と予定イベントを入力して「編集」ボタンを押すことで、イベントを編集します。この <div> 要素の class 属性に "is-hidden"を指定しているので、初期状態では編集フォームは表示されません。このis-hiddenクラスは、CSS フレームワークのBulmaで定義されているものです。

(※5) では、JavaScriptを用いて、カレンダーの日付をクリックした時に、日付と予定イベントをフォームに自動入力するようにしています。document.querySelectorAll メソッドにより、カレンダーの全てのセルに対して、クリックイベントを設定します。そして、クリックした時には、セルのdata-d属性やdata-e属性に指定している値を取り出して<input> 要素に設定します。

カレンダーの実行方法

ターミナルを起動して、下記のコマンドを実行することで、カレンダーのWebサーバーを実行します。

コマンド実行

```
$ python calendar_events.py
```

サーバーが起動したら、ブラウザーでターミナルに表示されたURL「http://127.0.0.1:5000」にアクセスしましょう。すると、カレンダーが表示されます。カレンダーの日付をクリックするとカレンダーの下にフォームが表示され任意のイベントを追加できます。

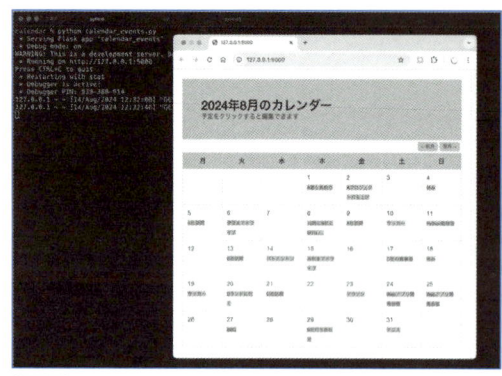

fig16 ターミナルからカレンダーアプリを起動し、ブラウザーでアクセスしたところ

なお、サンプルプログラムに付属するサンプルデータでは、2024年8月と2025年8月のサンプルデータを用意しました。カレンダー右上にある「←前月」や「翌月→」のリンクをクリックしてカレンダーの月を移動するとサンプルデータを確認できます。

カレンダーの改良のヒント - 本当は排他処理が必要

今回、カレンダーのイベントデータを覚えておくために、ファイルにデータを保存しますが、簡易的にJSONファイル「calendar_events.json」へ保存しています。しかし、Webアプリを作る場合、複数人が同時にデータを読み書きすることを想定する必要があります。

複数人から同時にアクセスや書き込みがあった場合にも、矛盾なくデータが保存できるようにしなくてはなりません。また、ファイルを同時に操作することで、ファイルの内容が壊れてしまうことがあります。そのために、誰かが書き込み処理をしている間は、別のユーザーが書き込みできないように処理を遅延させる必要があります。これを「排他処理」と呼びます。

この点で、排他処理をしっかりしてくれるデータベースを使うことが推奨されます。今

回は、カレンダーを表示する処理にフォーカスするため、この点を簡略化しています。そのため、複数人が使用するアプリを開発する場合には、それほど考えなくとも自動で排他処理をしてくれるデータベースを利用するようにしましょう。

カレンダーの改良のヒント - iCal形式の出力機能をつけよう

どのようなWebアプリを作るにしても、外部アプリとの連携機能を付けると、ユーザーに喜ばれることでしょう。カレンダーアプリを作ったなら、iCal形式での出力機能を付けると良いでしょう。

「iCal（iCalendar）」形式というのは、拡張子が「.ical」や「.ics」のファイル形式です。カレンダーアプリのGoogle Calendar、Apple Calendarなどが入出力に対応しています。RFC 5545にて標準化が行われています。

せっかくなので、本節の最後に、JSON形式で出力したカレンダーのイベントデータを、iCal形式に変換するツールを作ってみましょう。

iCal形式はそれほど難しいものではありません。その点を確認してみましょう。次のコードは具体的なiCalのデータです。

iCalのデータ形式
```
BEGIN:VCALENDAR
VERSION:2.0
PRODID:(作成者の情報)
BEGIN:VEVENT ―― 1つ目のイベントの開始を表す
DTSTART;VALUE=DATE:20250101   ―― イベントの開始日時(yyyymmdd形式)
DTEND;VALUE=DATE:20250101 ―― イベントの終了日時
SUMMARY:(イベントのタイトル)
END:VEVENT ―― 1つ目のイベントの終了を表す
END:VCALENDAR
```

一見複雑に見えますが、基本的には一行ごとにデータが区切られ、「BEGIN:要素名」から「END:要素名」でデータの範囲を表現します。

実際には、BEGIN:VCALENDARからはじまって、END:VCALENDARで終わるという分かりやすい形式となっています。そして、具体的なイベント情報は、BEGIN:VEVENTではじまり、END:VEVENTで終わります。

複数のイベントがある場合には、BEGIN:VEVENTからEND:VEVENTを繰り返します。また、改行コードにはCR+LF（0x0D+0x0A）を使用する必要があります。

それでは、今回のカレンダーアプリで作成したJSONデータを、iCal形式に変換するツールを作ってみましょう。

```python
import json, datetime

def export_ical(infile: str, outfile: str, debug: bool=False):
    with open(infile, "r") as f:
        events = json.load(f)
    ical = []
    for (date, event) in events.items():
        # JSONの日付形式をdatetimeに変換
        d = datetime.datetime.strptime(date, "%Y-%m-%d")
        # iCalの日付形式に変換
        date_ical = d.strftime("%Y%m%d")
        ical.append("BEGIN:VEVENT")
        ical.append("DTSTART;VALUE=DATE:" + date_ical)
        ical.append("DTEND;VALUE=DATE:" + date_ical)
        ical.append("SUMMARY:" + event)
        ical.append("END:VEVENT")
    ical.insert(0, "BEGIN:VCALENDAR")
    ical.insert(1, "VERSION:2.0")
    ical.insert(2, "PRODID: calendar_events")
    ical.append("END:VCALENDAR")
    with open(outfile, "w") as f:
        f.write("\r\n".join(ical))
    if debug:
        print("\r\n".join(ical))

if __name__ == "__main__":
    INFILE = "calendar_events.json"
    OUTFILE = "calendar_events.ics"
    export_ical(INFILE, OUTFILE, debug=True)
```

　プログラムを実行するには、ターミナルで下記のコマンドを実行します。

```
$ python export_ical.py
```

　そうすると、「calendar_events.ics」というファイルが生成されます。これを、Googleカレンダーなどのカレンダーアプリにインポートします。すると、次のように表示されます。

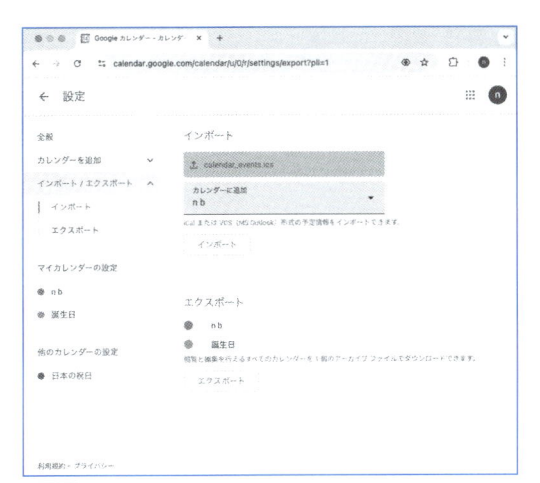

fig17 カレンダーなどの設定から iCal ファイルをインポート

fig18 Google カレンダーにイベントが登録されたところ

このように、iCal 形式はとても簡単です。ここでは、JSON ファイルからの変換ツールとして独立したプログラムにしましたが、Web アプリ側から関数 export_ical を呼び出すことで、エクスポート機能を実装することができるでしょう。挑戦してみてください。

この節のまとめ

- ① calendar モジュールを使えば、比較的簡単にカレンダーを表示できる
- ① calendar.HTMLCalendar オブジェクトを使えば、カレンダーの HTML を出力できる
- ① カレンダーに日付やイベントを表示したい場合には、calendar.Calendar オブジェクトを使って、二次元リストのカレンダーデータを取得し、それに基づいてカレンダーを表示できる
- ① iCal 形式のインポート・エクスポート機能を付けることで外部アプリと連携できるようになり利便性が向上する

chapter 4
03
オンライン対戦型ゲーム「リバーシ」を作ってみよう

オンライン対戦ができるゲームを作ってみましょう。ゲームの例としてリバーシを作ってみましょう。

ここで 学ぶこと	➔ リバーシとは
	➔ オンラインゲーム
	➔ テストを書こう
	➔ pytest
	➔ 不正対策

● リバーシを作ってみよう

　本節ではゲームの「リバーシ（Reversi）」を開発しましょう。リバーシは、19世紀のイギリスで、ジョン・モレットとルイス・ウォーターマンによって考案されました。その後、「オセロ」という名前でパッケージ化されて、1973年に発売されると大ヒットしました（※注）。

（※注）現在、「オセロ」は、株式会社オセロの登録商標（登録1227204）であり、メガハウスが専用
　　　使用権を有しています。[URL] https://www.j-platpat.inpit.go.jp/t0201

　定番ゲームの一つであるリバーシの開発を通して、オンライン対戦のゲームの作り方について学びましょう。

fig19 リバーシ対戦をはじめよう

fig20 交互に石を置いていこう

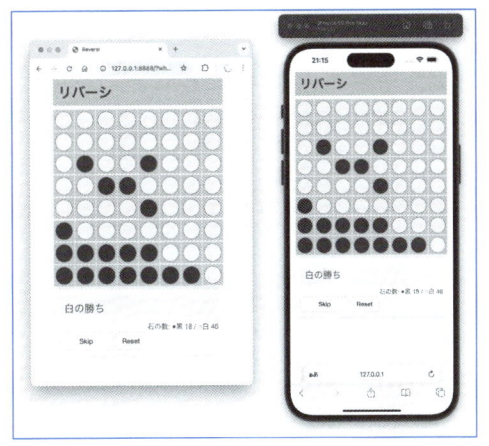

fig21 盤が埋まると勝敗を表示する

● リバーシのプロジェクトを作成しよう

最初にここで作るファイルの一覧を確認しておきましょう。ここで作るリバーシは、次のようなファイル構造になります。

┌─────────────┐
│ プロジェクト構成 │
└─────────────┘

```
├── reversi_app.py --- アプリのメインファイル
├── reversi_utils.py --- リバーシのロジックを定義したプログラム
├── reversi_test.py --- ロジックのテストプログラム
├── token_checker.py --- 不正防止対策のためのプログラム
├── requirements.txt ---  インストールに必要なパッケージを記述したもの
├── static --- リバーシの石など画像素材を配置
│   ├── stone-0.png --- 空の盤の画像
│   ├── stone-1.png --- 黒の石の画像
│   ├── stone-2.png --- 白の石の画像
│   └── stone-3.png --- 配置可能を示す画像
└── templates --- テンプレートを配置
    └── index.html --- 画面のテンプレート
```

リバーシを実行する方法

これからリバーシを作成する方法を紹介しますが、実際にプログラムを確認する前に、アプリの動作を確認しておきましょう。下記の手順で実行できます。

```
# 必要なライブラリーをインストール
$ cd <本書サンプル>/src/ch4/reversi
$ python -m pip install -r requirements.txt
# リバーシを実行する
$ python reversi_app.py
```

　すると、リバーシのゲームサーバーが起動するので、ブラウザーで、コンソールに表示されたURL「http://127.0.0.1:8888」にアクセスしましょう。今回は、Flask起動時のhostに "0.0.0.0" を指定しているので、同じネットワーク内にある別のPCやスマートフォンからもこのサーバーにアクセスできます。オンライン対戦ゲームなので、ブラウザーを2つ開いて交互に石を置いて行きましょう。

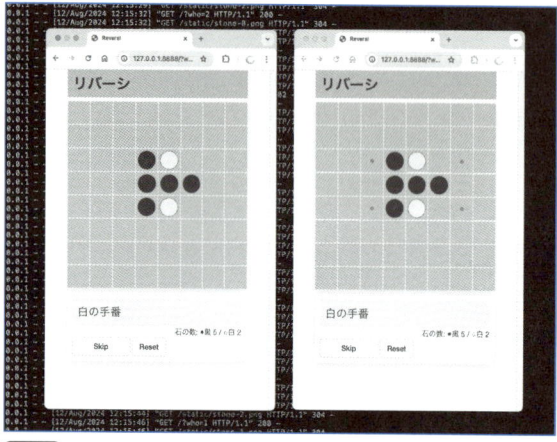

fig22 リバーシを実行したところ - ブラウザーを 2 つ起動してゲームを試そう

リバーシの盤面をどう表現する？

　紹介するまでもありませんが、リバーシのルールは、8×8の正方形の盤に黒と白の石を交互に挟むように置いていって最終的に盤上の石が多かったほうが勝ちとなります。

　ゲームのプログラムを作る場合、最初に考えないといけないのは、ゲームの状態をどのように表現するのかという点です。リバーシでは、8×8の盤面の各マスの状態を、空の状態、黒の石、白の石がある状態で表現する必要があります。そこで、盤面の状態を整数(int)の二次元リストで表現することにします。そして、各状態に数値を割り振ります。

0: 空の状態
1: 黒の石を置いた状態
2: 白の石を置いた状態

これを具体的に、Pythonのリストで表現してみましょう。以下は、リバーシの初期状態の盤面の状態です。

```
[
    [0, 0, 0, 0, 0, 0, 0, 0],
    [0, 0, 0, 0, 0, 0, 0, 0],
    [0, 0, 0, 0, 0, 0, 0, 0],
    [0, 0, 0, 2, 1, 0, 0, 0],
    [0, 0, 0, 1, 2, 0, 0, 0],
    [0, 0, 0, 0, 0, 0, 0, 0],
    [0, 0, 0, 0, 0, 0, 0, 0],
    [0, 0, 0, 0, 0, 0, 0, 0]
]
```

データに合わせて素材を作ろう

　次に、データに合わせてゲーム素材を作ってみましょう。リバーシ程度の画面であれば、画像素材を用意せずにJavaScriptでボードや石を描画することもできます。今回は、JavaScriptをできるだけ使わず、サーバーサイドのPythonだけで作ってみます。

　そのために、次のような4枚の画像を用意することにしました。これらの画像は、盤面の状態を表現する画像データです。空（stone-0.png）、黒の石（stone-1.png）、白の石（stone-2.png）、配置可能を示す画像（stone-3.png）を表すものとしました。素材となる画像データは、staticディレクトリに配置します。

stone-0.png
stone-1.png

stone-2.png

stone-3.png

fig23 リバーシで使う画像素材

　盤面を表現するだけなら不要なのですが、ゲームが遊びやすいように、プレイヤーが配置可能なマスに印を表示するために、目印となる画像（stone-3.png）も用意しました。

リバーシのロジックを作ろう

　それでは、リバーシのルールに基づいて、盤上の石を操作する関数を作っておきましょう。ここでは、次のような関数を定義しました。

```python
# リバーシの石の状態を表す定数 ——(※1)
EMPTY, BLACK, WHITE, CAN_FLIP = 0, 1, 2, 3
STATUS = ["□", "黒", "白", "・"]
# 8方向の相対座標を表す定数 [(dx, dy)…] ——(※2)
DIR_OFFSET = [ (-1, -1), (-1, 0), (-1, 1),
               ( 0, -1),          ( 0, 1),
               ( 1, -1), ( 1, 0), ( 1, 1) ]
# ボードを初期化する関数 ——(※3)
def generate_board() -> list[list[int]]:
    board = [ [EMPTY] * 8 for _ in range(8) ]
    board[3][4] = board[4][3] = BLACK
    board[3][3] = board[4][4] = WHITE
    return board
# (x, y)がボードの範囲内かどうかを調べる関数 ——(※4)
def is_on_board(x: int, y: int) -> bool:
    return 0 <= y < 8 and 0 <= x < 8
# 白黒を反転する関数 ——(※5)
def toggle(status: int) -> int:
    if status == EMPTY:
        return EMPTY
    return BLACK if status == WHITE else WHITE
# 位置(x, y)の方向(dx, dy)に石を置けるかどうかを調べる ——(※6)
def can_flip_dir(board: list[list[int]],
        x: int, y: int, dx: int, dy: int, who: int) -> bool:
    if board[y][x] != EMPTY:   # 石がすでにあるなら置けない
        return False
    if not is_on_board(x + dx, y + dy):   # 範囲外なら置けない
        return False
    if board[y + dy][x + dx] != toggle(who):   # 自分の石なら置けない
        return False
    # ひっくり返せるかどうか調べる ——(※7)
    for i in range(2, 8):
        if not is_on_board(x + dx * i, y + dy * i): # 範囲外
            return False
        if board[y + dy * i][x + dx * i] == EMPTY:   # 空白
            return False
        if board[y + dy * i][x + dx * i] == who: # OK
            return True
    return False
```

```python
# 位置(x, y)に石を置けるか八つの方向を調べる ──(※8)
def can_flip(board: list[list[int]],
        x: int, y:int, who: int) -> bool:
    for dx, dy in DIR_OFFSET:
        if can_flip_dir(board, x, y, dx, dy, who):
            return True
    return False
# 方向(dx, dy)に石を置く ──(※9)
def flip_dir(board: list[list[int]],
             x: int, y: int, dx: int, dy: int, who: int) -> int:
    if not can_flip_dir(board, x, y, dx, dy, who):
        return 0
    count = 0
    for i in range(1, 8):
        if not is_on_board(x + dx * i, y + dy * i):
            break
        if board[y + dy * i][x + dx * i] == who:
            break
        board[y + dy * i][x + dx * i] = who
        count += 1
    return count
# 位置(x, y)に石を置く。ひっくり返した石の数を返す ──(※10)
def flip(board: list[list[int]], x:int, y:int, who: int) -> int:
    if not can_flip(board, x, y, who):
        return 0
    count = 0
    for dx, dy in DIR_OFFSET:
        count += flip_dir(board, x, y, dx, dy, who)
    board[y][x] = who
    return count
# 石を置ける場所にマークをつける関数 ──(※11)
def add_flip_mark(board: list[list[int]], who: int) -> list[list[int]]:
    res = generate_board()
    for y in range(8):
        for x in range(8):
            res[y][x] = board[y][x]
            if board[y][x] == EMPTY:
                if can_flip(board, x, y, who):
                    res[y][x] = CAN_FLIP
    return res
```

```
# 石の数を数える ──(※12)
def count_stone(board: list[list[int]], who: int) -> int:
    return sum([ row.count(who) for row in board ])
def count_stone_both(board: list[list[int]]) -> tuple[int, int]:
    return count_stone(board, BLACK), count_stone(board, WHITE)
```

プログラムを確認してみましょう。(※1) ではリバーシの石の状態を表す定数を記述します。(※2) の定数DIR_OFFSETの役割が少し分かりにくいかもしれません。リバーシでは、石を置いた位置から、左上、上、右上、右、右下、下、左下、左と8方向の座標を繰り返し調べる必要があります。そこで、8方向の相対座標をここで定義しているのです。

(※3) ではボードを初期化する関数generate_boardを定義しています。リスト内包表記を利用することで、8×8の座標を一行で生成し、その後で、石の初期配置を行います。

(※4) の関数is_on_boardは、座標(x, y)が盤の座標内かどうかを判定します。(※5) の関数toggleは、石が白なら黒、黒なら白を返す関数です。

(※6) と (※8) の関数can_flip_dirとcan_flipは、引数として与えた座標に石を置くことができるかどうかを判定するものです。関数can_flip_dirは一方向だけを調べるものですが、can_flipでは8方向全てについて調べます。

リバーシのルールでは、どこでも石を置ける訳ではありません。自分が黒の場合、黒白(黒)、あるいは、黒白白白(黒)のように、相手の石に隣接しており、なおかつ相手の石を挟んで、自分の色がなくてはなりません。そのため、(※6) では、この条件に合うかどうかを一つずつチェックしていきます。(※7) では相手の石の色が連続する場合で、端に自分の色があるかどうかをfor文で調べるものとなっています。

(※9) と (※10) の関数flip_dirとflipは、実際に石を裏返す処理を行うものです。戻り値として、ひっくり返した石の数を返します。関数flip_dirでは一方向だけを裏返す処理であり、関数flipで8方向全てを裏返します。

(※11) の関数add_flip_markは石を置ける場所にマークを付ける関数です。引数のboardを書き換えるのではなく、内容をコピーしつつ、置ける場所にCAN_FLIP(値3)を代入します。

(※12) では、関数count_stone と count_stone_bothを定義します。この関数で石の数を数えます。ここでも、リストの内包表記を利用して、一行で石の数をカウントしています。CAN_FLIP(値3)を代入します。なお、CAN_FLIP はプログラム冒頭(※1) で設定した石の状態を表す定数です。

リバーシのロジックをテストしよう

上記でリバーシのルールに基づいた関数を記述しましたが、80行以上のプログラムを一気に記述するのは、なかなか厳しいものです。関数を作成する時、関数をテストするプログラムを一緒に書くのがオススメです。

ここでは、pytestというテストのためのライブラリーを利用したテストを作成しました。pytestをインストールするには、下記のコマンドを実行します。

コマンド実行

```
$ pip install pytest
```

　pytestをインストールすると、コマンドラインにて「pytest」コマンドが利用できるようになります。そして、テストプログラムを作成します。まず、「test_xxxx」のような関数を定義して、関数の中に「assert 式」のように記述します。ここで、式がTrueを返すように記述します。

　それでは、テストを作ってみましょう。次のプログラムが、上記のプログラム「reversi_utils.py」をテストするためのプログラムです。

Python ソースリスト　src/ch4/reversi/reversi_test.py

```python
from reversi_utils import EMPTY, WHITE, BLACK
import reversi_utils as utils

# リバーシのボードの初期データを作成する関数をテスト ――(※1)
def test_generate_board():
    b = utils.generate_board() # ボードを生成
    assert b[0][0] == EMPTY # 左上の盤は空であるべき
    assert b[3][4] == BLACK # 座標(4, 3)は黒であるべき
    assert b[3][3] == WHITE # 座標(3, 3)は白であるべき

# リバーシをルールに沿って反転できるかテスト ――(※2)
def test_reversi_rule():
    b = utils.generate_board()
    # 石を置けるかどうかのテスト ――(※3)
    assert not utils.can_flip(b, 2, 3, WHITE)
    # 最初に黒の石が置けるか試して、置けるなら置いて反転する ――(※4)
    assert utils.can_flip(b, 2, 3, BLACK)
    assert utils.flip(b, 2, 3, BLACK) == 1
    assert utils.count_stone(b, BLACK) == 4 # 数が正しいか確認
    assert utils.count_stone(b, WHITE) == 1
    print_board(b)
    # 次に白の石が置けるか試して、置けるなら置いて反転する ――(※5)
    assert utils.can_flip(b, 2, 2, WHITE)
    assert utils.flip(b, 2, 2, WHITE) == 1
    print_board(b)
    # 次に黒
```

```python
        assert utils.can_flip(b, 3, 2, BLACK)
        assert utils.flip(b, 3, 2, BLACK) == 1
        print_board(b)
        # 次の白
        assert utils.can_flip(b, 2, 4, WHITE)
        assert utils.flip(b, 2, 4, WHITE) == 2
        print_board(b)
        # 次の黒
        assert utils.can_flip(b, 1, 5, BLACK)
        assert utils.flip(b, 1, 5, BLACK) == 1
        print_board(b)

# ボードを表示する関数 ——(※6)
def print_board(board: list[list[int]]):
    ST = [".", "X", "O"]
    print("  0 1 2 3 4 5 6 7")
    for y, row in enumerate(board):
        print(f"{y} " + (" ".join([ST[i] for i in row])))


if __name__ == "__main__":
    test_reversi_rule()
```

　pytestを使うと、関数名に「test」を含むものを取り出して、テストが成功するかを確認してくれます。ターミナルで下記のようなコマンドを実行しましょう。

コマンド実行

```
$ pytest .
```

　問題なくテストが実行されると、次の画面のように「=== xxx passed in xxxs===」と緑色のメッセージを出力します。もし、テストに失敗すると、エラーメッセージを表示します。

fig24 pytest を実行したところ

プログラムを確認してみましょう。（※1）の関数test_generate_boardでは、リバーシの盤の初期データを生成する関数generate_boardをテストします。ここで作成した盤のデータは、整数の二次元リスト（list[list[int]]型）です。そして、左上の座標を表す[0][0]はEMPTY（値0）であるべきです。そこで、「assert b[0][0] == EMPTY」と書くことでテストを記述します。

（※2）の関数test_reversi_ruleでは、実際に石を置けるかテストし、置けるなら実際に石をひっくり返して、石の数などをチェックします。

（※3）では、初期配置で白の石が置けない座標（2,3）に、白が配置できるかをテストします。（※4）では最初に黒石が座標（2,3）に置けるかどうかを確認し、実際に置いて裏返してみます。すると、黒の石が4つ、白の石が1つになるので、それを確かめます。続く（※5）以降では実際にリバーシのルールに則って石を置いていきます。

座標の位置が分かりづらいと思いますので（※6）でボードの状態を標準出力に表示する関数も定義しました。pytestを実行するだけでは、何も表示されませんが、いつものように「python reversi_test.py」で実行すると、ボードの状態を出力します。

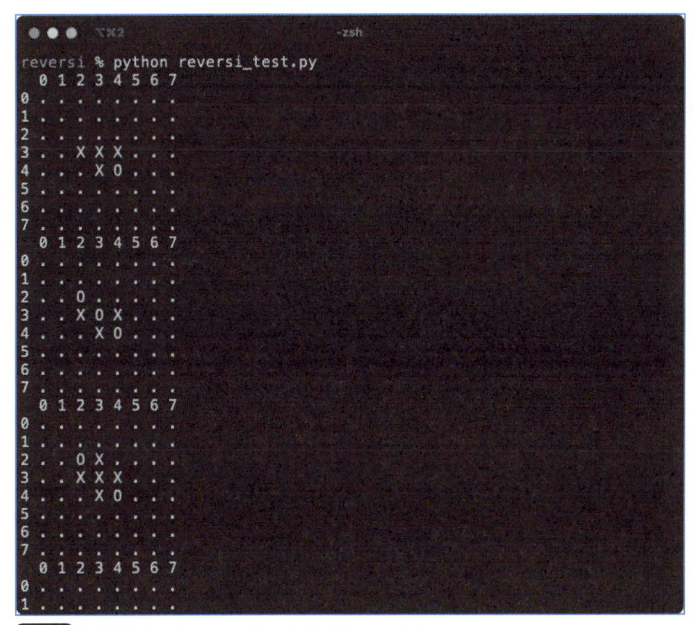

fig25 標準出力にテストの様子を出力したところ

リバーシのWebアプリを作ろう

以上で、リバーシのロジック部分を作成し、テストして正しく動くことが確認できました。次にWebアプリに仕立て上げましょう。Flaskを使ってリバーシの画面を表示しましょう。

今回は、JavaScriptをあまり使わずにゲームを作るので、リバーシの盤面を画像ファイルを並べることで構築します。8×8=64個の <img> タグで並べることで盤面を表現するのです。そして、各画像を <a> タグで囲っておいて、画像をクリックすることで、石を配置できるように工夫します。

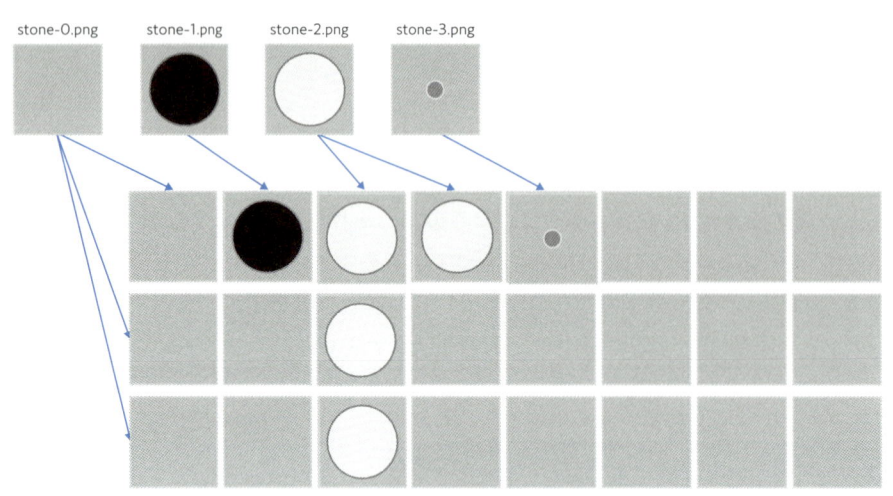

fig26 画像を並べることで盤面を表現する

リバーシアプリのルーティングは次のようなものにしました。

○ リバーシアプリのルーティング一覧

URI	メソッド	Python関数名	説明
/	GET	index	リバーシの盤面を表示
/place/<y>/<x>	GET	place	座標 (x, y) に石を置く処理
/reset	GET	reset	ゲームをリセットする
/skip	GET	skip	現在の手番をスキップする

それでは、Webアプリのプログラムを確認してみましょう。

Python ソースリスト　src/ch4/reversi/reversi_app.py

```python
from flask import Flask, redirect, url_for, render_template, request
import reversi_utils as utils
import token_checker as tc

# 盤面の初期化 ──(※1)
board = utils.generate_board()
who = utils.BLACK
app: Flask = Flask(__name__)
```

```python
tc.reset_tokens()

# 現在の盤面の状態を表示 ──(※2)
@app.route("/")
def index():
    me = int(request.args.get("who", who)) # 誰の手番か
    token = request.args.get("token", "") # トークン
    # 石の数を数えて、表示するメッセージを決定
    black, white = utils.count_stone_both(board)
    msg = utils.STATUS[who] + "の手番" # メッセージを表示
    if black + white == 64:
        msg = "黒の勝ち" if black > white else "白の勝ち"
    elif black + white >= 6: # 初期状態でなければ不正チェック
        if not tc.check_token(me, token):
            return "不正なアクセスです"
    can_place = (who == me)
    return render_template( # テンプレートに当てはめて表示 ──(※3)
        "index.html",
        board=utils.add_flip_mark(board, who) if can_place else board,
        count=(black, white), token=tc.get_token(me),
        msg=msg, me=me, can_place=can_place)

# 座標(x, y)に石を配置する関数 ──(※4)
@app.route("/place/<int:y>/<int:x>")
def place(y: int, x: int):
    global who
    me = int(request.args.get("who", who))
    token = request.args.get("token", "")
    c = sum(utils.count_stone_both(board))
    if (c >= 5)and(not tc.check_token(me, token)): # 不正を検知 ──(※5)
        return "不正なアクセスです"
    if utils.can_flip(board, x, y, who):
        utils.flip(board, x, y, who)
        who, me = utils.toggle(who), who
    return redirect(url_for("index", who=me, token=tc.get_token(me)))

# ゲームをリセットする関数 ──(※6)
@app.route("/reset")
def reset():
    global board, who
```

```python
    board = utils.generate_board()
    who = utils.BLACK
    tc.reset_tokens()
    return redirect(url_for("index"))


# 手番をスキップする関数 ──(※7)
@app.route("/skip")
def skip():
    global who
    me = int(request.args.get("who", who))
    token = request.args.get("token", "")
    if who != me:   # 自分の手番ではない
        return redirect(url_for("index", who=me, token=token))
    if not tc.check_token(me, token):
        return "不正なアクセスです"
    who = utils.toggle(who)
    return redirect(url_for("index", who=me, token=tc.get_token(me)))


if __name__ == "__main__":
    app.run(host="0.0.0.0", debug=True, port=8888) # Flaskのサーバーを起動
```

　プログラムを確認しましょう。(※1)では盤面を初期化します。現在の盤面をグローバル変数board、誰の手番かを変数whoで表します。

　(※2)では現在の盤面の状態を表示します。基本的には、現在の盤面を表すboardを(※3)でテンプレートに当てはめて表示するだけなのですが、石の数を数えたり、誰の手番か、ゲームが終了したかどうかに関するメッセージを作成して表示します。また、URLパラメーターに指定したwhoで誰の手番かを判定しており、ここで不正対策もしています。不正対策については後述します。

　(※4)では座標（x, y）に石を配置する関数です。石が置けるかどうかを確かめて、置けるなら配置して、誰の手番かを表す変数whoを白黒反転して、盤面を表示するルートにリダイレクトします。(※5)では正しいユーザーが石を置いたのかトークンを確認して不正対策を行います。

　(※6)ではゲームをリセットする関数を定義し、(※7)では手順をスキップする関数を定義します。スキップの処理も、石の配置と同じで、正しいユーザーの手番かを確認した上で、手番を交代します。

自分の手番を判定する方法と不正対策

　プレイヤーが白と黒のどちらの石を置くのか、どのように決めているのか確認してみま

しょう。盤面に最初の石を置いたタイミングで、ブラウザーのURLが変化していることに気付いたでしょうか。

　次の画像を確認してみてください。URL引数に指定したパラメーターwhoによってプレイヤーを識別しています。who=1なら黒で、who=2なら白です。

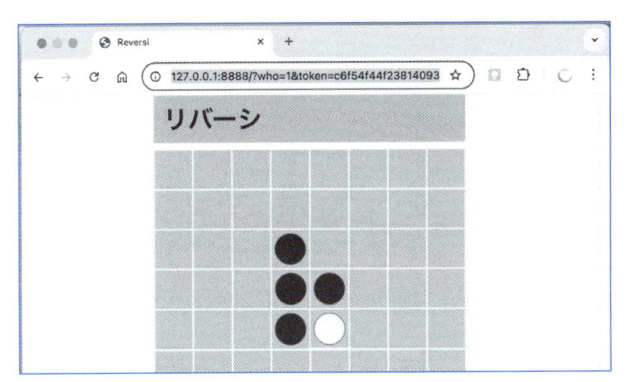

fig27 URL引数でプレイヤーが白か黒かを決めている

　上記のプログラムの各関数で不正チェックを行っています。ただし、ゲームを始めたばかりの時点では、自分が白黒どちらなのか決まっていませんが、最初にクリックした人が黒となり、もう一方は白となるという仕組みにしています。

　しかし、このような仕組みにすると、URLのパラメーターを直接変更して、白と黒の手番を不正に変更することが可能になってしまいます。これを防ぐために、パラメーターの書き換え対策として、不正防止のトークンを生成して、プレイヤーがパラメーターを変更したことを検知する仕組みを取り入れています。

　不正防止トークンはサーバー起動時やゲームをリセットした時に生成します。もし、ユーザーがパラメーターwhoの値を書き換えると「不正なアクセスです」と表示するようにしました。

　不正防止用のトークンの生成と検証は、下記のようなプログラムで行います。

Python ソースリスト｜src/ch4/reversi/token_checker.py

```python
import os
import hashlib


# ユーザー毎のトークン
user_tokens = ["", "", ""]
# ランダムなトークンを生成
def random_token() -> str:
    return hashlib.sha256(os.urandom(64)).hexdigest()
# ユーザー毎のトークンを返す
```

```python
def get_token(who: int) -> str:
    return user_tokens[who]
# トークンが正しいかをチェック
def check_token(who: int, token: str) -> bool:
    if 1 <= who <= 2:
        return user_tokens[who] == token
    return False
# トークンをリセット
def reset_tokens():
    global user_tokens
    user_tokens = ["", random_token(), random_token()]
```

グローバル変数user_tokensに、乱数でハッシュ値を生成しておいて、関数check_token
でハッシュ値が正しいかどうかを確認するという簡単な処理です。もし、もっとしっかり
と不正対策を行いたい場合は、毎回トークンを変更するなど工夫すると良いでしょう。

盤面を表示するテンプレート

最後に、盤面を表示するテンプレートのHTMLも確認しましょう。次のようなものです。

HTML ソースリスト | src/ch4/reversi/templates/index.html

```html
<!DOCTYPE html>
<html><head>
〜省略〜
</head><body>
    <header class="center m-0 p-0 mb-2">
        <h1 class="title is-primary p-3 has-background-info w-board">
            リバーシ</h1>
    </header>
    <div class="m-0 p-0 center mb-2">
        <!-- リバーシの盤面を表示 ——(※10) -->
        <div id="board" class="box p-0 m-0 w-board">
            {% for y in range(0, 8) %}
            <div style="line-height:0;" class="p-0 m-0 is-flex">
                {% for x in range(0, 8) %}
                    {% if can_place %}
                    <a class="p-0 m-0 w-stone"
                     href="/place/{{y}}/{{x}}?me={{me}}&token={{token}}">
                    {% else %}<a>{% endif %}
                        <img src="static/stone-{{ board[y][x] }}.png">
                    </a>
```

```
                {% endfor %}
            </div>
            {% endfor %}
        </div>
    </div>
〜省略〜
    <script>  //  画面を3秒に1回更新する ——(※2)
        setTimeout(function() { location.reload(); }, 3000);
    </script>
</body></html>
```

　HTMLを確認してみましょう。(※1) 以下ではリバーシの盤面を表示します。二次元リスト board の内容を {% for ... %} をネストさせて表示します。Flask のテンプレートエンジン Jinja の表現力の高さが分かります。なお、自分の手番でないときは、{% if ... %} を利用して、<a> タグのリンク先を表示しないように配慮しています。

　(※2) では、JavaScript を利用して3秒ごとに画面をリロードするようにしています。

リバーシを改良しよう

　ここまでで、オンライン対戦リバーシの作り方を紹介しました。リバーシを分かりやすく説明するために、ファイルを機能ごとに分割していますので、それぞれのファイルの役割を確認しながら、読み解いていくと良いでしょう。

　ところで、本節では、プログラムを短くするために、JavaScript などをほとんど使わず、定期的なページリロードでゲームを進めるという原始的なやり方で作ってみました。よりエレガントにオンライン対戦リバーシを作るなら、ページ全体をリロードするのではなく、JavaScript の WebSocket を利用して、サーバーからリアルタイムで更新通知を受け取るようにすると良いでしょう。　WebSocket については、3章 -3で紹介しているので参考にして、改良してみると良いでしょう。

> **この節のまとめ**
>
> (!) リバーシなどのゲームを作成する場合には、ゲームに登場する要素をどのようなデータ構造で表現するかを決めるところから始めると良い
>
> (!) pytest などを利用して、ゲームのロジックを最初にテストしながら、ルールを実装すると、素早くプログラムを実装できる
>
> (!) オンライン対戦のゲームでは、悪意のユーザーによりパラメーターなどが変更されがちなので不正対策を行う必要がある
>
> (!) リバーシなど動きがそれほどないゲームでは、盤面をHTMLだけで表現することも可能

04 地図上に気象データを表示しよう

地図上に天気情報を表示する Web アプリを作ってみましょう。Python にはいくつか地図を表示するライブラリーがあるので、その使い方を紹介します。また、Folium を利用して地図上に最高気温を表示してみましょう。

ここで学ぶこと	
➔	地図の描画
➔	Folium
➔	japanmap
➔	geopandas

● 地図上に最高気温を表示しよう

本節では全国の最高気温を調べて、地図上に表示するプログラムを作成します。地図の表示方法やマーカーを埋め込む方法を紹介します。

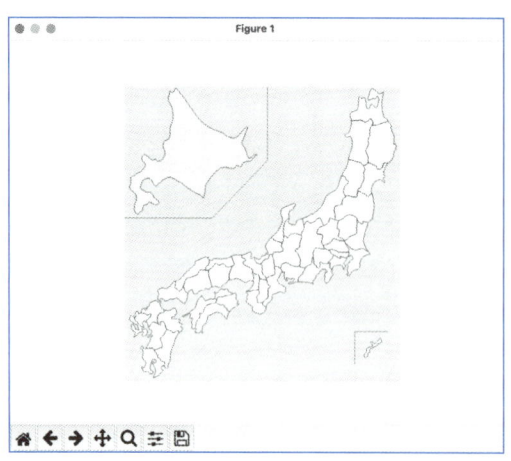

fig28 日本地図を作図するプログラムを作ろう

fig29 日本地図上に全国の最高気温を書き込む Web アプリを作ろう

● 日本地図を表示しよう

地図情報を扱う方法は、いろいろあります。いくつかの方法を試してみましょう。

japanmap を使って日本地図を描画する方法

最も簡単に日本地図を表示するには、Python の japanmap パッケージを利用する方法です。ターミナルで下記のコマンドを実行して、パッケージをインストールしましょう。

コマンド実行

```
$ pip install japanmap==0.3.2 matplotlib==3.9.0
```

そして、次のようなプログラムを記述します。

Python ソースリスト /ch4/geo/japanmap_test.py

```python
import matplotlib.pyplot as plt
import numpy as np
from japanmap import picture, get_data, pref_map

# 都道府県をどの色で塗るのかを指定 ——(※1)
pct: np.ndarray = picture({
    "北海道": "yellow",
    "東京都": "yellow",
    "静岡県": "yellow",
})
plt.axis("off")  # 軸を非表示にする
plt.imshow(pct)  # 描画 ——(※2)
plt.savefig("map.png")  # 画像を保存 ——(※3)
plt.show()  # 画面を表示 ——(※4)
```

ターミナルで下記のコマンドを入力するとプログラムを実行できます。

コマンド実行

```
$ python japanmap_test.py
```

プログラムを実行すると、ウィンドウが表示され、日本地図が描画されます。

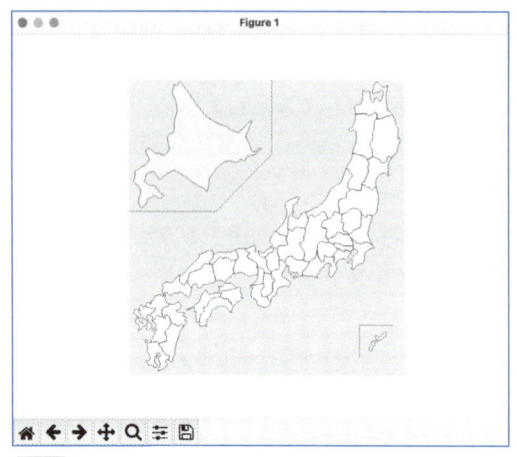

fig30 japanmap を使って日本地図を描いたところ

　プログラムを確認してみましょう。(※1) では都道府県の名前を指定して特定の色を塗ることができます。ここでは、北海道、東京都、静岡県を黄色 (yellow) で着色します。指定できるのは、red や blue といった色名のほかに、HTML の #RRGGBB 形式も可能で、例えば赤色なら「#FF0000」のように指定できます。

　(※2) では地図を描画して、(※3) では PNG ファイル「map.png」に地図を保存します。(※4) では Matplotlib のウィンドウを表示します。

geopandas と国土数値情報のデータを使う方法

　Python のパッケージ「geopandas」を使うと、地図情報を描画できます。地図情報には、国土交通省が配付している行政区域データを利用できます。全国のデータ (2024年版) は ZIP ファイルで583MB ほどありますが、都道府県の形状に加えて、市区町村の境界情報（GML 準拠 SHPE 形式データ）があります。

●国土交通省 > 国土数値情報ダウンロードサイト > 行政区域データ
　[URL] https://nlftp.mlit.go.jp/ksj/gml/datalist/KsjTmplt-N03-2024.html

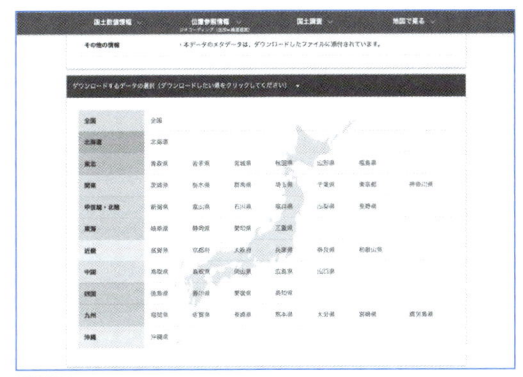

fig31 国土数値情報の行政地区データのダウンロードサイト

上記のURLより全国版のZIPファイル（N03-20240101_GML.zip）をダウンロードしてください。そして、ZIPファイルを解凍します。ZIPファイルを展開すると、ディレクトリの中に「N03-20240101.geojson」というファイルがあります。

このファイルをプログラムと同じディレクトリにコピーしてください。このファイルを利用することで日本地図を描画できます。ここでは、次のような構成で配置してください。

ファイル構成

```
├── N03-20240101.geojson ... 行政地区データのGEOJSONファイル
└── geopandas_test.py ... サンプルプログラム
```

プログラムを実行する前に、地図を描画するgeopandasとMatplotlibをインストールしましょう。

コマンド実行

```
$ pip install geopandas matplotlib
```

次のプログラムを記述することで日本地図を描画できます。

Python ソースリスト | src/ch4/geo/geopandas_test.py

```python
import geopandas as gpd
import matplotlib.pyplot as plt


# ダウンロードしたファイルのパス
GEOJSON_FILE = "N03-20240101.geojson"
# GeoJSONファイルを読み込む
map = gpd.read_file(GEOJSON_FILE, encoding="utf-8")
map.plot(edgecolor="gray", facecolor="none")
# 軸を非表示にする
```

```
plt.axis("off")
# 画面を表示
plt.show()
```

　ターミナルで以下のコマンドを実行すると地図が表示されます。

```
$ python geopandas_test.py
```

　次のようなウィンドウが表示されて、日本地図が表示されます。GeoJSONのデータサイズが大きいので実際に描画されるまでは少し時間がかかります。

fig32 geopandas で日本地図を描画したところ

geopandas で静岡県を描こう

　行政地区データには、市区町村レベルのデータが記載されています。そのため、静岡県だけを取り出して描画することも容易です。

Python ソースリスト | src/ch4/geo/geopandas_test_shizuoka.py

```python
import geopandas as gpd
import matplotlib.pyplot as plt


# ダウンロードしたファイルのパス
GEOJSON_FILE = "N03-20240101.geojson"
# GeoJSONファイルを読み込む
map = gpd.read_file(GEOJSON_FILE, encoding="utf-8")
# 静岡県のデータを抽出 ——(※1)
```

```
shizuoka = map[map["N03_001"] == "静岡県"]
print(shizuoka)
# 描画を行う
shizuoka.plot(edgecolor="gray", facecolor="yellow")
# 軸を非表示にする
plt.axis("off")
# 画面を表示
plt.show()
```

　プログラムを確認してみましょう。ポイントは(※1)で、geopandasを利用して静岡県のデータを抽出して変数shizuokaに代入する部分です。その後、抽出した変数shizuokaで地図を描画します。ターミナルで下記のコマンドを実行すると、静岡県の地図が表示されます。

> コマンド実行

```
$ python geopandas_test_shizuoka.py
```

　次のようなウィンドウが表示され、静岡県の地図が描画されます。

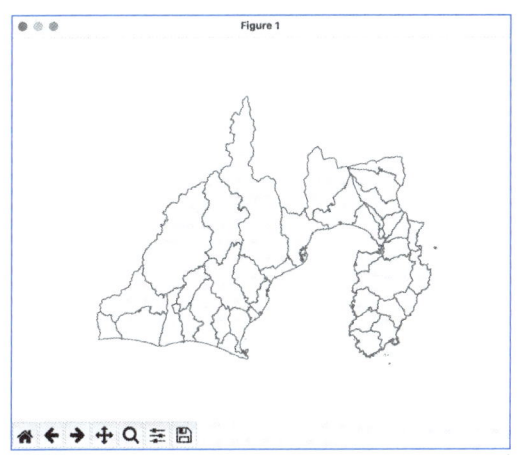

fig33 geopandas で静岡県だけを取り出して描画したところ

Folium を使った地図の描画

　このほかには、Python の folium パッケージを利用して地図を描画できます。Folium は JavaScript のライブラリー「Leaflet.js」を Python から使えるようにしたものです。OpenStreetMap などのオンライン地図サービスを利用して描画を行います。
　Folium をインストールするには、ターミナルで以下のコマンドを実行します。

```
$ pip install folium==0.17.0
```

Foliumで日本地図を表示するには、下記のプログラムを作成します。

```python
import folium

# 緯度経度を指定して地図を表示
m = folium.Map(location=[35.690921, 139.700258], zoom_start=5)
# HTMLファイルに保存
m.save("map.html")
```

プログラムを実行するには次のコマンドを実行します。

```
$ python folium_test.py
```

プログラムを実行すると「map.html」というファイルが生成されます。これをブラウザーで開くと次のような日本地図が表示されます。JavaScriptで地図をレンダリングするため、地図を表示した後で地図を拡大・縮小、マウスで移動させることもできます。

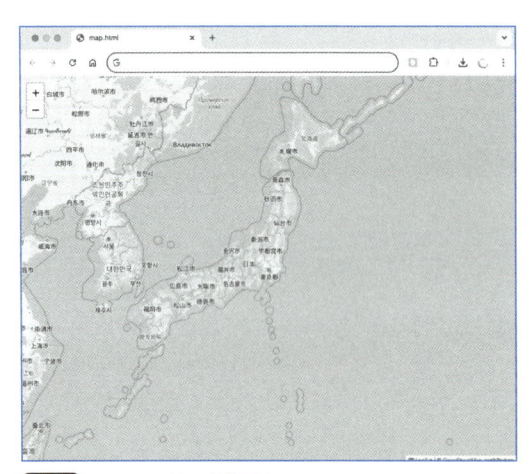

fig34 Folium で地図を描画するところ

Foliumで作成したHTMLファイルをWebアプリに組み込む場合にはこのように、Foliumを使うと、手軽に地図を描画できます。それでは、次に、Foliumを使って、Webアプリを作ってみましょう。

最高気温を地図上に表示しよう

それでは、Foliumを利用して地図上に最高気温を表示するプログラムを作りましょう。このプログラムは、次のようなファイル構成です。

プロジェクト構成
```
.
├── requirements.txt ... プログラムの動作に必要なパッケージを記したもの
├── app.py ... メインプログラム
├── city_info.csv ... 各年の緯度経度情報を記述したCSV
├── plot_temp.py ... Web APIで最高気温を取得して地図を作成するモジュール
├── <static>
│   └── map.html ... 地図データを保存
└── <templates>
        └── index.html ... テンプレートファイル
```

全国の最高気温情報を取得するのに、requestsパッケージを利用しましょう。requestsはネットワークからデータをダウンロードするライブラリです。また、上記で紹介したFoliumなどをインストールしましょう。requirements.txtにパッケージ一覧を記述しました。ターミナルで下記のコマンドを実行して必要なパッケージをインストールしましょう。

コマンド実行
```
$ pip install -r requirements.txt
```

Foliumで地図上に最高気温を表示するモジュール

気象情報APIで取得した気象情報を元に、Folium上に気温を表示してみましょう。以下のようなプログラムになります。

Python ソースリスト | src/ch4/geo/plot_temp.py
```
import os
import requests
import folium

# 気象情報APIのURL ——(※1)
WEATHER_API = "https://api.aoikujira.com/tenki/week.php?fmt=json"

# 都市ごとの緯度経度のCSVから読んで辞書型に変換 ——(※2)
SCRIPT_DIR = os.path.dirname(os.path.abspath(__file__))
CITY_INFO_FILE = os.path.join(SCRIPT_DIR, "city_info.csv")
```

```python
with open(CITY_INFO_FILE, "r", encoding="utf-8") as f:
    lines = [line.strip().split(",") for line in f.readlines()]
    lines = lines[1:]  # ヘッダー行を除外
city_info = {}
for line in lines:
    city = line[1].replace("市", "")
    city_info[city] = (float(line[2]), float(line[3]))


# 気象情報をAPIから取得 ——(※3)
def get_weather_data(key = "maxtemp"):
    #  APIから気象情報を取得 ——(※4)
    obj = requests.get(WEATHER_API).json()
    # 各都市の現在の情報を取得 ——(※5)
    info = {}
    for city, clist in obj.items():
        if city == "mkdate":  # 日付情報は除外
            continue
        # 週間予報の先頭の情報を取得
        v = clist[0][key] if clist[0][key] != "-" else clist[1][key]
        info[city] = int(v)
        print(city, v, city_info[city])
    return info


# 緯度経度を指定して地図を表示 ——(※6)
def save_weather_map(htmlfile: str):
    # 新宿を中心とした地図を作成 ——(※7)
    map = folium.Map(location=[35.690921, 139.700258], zoom_start=6)
    winfo = get_weather_data()
    for city, v in winfo.items():
        # 都市名と最高気温をHTMLで指定 ——(※8)
        html = """<div style='font-size:7pt; width:25pt;
            text-align:right; padding:2pt; color:black;
            background-color:rgba(255,255,255,0.7);'>{}<br>{}℃</div>
            """.format(city, v)
        # マーカーを作成して地図に追加 ——(※9)
        folium.Marker(
            location=city_info[city],
            popup=f"{city} {v}℃",
            icon=folium.DivIcon(html=html)
        ).add_to(map)
```

```
    # HTMLファイルに保存 ——(※10)
    map.save(htmlfile)

if __name__ == "__main__":
    save_weather_map("map.html")
```

　プログラムを実行するには、次のコマンドを実行しましょう。すると「map.png」とい
うファイルが作成されます。

コマンド実行
```
$ python plot_temp.py
```

　作成されたHTMLファイル「map.html」をブラウザーで表示すると下記のように表示さ
れます。

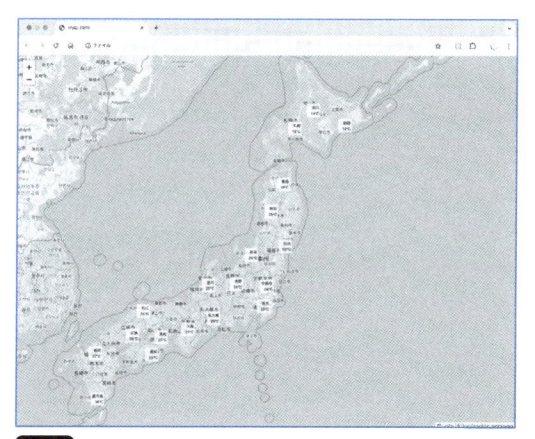

fig35 地図上に最高気温を表示したところ

　プログラムを確認してみましょう。(※1)では気象情報APIのURLを指定します。(※2)
では、都市と緯度経度が書かれたCSVファイルを読み込んで、辞書型の変数city_infoに、
緯度経度情報を指定します。

　なお、各都市の気象情報を取得するのに、クジラWeb APIが公開している「気象情報 -
クジラ週間天気API」が利用できます。これは、気象庁が公開しているデータをJSON形式
に整形して配信しているものです。詳細な解説は次のURLに書かれています。

●気象情報 - クジラ週間天気API
[URL] https://api.aoikujira.com/index.php?tenki

　(※3)では気象情報をAPIから取得する関数を定義します。(※4)ではrequestsを使って
APIの値をJSONデータとして取得します。(※5)では最高気温のデータを取得します。こ

のAPIは週間予報を取得するため1週間分の予報データが取得されます。それで、夕方以降にAPIを呼び出した場合、1日目の最高気温が無効な値「-」になってしまいます。その場合に翌日の最高気温データを採用します。

(※6) では地図を作成して、都市名と最高気温を地図上に配置してHTMLに保存する関数save_weather_mapを定義します。(※7) では新宿を中心とする地図を作成し、その地図にマーカーを追加します。マーカーにはアイコンを指定できるほか、ここで指定しているように任意のHTMLを指定できます。(※8) ではマーカーとして表示するHTMLを指定します。ここでは、白地に黒の文字で都市名と気温を表示します。(※9) では実際に緯度経度情報と、表示する文字とHTMLを指定したマーカーを作成して地図に追加します。

(※10) ではHTMLファイルに地図を保存します。

全国の最高気温を表示するのに都市の緯度経度情報が必要になります。そこで、都市情報と緯度経度情報が書かれたCSVファイル「city_info.csv」の一部を確認してみましょう。一行に一都市が記述され、カンマで区切って情報が記載されたものです。

CSS ソースリスト｜src/ch4/geo/city_info.csv(抜粋：1-7 行目)

```
…省略…
都道府県,地名,緯度,経度
北海道,札幌市,43.065,141.347
青森県,青森市,40.824,140.74
秋田県,秋田市,39.719,140.102
岩手県,盛岡市,39.704,141.153
宮城県,仙台市,38.269,140.872
山形県,山形市,38.24,140.364
…省略…
```

Webアプリに地図生成機能を追加しよう

続いて、上記のHTMLをWebアプリから生成して表示するようにしてみましょう。上記モジュールを利用して地図を生成しますが、ユーザーがサイトを訪問したタイミングで最新の情報を取得するようにしてみましょう。

python ソースコード｜src/ch4/geo/app.py

```python
import os, time
from flask import Flask, redirect, url_for, render_template, request
import plot_temp

# HTMLの保存先を指定する ——(※1)
SCRIPT_DIR = os.path.dirname(os.path.abspath(__file__))
MAP_HTML = os.path.join(SCRIPT_DIR, "static", "map.html")
```

```python
app: Flask = Flask(__name__)

# ルートへのアクセスを処理する ──(※2)
@app.route("/")
def index():
    # 最高気温の地図を作成（ただし1時間に1回のみ更新）──(※3)
    if os.path.exists(MAP_HTML):
        # 現在時刻と保存されたファイルを調べてキャッシュを更新
        st = os.stat(MAP_HTML)
        if st.st_mtime + 3600 < time.time():
            plot_temp.save_weather_map(MAP_HTML)
    else:
        plot_temp.save_weather_map(MAP_HTML)
    return render_template("index.html")


if __name__ == "__main__":
    app.run(debug=True)
```

プログラムを確認しましょう。プログラムの(※1)では、地図データのHTMLの保存先を指定します。

(※2)ではルートへのアクセスを処理します。テンプレートの「index.html」を出力します。なお、「index.html」では\<iframe\>を利用して地図ファイルを表示するようにしています。そこで、(※3)の部分で、地図ファイルを1時間に1回更新するという処理を記述します。

次に、テンプレートファイルを確認しましょう。

> HTML ソースリスト │ src/ch4/geo/templates/index.html

```html
<!DOCTYPE html><html><head>
～省略～
</head>
<body class="m-5">
    <section class="hero is-info">
        <div class="hero-body">
            <p class="title is-3">全国の最高気温</p>
        </div>
    </section>
    <div class="card">
        <iframe src="/static/map.html" width="100%" height="600px">
```

```
            </iframe>
        </div>
    </body>
</html>
```

iframe 要素で「/static/map.html」を表示するように指定しているのがポイントです。

最高気温を地図上に表示するプログラムを実行しよう

それでは、プログラムを実行してみましょう。ターミナルで下記のコマンドを実行します。

```
$ python app.py
```

そしてブラウザーでターミナルに表示されたアドレスにアクセスしましょう。すると、地図が表示され全国の最高気温が表示されます。

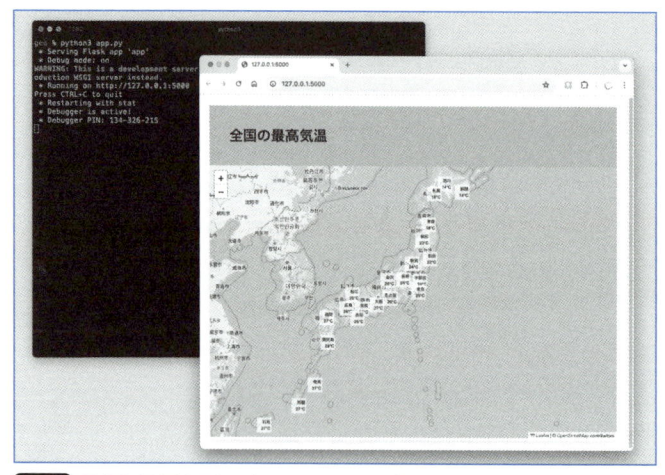

fig36 最高気温を地図上に表示する Web アプリを実行したところ

この節の まとめ

① japanmap や geopandas、Folium などさまざまな地図表示のためのライブラリーが存在する

① Folium を使うと Python からオンライン地図サービスの OpenStreetMap の地図を表示することができる

① Folium を使うと任意の緯度経度に複数のマーカーを配置できる

5

機械学習を使った
Webアプリを作ろう

5章では、機械学習や自然言語処理（NLP）を用いたWeb
アプリの開発方法について紹介します。機械学習の仕組
みを学び、その仕組みを使って簡単なWebアプリを作
成してみましょう。肥満度判定AIやラーメン判定AI、セ
マンティック検索ツールなど楽しく便利な題材で機械学
習のノウハウを身につけます。

機械学習/深層学習を利用した Webアプリを作ろう

機械学習を利用したWebサービスが増えています。機械学習の便利なフレームワークも多くなっています。Webアプリをどのように作成できるでしょうか。機械学習とは何でしょうか、アプリを作る時に機械学習をどう応用できるか確認してみましょう。

ここで 学ぶこと	➡ 機械学習について
	➡ 深層学習について
	➡ 機械学習の流れを確認しよう
	➡ どのように機械学習モデルを運用できるか

● 機械学習とは？

「機械学習（machine learning / ML）」とは、データとして与えた「経験」から学習して、自己改善する能力をコンピューターに与える技術やその研究領域のことです。機械学習は人工知能（AI）の一分野です。

アルゴリズムが「訓練データ（あるいは学習データ）」を用いてパターンを学習し、この学習を通してデータを自動で実行します。例えば、過去のスパムメールのデータから何がスパムかを学び、新しいメールがスパムかどうかを判断するスパムフィルターがこれに該当します。

機械学習でPythonを用いるのは多くの点で有利に働きます。Pythonには科学計算や機械学習で役立つライブラリーが豊富にあるからです。データの前処理、機械学習のアルゴリズム、モデルのトレーニングと評価、そしてデプロイまでの一連のプロセスを効率的に行えます。

次の図は、動物の画像を判定する機械学習モデルについて解説したものです。右の図では、イルカの画像を入力すると、それが「イルカ」であることを出力します。こうした機械学習モデルを作成するためには、右の図にあるように、大量の動物の画像データを学習し、そのデータにあるパターンを学習します。そして学習結果を機械学習モデルとして出力します。

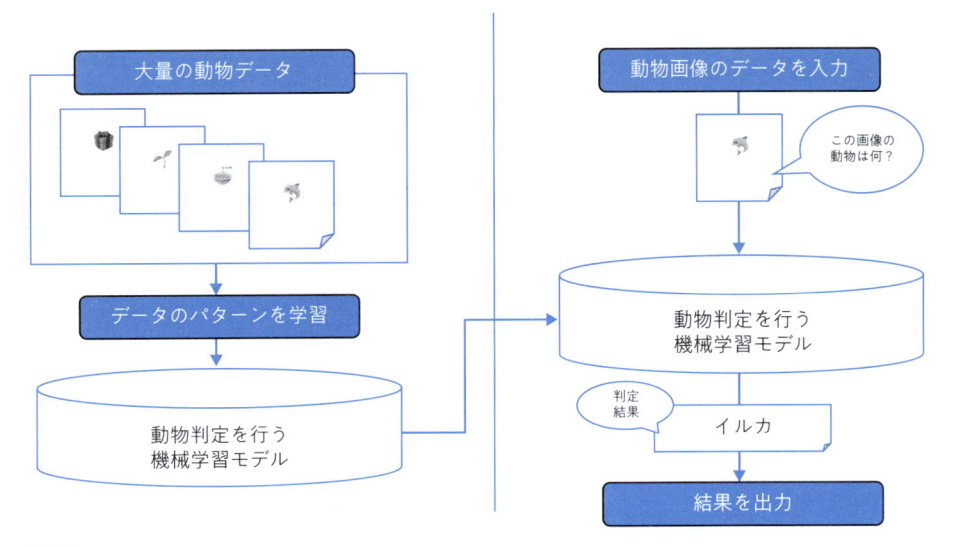

fig01 機械学習とは？動物の画像を判定する機械学習モデルの例

深層学習とは？

　「深層学習（ディープラーニング/deep learning）」とは機械学習の一つです。ニューラルネットワークを重ねて層にしたものを使用してデータからパターンを学習します。ニューラルネットワークは、人間の脳の神経細胞（ニューロン）の働きに触発されて開発された計算モデルです。深層学習は、大量のデータとGPUなどを利用した高性能な計算能力により、高度な性能を発揮します。

　これによって、高次元のデータから複雑な特徴を抽出し、分類、回帰、パターン認識などのタスクを自動で行うことができます。

　次の図は深層学習の構造を示したものです。深層学習は、多層のニューラルネットワークを使用してデータから高度な特徴を自動的に学習します。各層は前の層の出力を入力として受け取り、より抽象的な情報を段階的に抽出します。

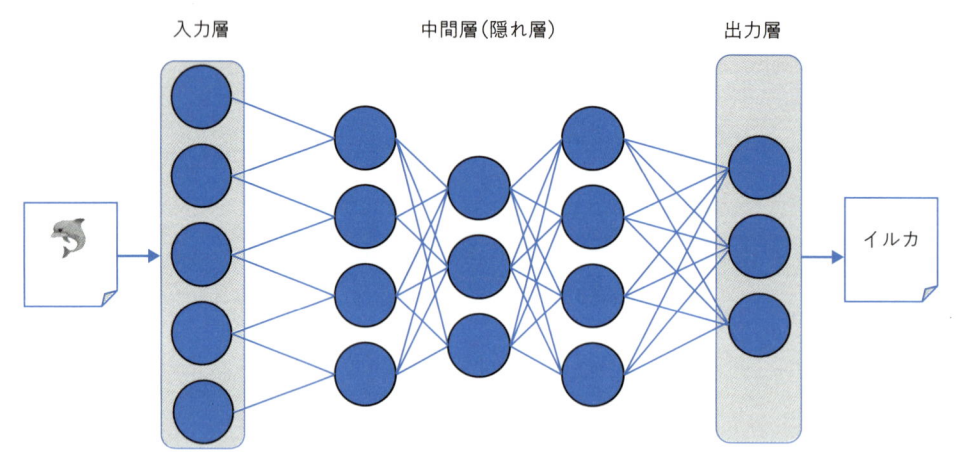

入力層　　　　　　　　　中間層（隠れ層）　　　　　　　出力層

イルカ

fig02 深層学習の構造について

深層学習はどうやってデータを学習するの？

　ニューラルネットワークでパターンを学習するには、「誤差逆伝播法（バックプロパゲーション/Backpropagation）」というアルゴリズムを用います。これは、ネットワークの出力と実際のデータとの間に生じる誤差を計算し、誤差が小さくなるように調整する手法です。

　次の図のように、ネットワークの最後の層から入力層に向かって逆方向に伝播させるため、「誤差逆伝播法」と呼ばれます。

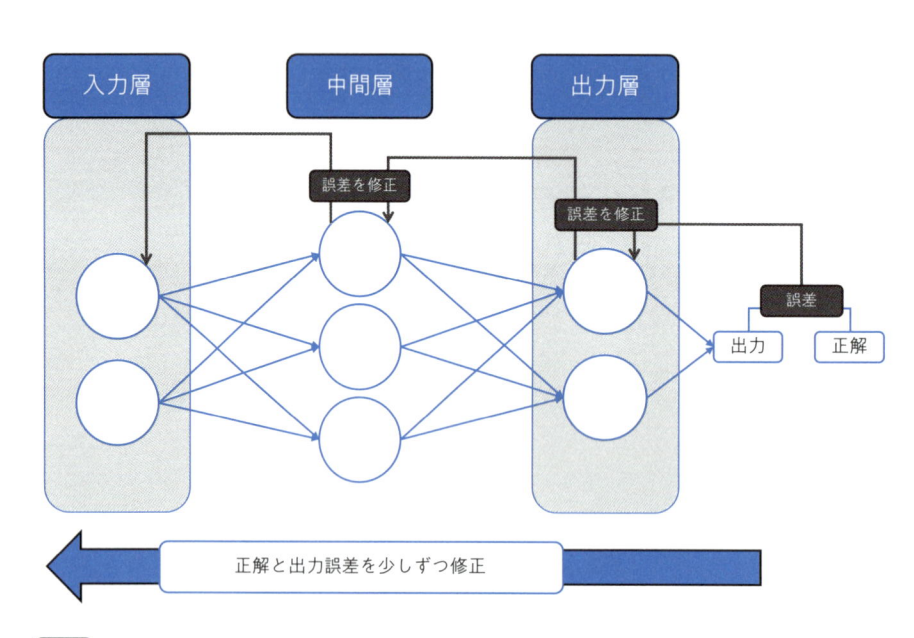

fig03 誤差逆伝播法によって深層学習は正解を学習する

機械学習を用いたWebアプリの例

今では、多くの分野で機械学習を用いたWebアプリが利用されています。以下にいくつかの例を挙げてみましょう。

◯ 機械学習の応用例

レコメンドシステム	ユーザーの嗜好に応じて、次に購入する製品を推薦するシステムです。動画サービスであれば、ユーザーがそれまでに視聴した動画を元にして、ユーザーが次に見そうな動画を推薦します。通販サイトでは購入しそうな商品を推薦し、SNSではユーザーが好きそうなニュース記事や投稿を推薦します
チャットボット・ユーザーサポート	自然言語処理を利用して、ユーザーからの問い合わせに応じた応答を自動で返します。初期のチャットボットの中には、それほど役に立たないものもありましたが、現在ではユーザーの要求に即したボットの作成が可能となっています
ヘルスケア・健康管理アプリ	ユーザーの身体状態を入力することで、病気の可能性を調べたり、健康に役立つ改善点を指摘したりします
画像認識ツール	画像内容を確認して、画像を分類したり、画像内にある情報を読み取ったりします。人間の顔を認識する「顔認識」や、画像に何が映っているのかを認識する「物体認識」など、幅広い応用例があります。また、医療分野でも、MRI・CTスキャンなどの画像を元にして疾患を検出することもできます。他にも、自動運転や農業、店舗管理や監視カメラの分析など、幅広く利用されています
金融サービス	株や為替、投資のトレンドやパターンを分析することで、将来の動向を予測できます。また、顧客の信用リスクの判定や、取引における不正利用のリアルタイム監視にも利用されています

このように、私たちの身近なところでも機械学習が応用されています。

● 機械学習の手順について

機械学習の手順は、まず、データを学習させる「学習（または訓練）」と、学習によって訓練したモデルを利用して未知のデータを分類したり予測したりする「推論」の2つの段階に分けることができます。

1 学習 大量のデータを元にして学習を行って学習モデルを作る
2 推論 学習済みモデルを利用して未知のデータを分類・予測する

機械学習では、次の図のように、大量のデータから作成した学習モデルを利用して、推論を行います。

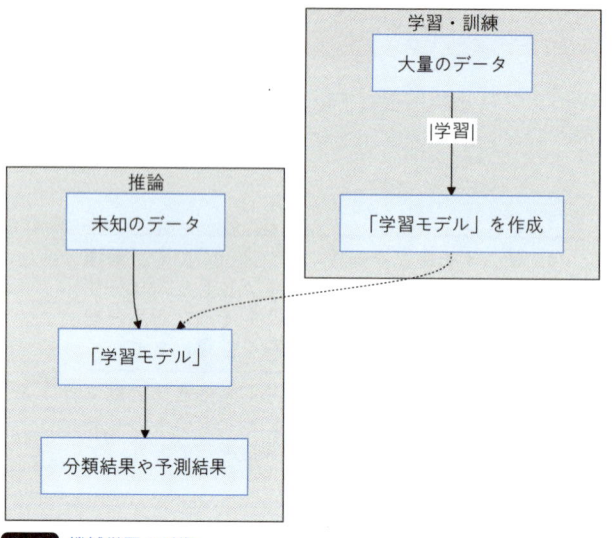

fig04　機械学習の手順

　一般的に、大量のデータを学習するのには、それなりの時間がかかります。データの規模にもよりますが、数十分から数時間かかるのは当然で、大規模なモデルであれば何十日もかかることもあります。しかし、一度学習モデルを作成してしまえば、短時間で推論が可能になります。

機械学習モデルの精度に注目しよう

　機械学習モデルを作成する際のポイントですが、そのモデルを使って、どのくらいの精度が出せるのかに注目する必要があります。学習モデルを作成する場合、次の図のようなフローに沿って作業を行うことになります。

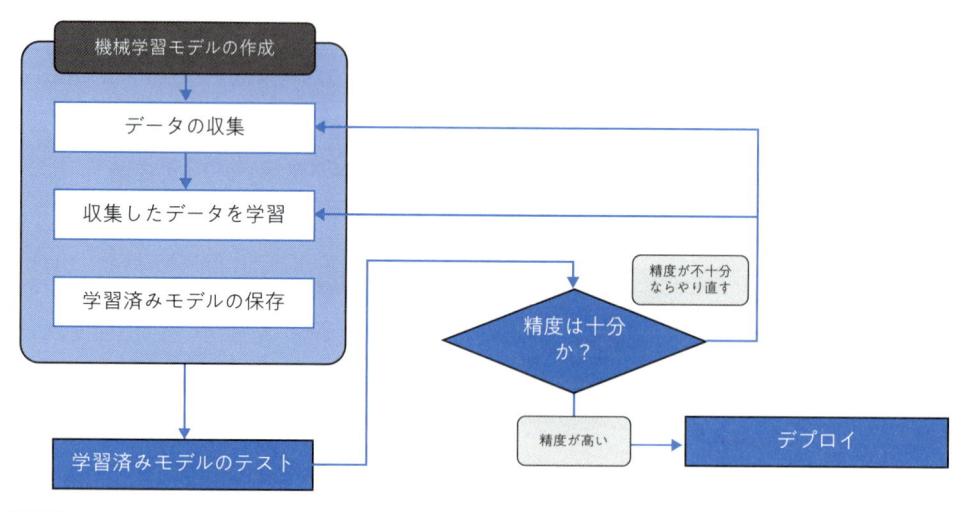

fig05　機械学習モデルの作成におけるフロー

例えば、植物判定のアプリを作るとしましょう。植物の画像を入力すると、その画像にどの植物が映っているかを判定するものです。

そのような学習モデルを作るためには、まず学習用の植物データセットを作成します。大量の植物の画像データと、それが何の植物なのかを表すラベルデータを用意する必要があります。それから植物データセットを機械学習ライブラリーで学習します。その学習結果をモデルに保存します。

そして、保存したモデルを利用して未知のデータ（学習に利用していない植物の画像）を入力してみます。その結果、どの程度、正しく植物を判定できるか精度を確認します。

この時、精度を検証するために、データセット内の全てのデータを学習データとするのではなく、検証用にいくらかのデータを学習させずに取り分けます。そして、学習済みのモデルに対して、未学習のデータを用いてテストを行います。

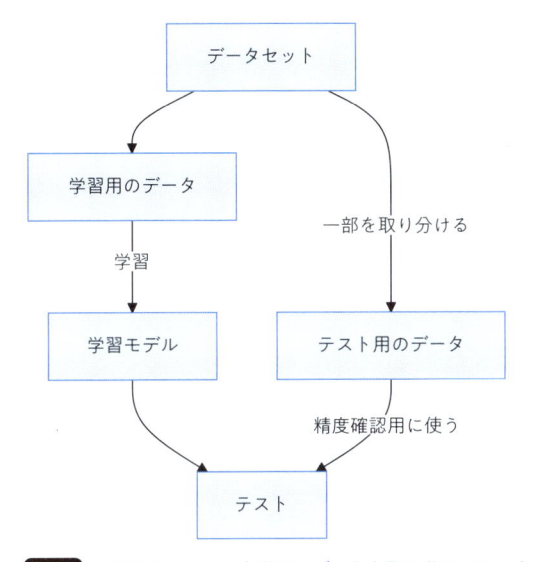

fig06 精度検証のために未学習のデータを取り分けておこう

どのくらいの精度が出れば良いのかは、そのプロジェクトの性質によります。間違いがほとんどないのが理想ですが、よっぽど優秀なデータセットを用意できない限り、100%の精度を出すことはできないでしょう。それで、10回に1回間違える（精度0.90）くらいなら許容されるのか、100回に1〜2回のレベル[0.98]にしないといけないのか、よく考えておきましょう。

そもそも、エンターテインメント性の高いお遊びのアプリである場合は、70%（精度が0.70）でも出れば大丈夫ということもあります。例えば、人間の顔画像を入力して、その人がどの動物に似ているかを判定するお遊びアプリが考えられます。その場合、5割を超えていれば、「なんとなくそれっぽくて面白い」ということになるでしょう。

機械学習を組み込んだWebアプリの作成手順

続いて、機械学習をWebアプリに組み込むことを考えてみましょう。機械学習を使ったアプリを作るには、次のような手順に沿って作業を行います。

(1) プロジェクトで何をどのように自動化するのか決める
(2) データを収集して学習に適した形に整形処理する
(3) 機械学習でデータを学習してモデルを作成する
(4) 作成したモデルを利用して推論を行うAPIを作成する
(5) WebアプリにAPIを組み込む
(6) テストしてデプロイする

基本的には、ここまで学んできたWebアプリ作成の流れと同じではあるのですが、機械学習のモデルを作成して、作成したモデルをWebアプリで利用できるように組み込む処理が必要になります。

機械学習を利用したWebアプリの運用

上記の手順で作成したWebアプリを運用していくと、当初想定していたような結果がでなくなることがあります。アプリを運用していくことで、より多くのデータが収集できることもありますし、気象情報などのように随時データが追加されていくということもあります。

そこで、下記の手順に沿って、定期的に機械学習モデルをアップデートすることになるでしょう。

(1) 更新を行うためのデータの収集
(2) 機械学習モデルの更新
(3) 検証とテスト
(4) デプロイメント（モデルを差し替える）

この機械学習モデルの更新に関してですが、学習対象のデータを更新してゼロから学習することもできますし、既存モデルに対して差分だけの更新する手法もあります。これを「ファインチューニング（Fine-Tuning）」と言います。

機械学習ライブラリーについて

一口に「機械学習」と言っても、今ではさまざまなライブラリーが利用されています。以下に列挙したライブラリーは、Pythonから使える機械学習ライブラリーです。

機械学習フレームワークの一覧

Scikit-learn	機械学習の入門から中級者まで広く使われているライブラリーです。分類、回帰、クラスタリング、次元削減など、多岐にわたるアルゴリズムが含まれています
TensorFlow	Googleが開発したオープンソースのライブラリーで、ディープラーニング（深層学習）を中心にして、高度な機械学習モデルの構築に使用されます。大規模な数値計算にも対応しており柔軟性とスケーラビリティが特徴です
PyTorch	Facebookによって開発されたライブラリーで、特に研究目的で好まれています。動的な計算グラフをサポートしており、ディープラーニングの実験やプロトタイプの開発が容易です
Keras	TensorFlowやPyTorchをより手軽に使うために構築されたライブラリーで、初心者でも使えるように設計されています。深層学習（ディープラーニング）が実践できるKerasと洗練されたAPIが提供されており、使い勝手が良いものとなっています

本書では、最初に手軽に機械学習が実践できるScikit-learnを利用します。後半では、深層学習（ディープラーニング）の作り方を紹介します。後半では、深層学習（ディープラーニング）が実践できるKerasとTensorflowを利用してみます。

🔵 機械学習／深層学習ライブラリーのインストール

それでは、ライブラリーをインストールしましょう。ここでも、venvで仮想環境を使います。ターミナルを起動して次のコマンドを実行してください。ここでは「mlearn」という環境を作成します。

コマンド実行

```
# venvで環境を作る ── Windows/macOS共通
$ python -m venv mlearn
```

ターミナルで実行環境を「mlearn」環境に切り替えます。次のコマンドを実行しましょう。

コマンド実行

```
# venvの環境を開始する ── Windowsの場合
$ .\mlearn\Scripts\activate
# venvの環境を開始する ── macOSの場合
$ source ./mlearn/bin/activate
```

続いてライブラリーをインストールしましょう。機械学習と深層学習のフレームワークであるScikit-learn、TensorFlowとKeras、それから、CSVファイルを加工したりグラフを描画したりするために、Pandas、NumPy、Matplotlibを利用します。

ターミナルを起動し、以下のコマンドを実行してパッケージをインストールしましょう。

```
# Windows/macOS共通
# pipを最新のバージョンに更新
$ python -m pip install --upgrade pip
$ # 機械学習のフレームワークのインストール
$ python -m pip install scikit-learn==1.4.2
# 深層学習フレームワークのインストール
$ python -m pip install tensorflow==2.16.1
$ python -m pip install keras==3.2.1
$ # Pandas/NumPy/Matplotlibのインストール
$ python -m pip install pandas==2.1.1
$ python -m pip install numpy==1.26.3
$ python -m pip install matplotlib==3.8.0
$ python -m pip install matplotlib-fontja==1.0.0
```

　上記の「matplotlib-fontja」に関してですが、デフォルトのMatplotlibは日本語が考慮されておらず文字化けしてしまいます。このパッケージを使う事で日本語の文字化けが修正されます。

　次に、TensorflowとKerasが正しくインストールされたかどうかを確認するために、次のコマンドも実行してみましょう。

```
# TensorFlowのテスト
$ python -c "import tensorflow as tf; print(tf.reduce_sum(tf.random.norm
al([1000, 1000])))"
# Kerasのテスト
$ python -c "import keras; print(keras.__version__)"
```

　正しくインストールが完了している場合、次のように表示されます。

```
# TensorFlowのテスト結果
tf.Tensor(-422.29803, shape=(), dtype=float32)
# Kerasのテスト結果
3.2.1
```

　機械学習/深層学習を実践する際、GPUを搭載したマシンであれば、GPU版を使うことで、CPU版よりも何倍も高速に機械学習を行うことができます。GPUに対応したTensorFlowを使いたい場合には、次のWebサイトを確認すると良いでしょう。

[URL] https://www.tensorflow.org/install/gpu?hl=ja

> **COLUMN**
>
> **機械学習ライブラリーのインストールのトラブルについて**
>
> 機械学習/深層学習を使う上で一番の障害となるのは、機械学習ライブラリーのインストールなのかもしれません。一般的に機械学習ライブラリーは数多くのライブラリーを組み合わせて作られているため、インストールに対するハードルが高いものとなっています。
>
> 上記の手順でエラーが出る場合には、エラーメッセージを検索エンジンで検索したり、ChatGPTなどの大規模言語モデルに入力してエラーの原因を尋ねてみたりすると良いでしょう。この後で紹介する大規模言語モデルのプロンプトも参考にしてください。

深層学習に関して生成AIの活用方法

機械学習のライブラリーのインストールがうまくいかずに悩むことも多いものです。そこで、次のようなプロンプトを作って尋ねてみると問題が解決する可能性があります。

生成AIのプロンプト │ src/ch5/tf_install_trouble.prompt.txt

```
### 指示 :
深層学習のライブラリーTensorFlowをインストールしています。
次のようなエラーが表示されてインストールが失敗します。
どのような手順でインストールしたら良いのか、親切に教えてください。

### エラーの内容 :
'venv' は、コマンドレット、関数、スクリプト ファイル、または操作可能なプログラ
ムの名前として認識されません

### 参考情報 :
- OS: Windows11
- Python バージョン : 3.11
- 仮想環境の `venv` と `pip` を利用してインストール
```

実際に、上記のプロンプトをChatGPTに入力して尋ねてみると、次のように表示されます。

chapter 5 機械学習を使ったWebアプリを作ろう

深層学習を理解するのに役立つ作例を尋ねてみよう

　また、本節では深層学習について詳しい解説を行いました。しかし、まだまだ知識が漠然としているかもしれません。そこで、ChatGPTなどの大規模言語モデルに、深層学習で何ができるのか質問してイメージを膨らませてみると良いでしょう。次のように質問できるでしょう。

生成 AI のプロンプト｜src/ch5/ask_deep_learning.prompt.txt

```
### 指示:
深層学習について理解したいと思います。
深層学習の初心者が理解を深めるために作ると良いアプリをいくつか箇条書きで列挙
してください。
### 出力例:
- アプリのタイトル
  - (a) 深層学習を使うことによって、どんなアプリを作ることができるでしょうか。
  - (b) そのアプリを作るとどんな学びがあるでしょうか。
- 「犬猫判定アプリ」
  - (a) 大量の犬と猫の画像を学習して、犬か猫かを判定する。
  - (b) 実際にアプリを開発するプロセスによって、深層学習の手順を学ぶ
```

次の画面は実際に、ChatGPTに尋ねてみたところです。筆者が実際にこの本で解説しようと思っていた作例を含めて列挙してくれました。本書を参考にして、自分で実際に作ってみると、ぐっと理解が深まるでしょう。

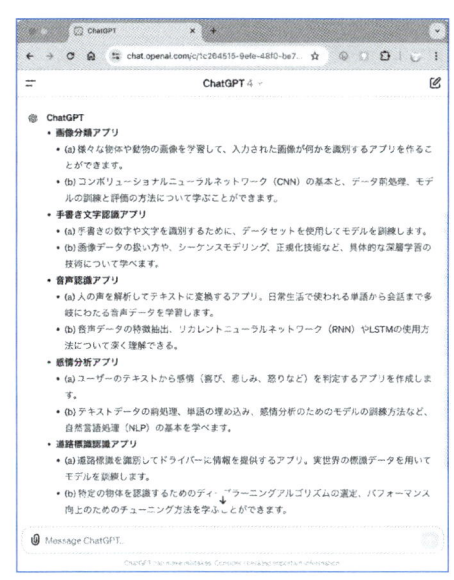

fig08　深層学習を理解するのに役立つアプリの作例は？

この節のまとめ

- ⚠️ 機械学習では、大量のデータを学習して学習モデルを作成する
- ⚠️ 作成したモデルを利用して、分類や予測のタスクである推論を行う
- ⚠️ 有名な機械学習のライブラリーがいくつかあり、本書では、KerasとTensorFlowを利用する
- ⚠️ KerasとTensorFlowのインストール方法について紹介した

機械学習の流れを確認 – 肥満判定AIを作ろう

機械学習を利用したWebアプリを作成してみましょう。本節では身長と体重から肥満度を判定する簡単なアプリを作ってみます。これは機械学習アプリを作成する手順を確認するのにぴったりの題材なので挑戦してみましょう。

ここで 学ぶこと	
➔	機械学習の流れ
➔	Davisデータセット
➔	肥満度判定
➔	BMI
➔	ランダムフォレスト

● Davisデータセットで肥満度判定アプリを作ろう

本節では、機械学習を利用して肥満度判定を行う次のようなWebアプリを作ってみましょう。肥満判定自体は機械学習を使うことなく行えますが、ここでは敢えて機械学習を利用してみます。

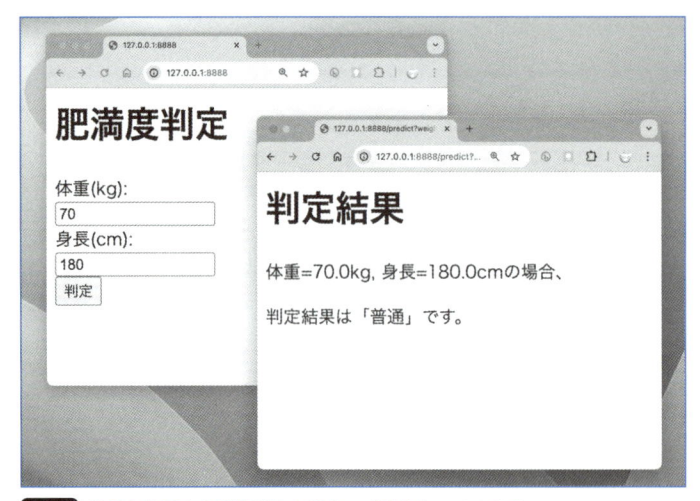

fig09 身長と体重から肥満判定を行うアプリを作ってみよう

肥満度判定モデルの作成に関して

肥満度判定は簡単な計算式を用いて行うこともできます。しかし、本節では機械学習に慣れることを目的にしていますので、最初に、Davisデータセットを利用した「肥満度判定モデル」を作成し、これを用いて判定を行うアプリを作ります。次の手順でアプリを完

成させます。

1 Davisデータセットを加工する
2 肥満度判定モデルを作成する
3 モデルを利用した肥満度判定アプリを作成する

身長・体重データ「Davisデータセット」とは？

Davisデータセットは、身長と体重に関するデータを含む有名なデータセットです。多くの統計学やデータ分析の教材で引用されています。このデータセットは、200人の成人男女の身長と体重のデータをまとめたものであり、統計学の例題やデータサイエンスのプロジェクトでよく利用されます。

次のURLで公開されており、統計解析に使われるR言語のサンプルにも含まれています。

● Rdatasets > doc/carData > Davis.csv について
[URL] https://vincentarelbundock.github.io/Rdatasets/doc/carData/Davis.html

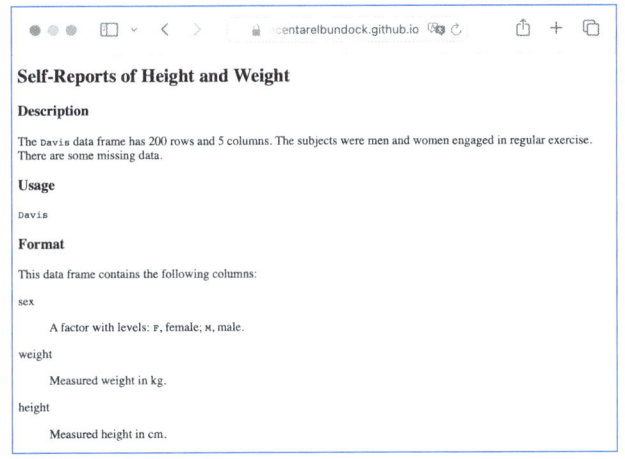

fig10 Davis データセットの説明ページ

Davisデータセットのライセンスは、パブリックドメイン（CC0）となっており、誰でも自由に利用できます。そのため、本書のサンプルプログラムにファイル名「src/ch5/Davis.csv」で同梱しています。表計算ソフトのExcelなどで開いて、どんなデータなのか確認してみましょう。

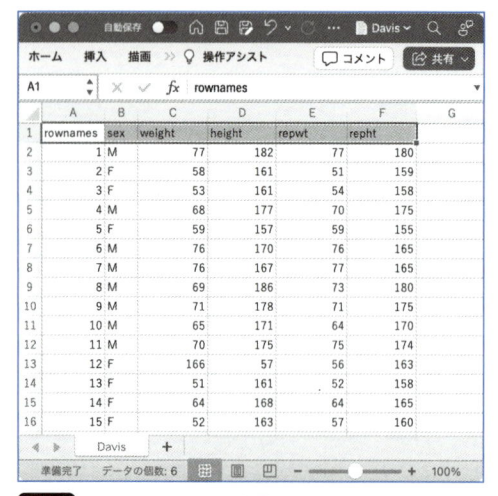

Excel で Davis.csv を開いたところ

CSVデータの一行目は、カラム名となっており、各カラムは次のような意味を持ちます。

◯ Davis データセットのフィールド一覧

rowname	列名
sex	性別（「M」が男性/Male、「F」が女性/Femaleを表す）
weight	体重（単位はkg）
height	身長（単位はcm）
repwt	自己申告の体重（kg）
repht	自己申告の身長（cm）

このように、実際の身長・体重と、自己申告の身長・体重を含んでいるため、その差異について調べても面白いのですが、今回は、このデータセットの中から身長と体重だけを利用します。

データから身長・体重を取り出し肥満度を計算しよう

上記で見た通り、この Davis データセットには、体重（weight）と身長（height）が含まれていますが、肥満度などは含まれません。本節で作るアプリの目的は、肥満度を判定するものなので、「BMI(Body Mass Index)」と呼ばれる指標を用いて肥満度を計算してみましょう。

BMIとは身長と体重の比率を用いて計算され、一般的な健康状態を評価するのに使用されます。次の計算式を用いてBMIを計算できます。

$$BMI = \frac{体重\,(kg)}{身長\,(m)^2}$$

fig12 BMI の計算式

そして、上記のBMIの計算結果に応じて、次のような基準で肥満度を判定できます。

○ BMIと肥満判定の対応表

BMIの値	肥満度の判定
18.5未満	低体重
18.5以上25未満	普通体重
25以上	肥満

これを元にして、肥満度判定を含むCSVファイルを作成してみましょう。

CSVファイルを加工するプログラムを作ろう

次のプログラムは、CSVを読み込んで身長と体重を抜き出し、BMIを計算して肥満度を付与して保存するプログラムです。

Python ソースリスト | src/ch5/davis_calc_bmi.py

```python
import pandas as pd

# 元データ「Davis.csv」を読む ──(※1)
df = pd.read_csv("Davis.csv", index_col=False)
# CSVから体重(weight)と身長(height)だけを取り出す ──(※2)
df = df[["weight", "height"]]
今回は体重が140kgを超えるデータを除外 （コラム参照のこと） ──(※3)
df = df[df["weight"] < 140]
# BMIを計算する ──(※4)
df["bmi"] = df["weight"] / (df["height"] / 100) ** 2
# BMIに基づいてラベルを付ける ──(※5)
df["label"] = pd.cut(
    df["bmi"],  # 計算済みのBMIの値
    bins=[0, 18.5, 25, float("inf")],  # 区分を指定
    labels=["低体重", "普通", "肥満"],  # 区分ごとのラベルを指定
)
# 加工済みファイルを保存 ──(※6)
df.to_csv("davis_bmi.csv", index=False)
```

最初にプログラムを確認してみましょう。

(※1)ではCSVファイルを読み込みます。(※2)ではCSVから体重と身長の列(カラム)を取り出します。また、(※3)では体重が140kgを超える極端なデータを除外しています。この処理については後述します。

(※4)ではBMIの計算式を利用して肥満度を計算して、(※5)でラベル付けを行います。

最後に (※6) では加工済みのデータを CSV ファイルに保存します。

COLUMN

データのクリーニングも大切な作業の一つ

上記のプログラム (※3) では140キロを超えるデータを除外する処理を入れています。データを実際に眺めたりグラフにプロットしてみたりすると気付くのですが、収集したデータが常に正しいことはあり得ません。何かしらの理由で間違っているデータが混入してしまうこともあり得るのです。このデータのクリーニングの作業に時間を掛けると、作成するモデルの精度が良くなります。

例えば、今回除外したデータは、体重166kg、身長57cmとなっていました。1m未満の身長で166kgというのは明らかに間違ったデータです。体重と身長を逆に入力してしまった可能性や、身長の157cmと入力すべきところを、1が抜けて57cmとしてしまった可能性があります。

もちろん、間違ったデータを手作業で修正しても良いのですが、1000件を超えるデータを処理する場合には、データのクリーニングだけで、膨大な時間を費やすことになってしまいます。そこで、異常な値を持つデータがあれば、除外してしまうのが容易です。

プログラムを実行してみましょう。「Davis.csv」を読み込んで、BMIを計算して肥満度ラベルを付けてファイル「davis_bmi.csv」に保存します。

コマンド実行

```
$ python davis_calc_bmi.py
```

プログラムを実行して作成された「davis_bmi.csv」は次のような CSV ファイルです。Excelで開くと次のように表示されます（ただし、日本語を含んだエンコーディングがUTF-8のCSVファイルなので、ダブルクリックで開くことはできません。リボンの「データ」より「データファイル指定 > テキストから」で読み込みます）。

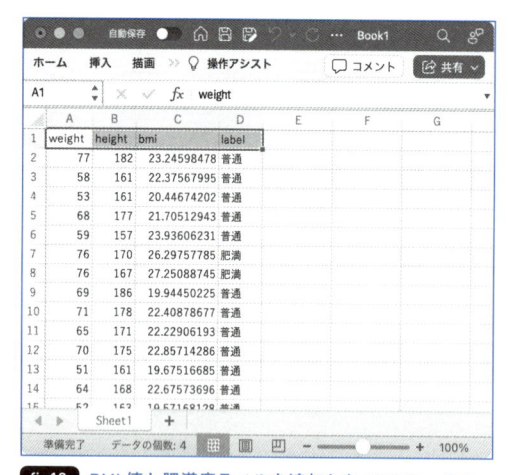

fig13 BMI 値と肥満度ラベルを追加した CSV ファイル

Pandasを使えばCSVの確認も簡単

Pandasを使うと、CSVファイルの内容を確認するのが簡単です。`python`コマンドを引数なしで実行すると対話型実行環境が実行されます。これを利用して、手軽にCSVファイルの内容を確認できます。

コマンド実行

```
>>> # 対話型実行環境でCSVを確認する方法
>>> import pandas as pd
>>> pd.read_csv("davis_bmi.csv")
     weight  height        bmi label
0        77     182  23.245985    普通
1        58     161  22.375680    普通
2        53     161  20.446742    普通
～省略～
195      83     180  25.617284    肥満
196      81     175  26.448980    肥満
～省略～
```

グラフにデータをプロットしてみよう

作成したCSVファイルが正しいものか確認するために、グラフにプロットして内容を確認してみましょう。以下のプログラムは、CSVファイル「davis_bmi.csv」のデータを読み込んで、判定した肥満度ごとに色分けしてプロットします。

Python ソースリスト | src/ch5/davis_graph.py

```python
import pandas as pd
import matplotlib.pyplot as plt
import matplotlib_fontja  # noqa: F401 文字化けを防ぐ

# CSVファイルを読み込む ——(※1)
df = pd.read_csv("davis_bmi.csv")
# ラベルごとにデータを分割する ——(※2)
normal = df[df["label"] == "普通"]
underwt = df[df["label"] == "低体重"]
obese = df[df["label"] == "肥満"]
# グラフを描画する ——(※3)
plt.scatter(underwt["height"], underwt["weight"],
    label="低体重", color="green", marker="v")
```

```
plt.scatter(normal["height"], normal["weight"],
    label="普通", color="blue", marker="o")
plt.scatter(obese["height"], obese["weight"],
    label="肥満", color="red", marker="x")
# 軸ラベルとタイトルを設定する ——(※4)
plt.xlabel("身長")
plt.ylabel("体重")
plt.title("身長と体重の関係")
plt.legend()    # 凡例を表示する
# グラフを表示する ——(※5)
plt.show()
```

　ターミナルで次のコマンドを実行すると、色分けして、低体重（三角の緑色）・普通（丸の青色）・肥満（×の赤色）でグラフを描画します。

コマンド実行
```
$ python davis_graph.py
```

　BMIの計算式を元に肥満度を判定しているため、グラフが綺麗に三層に分かれているのが分かる事でしょう。

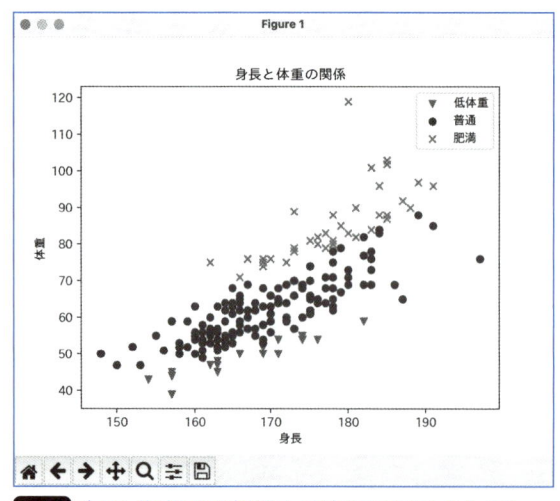

fig14　身長と体重を肥満度判定してグラフに描画したところ

　プログラムを確認してみましょう。（※1）では先ほど作成したCSVファイルを読み込みます。
　（※2）ではラベルごとにデータを分割します。Pandasを使うと、特定のラベルを持つデータだけを取り出すのが簡単です。label列が「普通」であるデータだけを抽出するには「df[df["label"] == "普通"]」のように記述できます。

（※3）ではラベル毎に色やマーカーの形を指定指定して描画を行います。そして、（※4）では軸ラベルやタイトルを指定して凡例を描画するよう指示します。最後に（※5）でグラフを画面に表示します。

● 機械学習で肥満度を判定してみよう

それでは、先ほど作成したCSVファイルと機械学習を利用して肥満度判定ができるか試してみましょう。Scikit-learnのランダムフォレスト（Random Forest）というアルゴリズムを利用して試してみましょう。

なお、このプログラムでは、CSVファイルから読み込んだデータだけを利用して、肥満度を判定しており、プログラムの中で一度もBMIの計算を行っていないという点に注目してください。

`Python ソースリスト` `src/ch5/davis_train_predict.py`

```python
import pandas as pd
from sklearn.ensemble import RandomForestClassifier
from sklearn.model_selection import train_test_split
from sklearn.metrics import accuracy_score

# CSVファイルを読み込む ——(※1)
df = pd.read_csv("davis_bmi.csv")
# 読み込んだデータの一部を表示
print("——元のCSVデータ ---")
print(df[0:3])
# 読み込んだデータを学習用とテスト用に分割 ——(※2)
values = df[["height", "weight"]].values
label = df["label"].values
train_data, test_data, train_label, test_label = train_test_split(
    values, label, test_size=0.1)
print("——学習用データ ---")
print("label=", train_label[0:3], "\ndata=", train_data[0:3])
print("——テスト用データ ---")
print("label=", test_label[0:3], "\ndata=", test_data[0:3])

# 学習用データを用いてデータを学習 ——(※3)
clf = RandomForestClassifier()
clf.fit(train_data, train_label)
print("——学習しました ---")
```

chapter 5

機械学習を使ったWebアプリを作ろう

```
# テストデータを使って予測 ——(※4)
predict = clf.predict(test_data)
# 予測結果の一部を表示
print("正解データ=", test_label[0:3])
print("予測データ=", predict[0:3])

# 正解率を計算する ——(※5)
ac_score = accuracy_score(test_label, predict)
print("正解率=", ac_score)
```

　最初にプログラムを実行してみましょう。ターミナルで次のコマンドを実行します。

```
$ python davis_train_predict.py
```

　すると、次のように表示されます。表示結果の末尾に正解率（精度）が表示されます。実行する度に精度は異なりますが、だいたい0.90(90%)以上の確率で正しい判定結果を返すことができるでしょう。ここから、BMIの計算を行うことなく、機械学習によって肥満度判定ができたことが分かります。

実行結果
```
--- 元のCSVデータ ---
   weight  height         bmi label
0      77     182   23.245985    普通
1      58     161   22.375680    普通
2      53     161   20.446742    普通
--- 学習用データ ---
label= ['普通' '肥満' '普通']
data= [[171  64]
 [179  85]
 [182  82]]
--- テスト用データ ---
label= ['低体重' '普通' '普通']
data= [[174  54]
 [163  52]
 [175  66]]
--- 学習しました ---
正解データ= ['低体重' '普通' '普通']
予測データ= ['低体重' '普通' '普通']
正解率= 0.95
```

プログラムを確認してみましょう。

（※1）ではCSVファイルを読み込みます。その後、正しく読み込みができたか先頭の3件のデータを出力します。

（※2）では 読み込んだデータを学習用とテスト用に分割します。分割後に、どのように分割したのかそれぞれの先頭3件のデータを出力します。なぜデータを分割するのかについては、この後のコラムを参照してください。

（※3）では学習用データを用いてデータを学習します。ここでは、ランダムフォレストというアルゴリズムを実装したRandomForestClassifierクラスを利用します。fitメソッドを使うことで学習します。

（※4）ではテストデータを使って予測します。predictメソッドを使います。引数には、データのリストを与えると、予測結果をリストで返します。そして、正解データと予測結果の最初の3件を画面に出力します。

（※5）では正解率を計算します。Scikit-learnには、正解率を計算するaccuracy_score関数が用意されています。引数には、正解データのリストと予測結果のリストを与えます。この関数は、予測結果が全部正しければ1.0を返し、全部間違っているなら0を返します。つまり、この関数は、リストを一つずつ照合していって、（正解した件数 / テストした件数）を計算する関数です。

● 肥満度判定をWebアプリにしてみよう

それでは、このプログラムをモジュールとして利用して、Webアプリにしてみましょう。先ほど作成したプログラム「davis_train_predict.py」をモジュールとして利用します。

```python
from flask import Flask
from flask import request
import davis_train_predict as davis_bmi

# Flaskのインスタンスを作成
app = Flask(__name__)

# ルートへアクセスがあった時の処理 ——(※1)
@app.route('/')
def root():
    return """
    <html><body>
    <h1>肥満度判定</h1>
    <form action="/predict" method="get">
        <label for0="weight">体重(kg):</label><br>
        <input type="text" id="weight" name="weight" placeholder="体重(kg)"><br>
        <label for="height">身長(cm):</label><br>
        <input type="text" id="height" name="height" placeholder="身長(cm)"><br>
        <input type="submit" value="判定">
    </form>
    </body></html>
    """

@app.route('/predict')
def predict():
    # 体重と身長のパラメーターを取得 ——(※2)
    weight = float(request.args.get("weight"))
    height = float(request.args.get("height"))
    # 機械学習で判定 ——(※3)
    predict = davis_bmi.clf.predict([[height, weight]])[0]
    return """
    <html><body>
    <h1>判定結果</h1>
    <p>体重={}kg, 身長={}cmの場合、</p>
    <p>判定結果は「{}」です。</p>
    </body></html>
    """.format(weight, height, predict)

if __name__ == '__main__':
    app.run(debug=True, port=8888)
```

プログラムを実行するには、ターミナルを起動して下記のコマンドを実行しましょう。

コマンド実行

```
$ python davis_flask.py
```

すると、Flaskがポート8888で起動します。ブラウザーを起動して、「http://localhost:8888」にアクセスしましょう。

fig15 身長と体重を入力すると機械学習によって肥満判定が行われる

プログラムを確認しましょう。(※1) ではユーザーがルートへアクセスした時の処理を記述します。ここでは、体重と身長の入力フォームのHTMLを返します。

(※2) では、ユーザーが送信したフォームの内容を取得します。(※3) では機械学習で肥満判定を行います。そして、結果を出力します。

● 生成AIの活用方法 - 機械学習の精度を向上させよう

残念ながら本節で作成した肥満度判定も完全ではありません。筆者がいろいろ試したところ、「低体重」の判定がうまくできないことがあります。そこで、この理由を大規模言語モデルに尋ねてみましょう。次のようなプロンプトを作成しました。

生成AIのプロンプト src/ch5/ml_kaizen.prompt.txt

機械学習で肥満度判定のプログラムを作りました。
肥満・普通・低体重に分類するのですが、低体重のデータがうまく判定できません。
どうしたら、低体重の判定ができるようになるのでしょうか？

ChatGPTに尋ねてみると、次の画面のように回答がありました。

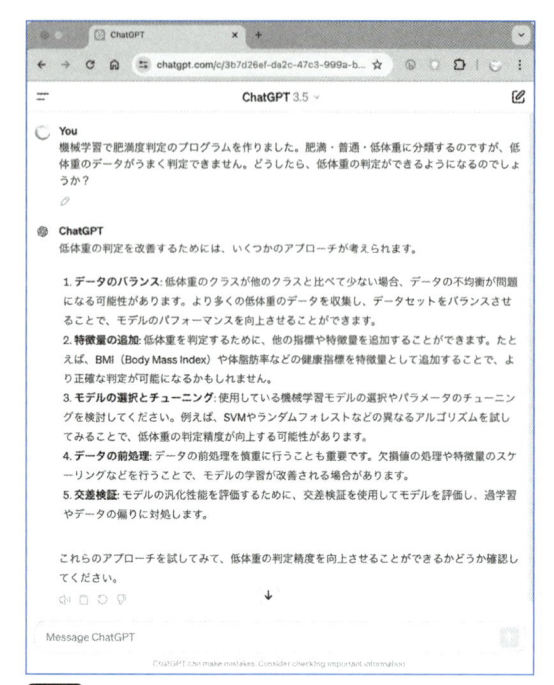

低体重の判定ができない理由を尋ねてみた

　これによると、『低体重のクラスが他のクラスと比べて少ない場合、データの不均衡が問題になる可能性があります。より多くの低体重のデータを収集し、データセットをバランスさせることで、モデルのパフォーマンスを向上させることができます。』との回答がえられました。

　確かに、先ほど作成したグラフ描画のプログラム「davis_graph.py」の実行結果を改めて確認してみましょう。この点を指摘された上で、低体重のデータを確認すると、明らかに不足しています。これで、低体重の判定ができない理由が分かりました。

　機械学習を用いてより完全な肥満度判定を行うには、もっと多くの体重と身長のデータが必要のようです。それを、Davis.csvに追記して学習用のデータの作り直しをすると良いでしょう。あるいは、体重と身長のデータに適当な乱数を加算して、類似データを追加するという手法も役立つかもしれません。というのも、画像データの不足を補うために、画像を回転させたり、引き延ばしたり、ずらしたりするという手法はよく利用されるものです。より精度の高いモデルを作成するために、いろいろと工夫してみてください。

> - 本節では機械学習の手順を確認した
> - 身長と体重を含む Davis データセットを加工して肥満度判定用のデータセットを作成した
> - 機械学習では学習対象のデータのクリーニングが大切なことが分かった
> - 不正なデータがないかを確かめるためにグラフに描画してみると効果的
> - 機械学習で肥満度を判定する Web アプリを作ってみた

この節のまとめ

オープンデータを活用しよう

世の中には、有償・無償で公開されている多くのデータが存在しています。それらを使う事で有益な Web アプリを作成できることがあります。特に注目されているのが、「オープンデータ（open data）」と呼ばれているデータセットです。

オープンデータとは、誰でも自由に利用、再配布、再利用が可能なデータのことを指します。郵便番号や気象情報など、政府や研究機関、企業などが公開するデータがこれに当たります。透明性の向上、革新的なアプリケーションの開発、研究や教育のためのリソースとして利用されることが期待されています。本書でもいろいろなオープンデータを利用したアプリを開発します。

代表的なオープンデータには次のようなものがあります。いろいろな Web サービスを開発する際にも役立つことでしょう。

政府統計データ

多くの国の政府は、人口統計、経済指標、健康、教育などに関するデータを公開しています。日本の e-Stat（政府統計の総合窓口）、アメリカ合衆国のデータポータル USA.gov などが有名です。

- ●e-Stat（日本政府統計の総合窓口）
  [URL] https://www.e-stat.go.jp/
- ●日本政府のオープンデータポータルサイト
  [URL] https://data.e-gov.go.jp/
- ●https://catalog.data.gov/dataset
  [URL] https://www.census.gov/
- ●アメリカの政府統計データ
  [URL] https://www.census.gov/

- ●アメリカ政府が提供するオープンデータカタログ
  [URL] https://catalog.data.gov/dataset

COLUMN

chapter 5

機械学習を使った Web アプリを作ろう

地理空間データ

国土地理院では、地図データや標高モデルなどのデータをダウンロードできます。地理的な情報を含むデータは、都市計画、環境保護、交通流動の分析などに利用されています。

●国土地理院
　[URL] https://www.gsi.go.jp/top.html

気象情報・環境データ

気象庁では、天気予報の情報だけでなく、防災情報、災害情報、過去の気象情報や大気汚染データなどを提供しています。

●気象庁
　[URL] https://www.jma.go.jp/jma/index.html
●環境展望台 > 大気汚染常時監視データ
　[URL] https://tenbou.nies.go.jp/download/

深層学習でラーメン判定AIを作ってみよう

深層学習を利用したWebアプリを作ってみましょう。ここでは、日本でも世界でも人気のラーメンを判定するAIを作成してみましょう。深層学習を使って楽しいWebアプリを作る方法を確認してみましょう。

> **ここで学ぶこと**
> - ➔ 公開データセットの活用方法
> - ➔ Keras
> - ➔ TensorFlow
> - ➔ 画像データセットの扱い
> - ➔ 深層学習モデルの作成 / 深層学習モデルのWebアプリへの組み込み

● ラーメン判定AIを作成しよう

　本節では画像ファイルをアップロードすると、それが何味のラーメンなのかを判定するラーメン判定アプリを作ります。実用度はそれほど高くないのですが、ラーメン画像を選択すると「担々麺」とか「塩ラーメン」とか判定します。

fig17 ラーメンを判定するために画像を選んで「画像判定」ボタンを押そう

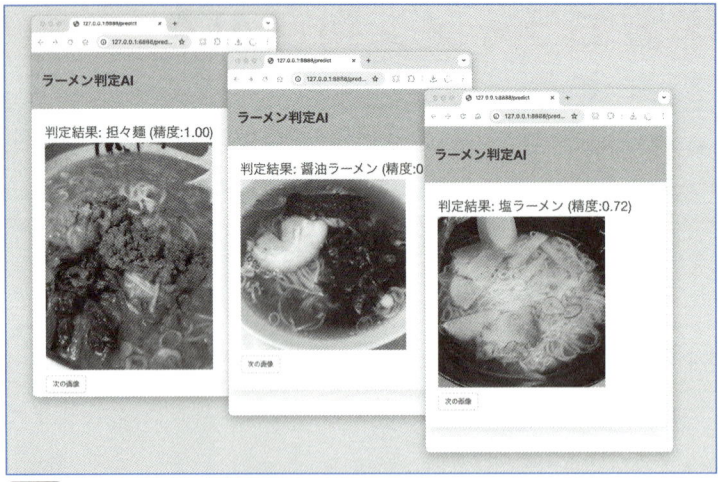

ラーメン判定アプリの作成手順

　深層学習でラーメン判定を行うアプリを作る場合、次のような手順を踏んで作成することになります。本節でも次の手順で紹介していますので、まずは作業を概観しておきましょう。

- （1）　ラーメン画像をダウンロード
- （2）　大量のラーメン画像を入力してモデルを訓練
- （3）　Webのインターフェイスを作成してモデルを判定する

● ラーメン画像をダウンロードしよう

　画像データを入力して、深層学習モデルを作成しましょう。ここでは、大量のラーメン画像をダウンロードしてきて、ラベル付けを行います。今回は、画像共有サービスのFlickrからラーメンをダウンロードして、手作業でラーメンを分類します。

　画像共有サービスのFlickrではユーザーが自分のアップロードした画像に著作権を指定できるようになっています。そこで、ラーメン判定AIアプリを販売することも視野に入れて、営利利用可能なライセンスのものだけを選んでダウンロードしてみましょう。

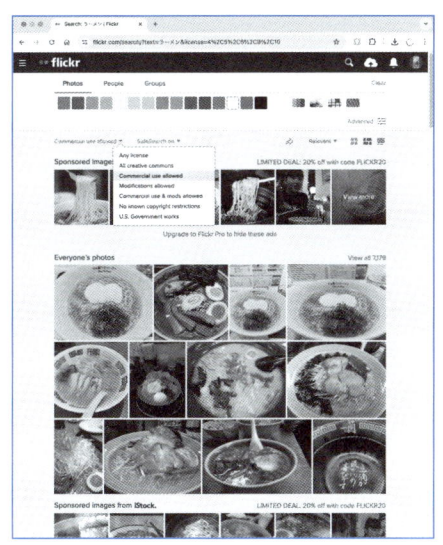

fig19 Flickr でラーメン画像を検索したところ

●画像共有サービス Flickr

[URL] https://www.flickr.com/

　画像をダウンロードしたら、手作業でコツコツラーメン画像を種類ごとに分類します。たぶん、この自分で画像を分類する作業が一番辛い作業です。正しく分類することで、完成するモデルの分類精度が変わってくるので頑張りましょう。

　今回はラーメン画像を次の種類に分類することにしました。

〇 ラーメンの種類と分類ラベル

ラーメンの種類	ラベル名
塩ラーメン	salt
醤油ラーメン	soy_sauce
担々麺	spicy
味噌ラーメン	miso
冷やし中華	chilled

　上記のラベル名のディレクトリを作成し、コツコツ画像を分類します。

　筆者が苦労して作業したここまでの作業を、オープンソースのデータセットとして以下のURLで公開しています。もし、自分で画像を分類する時間が無いという読者の皆さんは、次のURLからラーメン画像データセットをダウンロードして使ってください。

●ラーメン画像のデータセット

[URL] https://github.com/kujirahand/ramen_db/releases

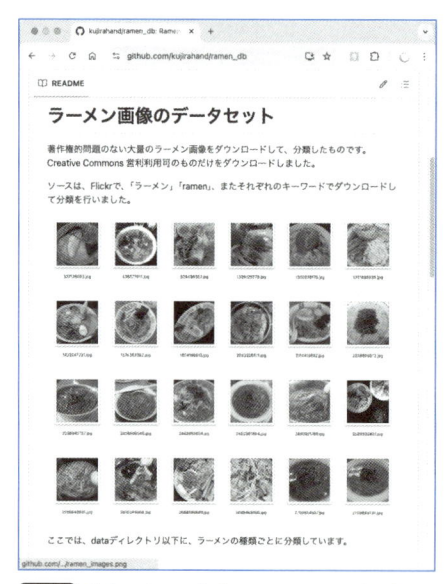

fig21 本書のために作成したラーメン画像データセット

ラーメン画像のデータセット「UEC-Ramen555」について

実は筆者が本書のために公開したラーメンデータセット以外にも、電気通信大学の柳井研究室がラーメンデータベースの「UEC-Ramen555」を公開しています。このデータセットでは、555枚のラーメン画像を収録しています。こちらは、非商用利用のみ可能のデータセットですが、塩ラーメン・味噌ラーメン・担々麺などのスープの味付に加えて、卵・肉・メンマ・ナルト・箸など写真に写り込んでいる具材や物体を識別するアノテーションが付与されています。

● EC-Ramen555
   [URL] https://mm.cs.uec.ac.jp/UEC-Ramen555/index_jp.html

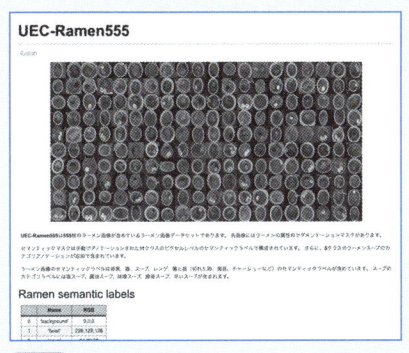

fig22　ラーメン画像を公開している「UEC-Ramen555」の Web サイト

● ラーメン判定モデルを作成しよう

　画像がダウンロードできたら、深層学習ライブラリーのTensorFlowとKerasを利用して、ラーメン判定モデルを作成しましょう。

KerasとTensorFlowについて

　Keras と TensorFlow は、いずれも深層学習に使用される人気のフレームワークです。TensorFlowはGoogleが開発したオープンソースのライブラリーです。高度なカスタマイズ性が特徴です。そして、Kerasは高レベルAPIとして設計されており、使いやすさを重視しています。さまざまな深層学習のモデルを手軽に構築できるように工夫されています。

　なぜ、KerasとTensorFlowの両者を使うのでしょうか。それは、Kerasを動作させるためには、何かしらの深層学習のフレームワークを必要とするからです。そもそも、KerasはバックエンドとしてTensorfFowやPyTorchなど異なる深層学習フレームワークを指定できるよう設計されています。つまり、今回Kerasのバックエンドとして、TensorFlowを利用するのです。

ラーメン判定AIアプリのプロジェクトの構成

　データセットをdataディレクトリに以下のような構造で配置しましょう。dataディレクトリ直下のディレクトリに大量のラーメン画像を配置します。そして、それらの画像を学習して「data/ramen.keras」というモデルを作成することを目的とします。

プロジェクトの構成

```
.
├── ramen_make_model.py --- ラーメン判定モデルを作成するプログラム
├── ramen_flask.py --- ラーメン判定AIのWebアプリ
├── data   --- ラーメン画像のデータセットを配置
│   ├── salt
│   │   └── 1234xxxx.jpg --- 塩ラーメンの画像
│   ├── soy_sauce
│   │   └── 1234xxxx.jpg --- 醤油ラーメンの画像
│   ├── spicy
│   │   └── 1234xxxx.jpg --- 担々麺の画像
│   ├── miso
│   │   └── 1234xxxx.jpg --- 味噌ラーメンの画像
│   ├── chilled
│   │   └── 1234xxxx.jpg --- 冷やし中華の画像
│   ├── ramen.keras ---- 作成されるラーメン判定モデル
```

　それではラーメン判定モデルを作成するプログラムを確認してみましょう。

Python ソースリスト　src/ch5/ramen_make_model.py

```python
import os
from PIL import Image
from keras.models import Sequential
from keras.layers import Conv2D, MaxPooling2D, Flatten, Dense, Dropout
from keras.utils import to_categorical
from sklearn.model_selection import train_test_split
import numpy as np
# ラーメンの種類を定義 ——(※1)
labels = ["salt", "soy_sauce", "spicy", "miso", "chilled"]
base_dir = "./data"
# 画像のサイズを指定 ——(※2)
img_w, img_h = 32, 32
# 画像データを読み込んでリストに格納 ——(※3)
images = []
```

```python
labels_num = []
for no, label in enumerate(labels):
    label_dir = os.path.join(base_dir, label)
    for filename in os.listdir(label_dir):
        if not filename.endswith(".jpg"):
            continue
        img_path = os.path.join(label_dir, filename)
        print("load_image=", img_path)
        # 回転画像を追加 ——(※4)
        img = Image.open(img_path)
        img = img.resize((img_w, img_h))
        for angle in range(0, 360, 45): # 45度ずつ回転
            img_rot = img.rotate(angle)
            img_rot = img_rot.resize((img_w, img_h))
            images.append(np.array(img_rot) / 255.0)
            labels_num.append(labels.index(label))
            # 反転画像を追加 ——(※5)
            img_flip = img_rot.transpose(Image.FLIP_LEFT_RIGHT)
            images.append(np.array(img_flip) / 255.0)
            labels_num.append(labels.index(label))
# 入出力のデータをNumPy配列に変換 ——(※6)
X = np.array(images)
y = to_categorical(np.array(labels_num))
print("X.shape=", X.shape)
# テスト用と訓練用にデータを分割 ——(※7)
X_train, X_test, y_train, y_test = train_test_split(X, y, test_size=0.1)
# モデルの定義 ——(※8)
model = Sequential([
    Conv2D(32, (3, 3), activation='relu', input_shape=(img_w, img_h, 3)),
    MaxPooling2D(2, 2),
    Conv2D(64, (3, 3), activation='relu'),
    MaxPooling2D(2, 2),
    Conv2D(128, (3, 3), activation='relu'),
    MaxPooling2D(2, 2),
    Flatten(),
    Dense(512, activation='relu'),
    Dropout(0.5),
    Dense(len(labels), activation='softmax')
])
# モデルのコンパイル ——(※9)
```

```
model.compile(
    loss='categorical_crossentropy',
    optimizer='adam',
    metrics=['accuracy'])
# モデルの訓練 ——(※10)
model.fit(
    X_train, y_train, epochs=27, batch_size=128, # 27 = 0.8
    validation_split=0.2)
# モデルの精度を確認 ——(※11)
score = model.evaluate(X_test, y_test)
print("正解率=", score[1])
# モデルの保存 ——(※12)
model.save('data/ramen.keras')
```

　プログラムを実行するには以下のコマンドを実行します。プログラムを実行すると /data/ramen.keras というモデルを作成します。

コマンド実行
```
$ python ramen_make_model.py
```

　コマンドを実行すると次のように大量のラーメン画像を学習し、モデルファイルを作成します。なお、学習用とテスト用の画像をランダムにシャッフルして画像を学習するので毎回学習精度は異なりますが、認識精度は、0.7から0.8前後になります。

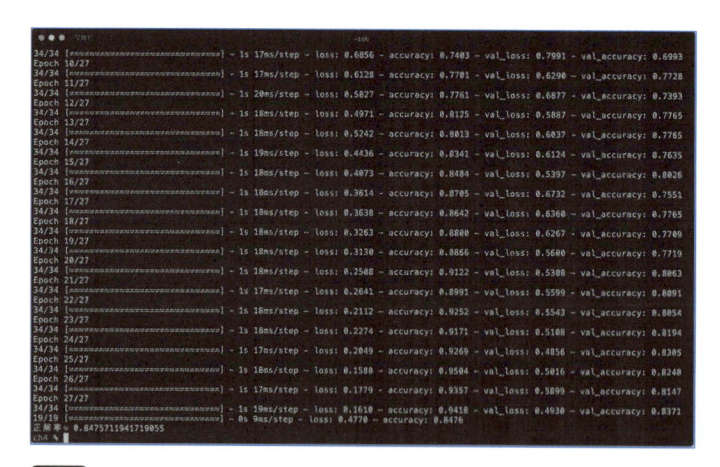

fig23　ラーメン画像の学習をしてモデルを生成しているところ

プログラムを確認してみましょう。プログラム (※1) ではラーメンの種類を定義します。これはdataディレクトリ以下にあるディレクトリ名を指定したリストです。

　(※2) では学習する画像サイズを指定します。ここでは、32x32ピクセルにリサイズして学習します。元々の画像は150x150ピクセルなのですが、それよりも、さらに小さくリサイズします。試してみると分かりますが、32x32以上のサイズにしても、例えば、64x64にしても判定精度が向上するわけではありません。どのラーメンか分かる最小のサイズを指定することで効率的なモデルが生成できるのです。

　(※3) ではdataディレクトリ以下のラーメンを次々と読み込んで入力データimagesと入力ラベルのlabels_numに追加します。判定精度を向上させるために、画像の水増しを行います。(※4) では画像を15度ずつ回転させた上に (※5) で左右反転を行います。これにより、もともと429枚の画像を6816枚に増やすことができます。

　(※6) ではここまでで作成した入出力データを、NumPy配列に変換します。

　(※7) では、判定精度を確かめるために、train_test_split関数を利用して、学習用とテスト用に分割します。

　(※8) ではモデルの定義を行います。ここでは、畳み込みニューラルネットワーク (Convolutional Neural Network / CNN) というアルゴリズムを利用したモデルを定義しています。ここで指定している関数は、それぞれ次のような働きを行います。

○ CNNモデル定義で使う関数の一覧

関数名	意味	解説
Conv2D	畳み込み層	画像の局所的な特徴を抽出
MaxPooling2D	プーリング層	特徴マップを縮小し、計算量を減らし、過学習を防ぐ
Flatten		全結合層への入力として、特徴マップを一次元ベクトルに変換
Dense	全結合層	最終的な分類を行う
Dropout		ニューロンをランダムに無効化することで、過学習を防ぎ、モデルの汎化性能を向上させる

　このように、Kerasを利用すると、上記の関数を順番に指定することで、手軽にCNNを定義できるのが良いところです。

　なお、定義したモデルはコンパイルする必要があるので (※9) でコンパイルを行い、実際に (※10) で画像データを学習してモデルを訓練します。

　(※11) ではテスト用のデータを与えて、モデルの精度を調べます。この精度が低い場合、画像データに問題があるか、(※8) で定義したモデルがデータに相応しくないかのどちらかです。また、(※10) で行う学習のepochs引数の値は学習に大きく影響します。

　最後に (※12) では訓練したモデルをファイルに保存します。

　次にFlaskでWebサーバーを作成してみましょう。なお、判定モデルを作成するのには、少し時間がかかりますが画像を1枚判定するだけなら、それほど時間はかかりません。そこで、ユーザーが画像をサーバーにアップした時点で、画像を32x32ピクセルにリサイズして、画像を予測して結果を画面に表示するようにします。

　以下のプログラムが、ラーメン画像判定AIのWebアプリのプログラムです。

Python ソースリスト │ src/ch5/ramen_flask.py

```python
import os
from flask import Flask, request, redirect, url_for, send_from_directory
import numpy as np
from keras import models
from PIL import Image
# 設定 ――(※1)
UPLOAD_FOLDER = './data/uploads'
RAMEN_MODEL_FILE = './data/ramen.keras'
LABELS = ["塩ラーメン", "醤油ラーメン", "担々麺", "味噌ラーメン", "冷やし中華"]
〜省略〜
# Flaskのインスタンスを作成 ――(※2)
app = Flask(__name__)
app.config['UPLOAD_FOLDER'] = UPLOAD_FOLDER
os.makedirs(UPLOAD_FOLDER, exist_ok=True)
# モデルを読み込む ――(※3)
model = models.load_model(RAMEN_MODEL_FILE)
# ルートへアクセスがあった時の処理 ――(※4)
@app.route('/')
def root():
    return f"""{HTML_HEADER}
    <div class="box file">
        <form method="post" action="/predict"
            enctype="multipart/form-data">
            <input type="file" name="file" class="file-label" /><br>
            <input type="submit" value="画像判定"
                class="button is-primary" />
        </form></div>
    </body></html>
    """
# ファイルをアップロードした時 ――(※5)
```

```python
@app.route('/predict', methods=['POST'])
def upload_file():
    if 'file' not in request.files:
        return redirect(request.url)
    file = request.files['file']
    if not (file and file.filename.endswith(('.jpg', '.jpeg'))):
        return f"""{HTML_HEADER}
        <h1>アップロードできるのは画像のみです</h1></body></html>"""
    # 画像をディレクトリに保存 ——(※6)
    filename = file.filename
    file_path = os.path.join(app.config['UPLOAD_FOLDER'], filename)
    file.save(file_path)
    # 画像を読み込む ——(※7)
    try:
        img = Image.open(file_path)
        img = img.resize((32, 32))
        X = np.array([np.array(img) / 255.0])
    except Exception as e:
        return f"""{HTML_HEADER}
        <h1>画像を読み込めませんでした</h1></body></html>"""
    # 予測を行う ——(※8)
    predictions = model.predict([X])
    # 最も高い確率を持つクラスのインデックスを取得 ——(※9)
    index = np.argmax(predictions, axis=-1)[0]
    print("index=", index, "predictions=", predictions)
    # 結果を表示 ——(※10)
    return f"""{HTML_HEADER}
    <div class="card" style="font-size:2em; padding:1em;">
        判定結果: {LABELS[index]} （精度:{predictions[0][index]:.2f})<br>
        <img src="upload/{filename}" width="400"><br>
        <a href="/" class="button">次の画像</a>
    </div></body></html>
    """
# アップロードされたファイルを返す ——(※11)
@app.route('/upload/<filename>')
def uploaded_file(filename):
    return send_from_directory(app.config['UPLOAD_FOLDER'], filename)

if __name__ == '__main__':
    app.run(debug=True, port=8888)
```

プログラムを実行するには、次のコマンドを実行します。

```
$ python ramen_flask.py
```

　Webサーバーが起動するので、ブラウザーで「http://127.0.0.1:8888」にアクセスしましょう。すると、ラーメン判定AIのアプリがブラウザー画面に表示されます。適当なラーメン画像を選択して「画像判定」ボタンを押してみましょう。判定結果が表示されます。

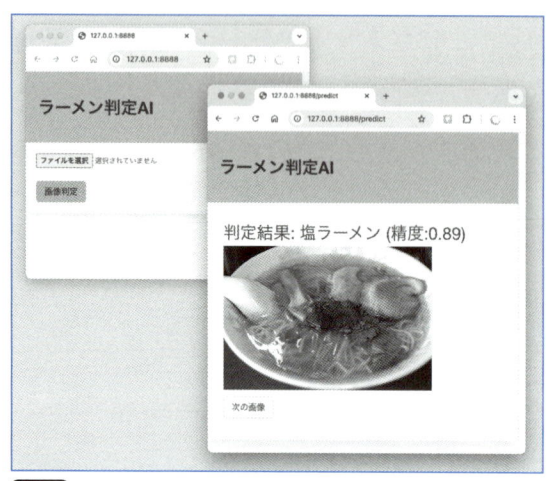

fig24 ラーメン判定 AI アプリを試してみよう

　それでは、プログラムを確認してみましょう。

　(※1)ではアップロードしたファイルを保存するディレクトリを指定したり、先ほど作成したラーメン判定モデルのファイルパスを指定したりします。

　(※2)ではFlaskのオブジェクトを作成します。

　(※3)ではラーメン判定モデルを読み込みます。ここでは、モデル構成など細かいことを指定する必要はありません。保存したモデルファイルに構成が保存されているので、load_model関数を呼び出すことで、ラーメン判定が可能となります。

　(※4)ファイル送信フォームを表示します。そして、ファイルがアップロードされた時の処理を(※5)以降で記述します。

　(※6)ではアップロードした画像ファイルを、一度(※1)で指定しているアップロードディレクトリに保存します。そして、(※7)で改めて画像ファイルを読み込み、32x32ピクセルにリサイズします。

　(※8)ではモデルのpredictメソッドを利用して予測を行います。(※9)では予測結果を取り出します。そして、(※10)で予測結果を表示します。

　(※11)ではアップロードディレクトリに保存したファイルを読み込んで出力します。

この節の
まとめ

(!) Kerasを使うことで、分かりやすく深層学習モデルの構築が可能

(!) 畳み込みニューラルネットワーク（CNN）を利用してラーメン画像を学習した

(!) 学習対象の画像データを、小さくリサイズすることで効率的な学習が可能となった

(!) 画像データを回転させたり反転させたりすることで、画像データを水増しして判定精度を高めることができる

Embedding を利用したセマンティック検索ツールを作ろう

chapter 5

04

Embeddingという技術を利用して、単なる文字列検索でファイルを検索するのではなく、意味を理解して検索するセマンティック検索を実現するプログラムを作ってみましょう。

ここで 学ぶこと	⊙ Embeddingについて
	⊙ テキスト類似度の検索
	⊙ セマンティック検索

● セマンティック検索ツールを作ってみよう

　本節ではEmbeddingを利用した簡単なファイル検索ツールを作成します。このプログラム開発を通して、文章を数値ベクトルに変換して類似度を調べる方法を学びましょう。

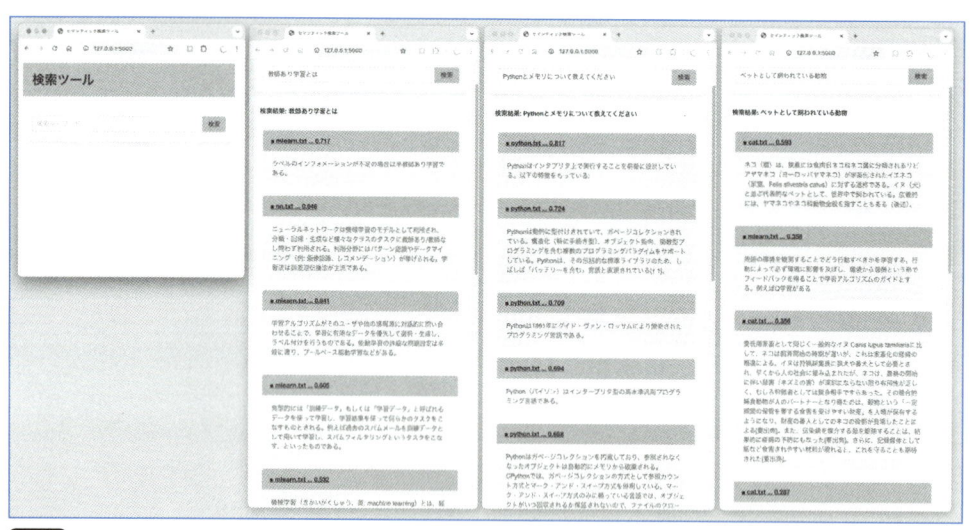

fig25 セマンティック検索ができるツールを作ろう

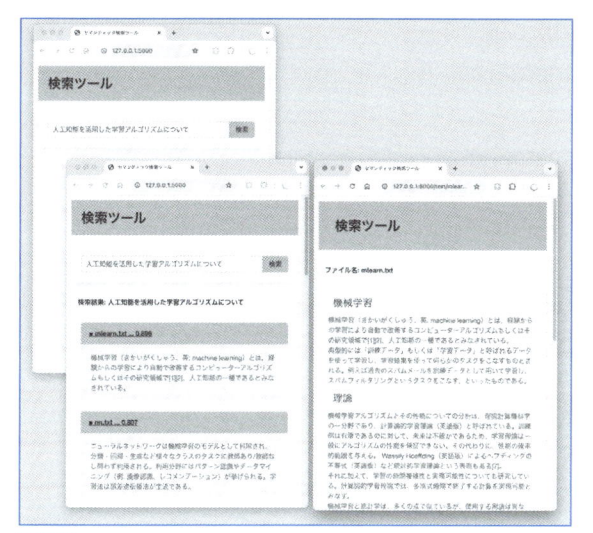

● セマンティック検索とは？

　「セマンティック検索（Semantic Search）」とは、検索クエリーの「意味」を理解して情報を検索する手法のことです。従来のキーワードベースの検索とは異なり、ユーザーの意図や文脈を考慮してコンテンツを検索します。

　この技術は、単語の表面上の一致だけでなく、関連性のある概念や文脈の類似性を評価します。例えば、「喫茶店の近くにあるレストラン」を検索すると、「カフェの近くの飲食店」を含む結果を返すことができます。

　これを可能にするのが自然言語処理であり、Embeddingの技術です。Embeddingは単語や文書を数値ベクトルに変換し、これらのベクトルの距離や方向を用いて意味の近さを測定します。

　セマンティック検索は、ユーザーが求める情報により正確に応えられるため、検索エンジンや質問応答システムなどで広く利用されています。

● Embeddingとは？

　「Embedding（意訳：埋め込み表現）」とは、テキストや画像などのデータを数値ベクトルに変換する技術です。この技術は、機械学習や自然言語処理の分野で広く使われており、単語や文章の意味を数値として表現できるようになります。

　Embeddingによって変換されたベクトルは高次元の空間に配置され、意味が似ている単語同士は近くに位置する特徴があります。例えば「コンピューター」と「ノートパソコン」をEmbeddingに変換すると、それぞれが数百次元の実数ベクトルとして表現されます。

コンピュータ　[-0.07,-0.02,-0.01,0.04,0.03,0.07,0.07,…]
ノートパソコン　[-0.01,-0.24,-0.01,0.06,0.01,0.03,0.08,…]

　ここでは、「sentence-transformers/paraphrase-multilingual-mpnet-base-v2」という
モデルを利用して、次の単語を Embedding に変換してみましょう。このモデルは、文章を
768次元の Embedding に変換します。

```
> ["リンゴ", "バナナ", "フルーツ", "犬", "猫", "飛行機", "動物",
   "コンピューター", "ノートパソコン", "小鳥", "ライオン"]
```

　ただし、単に Embedding に変換しただけでは、人間が見ても数値を比較しづらいもので
す。そこで、これを人間が視覚的に分かりやすいように、次元削減して二次元のグラフに
プロットしてみましょう。すると次のグラフのようになります。

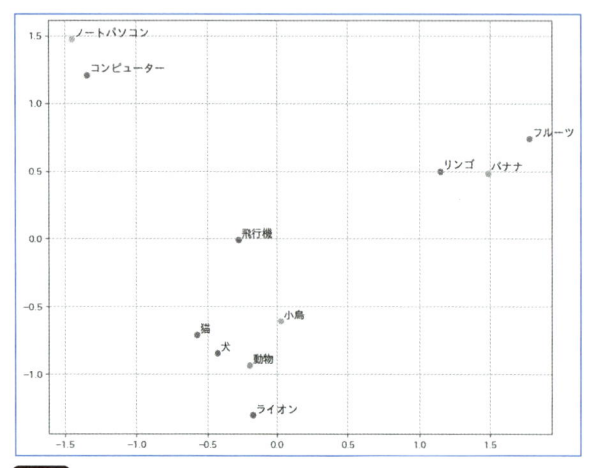

fig27　単語を Embedding に変換してグラフにプロットしたところ

　このグラフの左上を見ると、「ノートパソコン」は「コンピューター」の近くに配置され
ていますし、右上にある「リンゴ」や「バナナ」とは離れた場所に配置されたことが分か
るでしょう。また、「犬」や「猫」は、「小鳥」や「動物」の近くにまとまって配置されま
した。

　このように、Embedding を使うと、テキストデータを数値で処理できるようになります。
これを利用することで、類似語を見つけたり、文章の言い換えを行ったり、似た文章を見
つけたりと、自然言語処理の用途で幅広く使うことができます。

● Embedding を検索に使おう

　従来の文書検索は、キーワードを元にして検索を行います。しかし、このEmbeddingを検索に利用すると、直接的なキーワードではなく、意味的に近い文章を検索することができます。そのため、キーワードベースの検索を大きく進化させる技術として注目されています。

　ここでEmbeddingを検索に使うメリットをまとめてみましょう。

・キーワードの完全一致に頼らず、キーワードと文書の意味的な関連性を考慮できるため、自然な言葉遣いや表現の揺れにも強い検索が実現できる
・ユーザーが入力した曖昧なクエリーに対しても、関連する情報を提供することができるようになる
・Embeddingモデルは多言語対応が可能で、異なる言語間でも意味的な関連性を評価できるため、国際化対応した検索システムが実現できる

● 文章を Embedding に変換するプログラム

　最初に大きな検索エンジンのプログラムを作る前に、簡単なプログラムをいくつか作ってみましょう。まずは、Embeddingを利用するために、SentenceTransformerのライブラリーをインストールしましょう。

コマンド実行
```
$ pip install sentence-transformers
```

　次に、複数の文章をEmbeddingに変換し、検索ワードと近いもの順に並べ替えるというプログラムを作りましょう。

Python ソースリスト │ src/ch5/embedding_search/embedding_test.py
```
from sentence_transformers import SentenceTransformer, util

# Embeddingに使用するモデルを指定 ——（※1）
model = SentenceTransformer("stsb-xlm-r-multilingual")
# 文章リストと検索ワードを指定 ——（※2）
sentences = [
    "私は犬の散歩に行きました。",
    "今日は良い天気ですね。",
    "プログラミングを勉強するのが好きです。",
    "美味しいコーヒーを飲みたいです。",
```

```
    "彼は勉強が大好きです。"
]
query = "Pythonの学習は楽しい"

# 文章と検索ワードのEmbeddingを取得 ——(※3)
sentence_embeddings = model.encode(sentences, convert_to_tensor=True)
query_embedding = model.encode(query, convert_to_tensor=True)
# 類似度を計算して並べ替え ——(※4)
similarities = util.cos_sim(query_embedding, sentence_embeddings)[0]
sorted_indices = similarities.argsort(descending=True)

# 結果を表示 ——(※5)
print("検索ワード:", query)
print("| ------ | --------------------------------")
print("| 類似度 | 検索結果（近い順)")
print("| ------ | --------------------------------")
for idx in sorted_indices:
    print(f"| {similarities[idx]:.4f} | {sentences[idx]}")
```

　プログラムを実行するには、ターミナルで次のコマンドを入力します。

コマンド実行

```
$ python embedding_test.py
```

　上記コマンドを実行して、プログラムを実行すると、最初に Embedding に変換するためのモデル「stsb-xlm-r-multilingual」をダウンロードしてから実行します。このモデルのデータは1GB超あるので、プログラムを実行する際には、通信環境とストレージに余裕があることを確認しましょう。なお、ダウンロードが必要なのは初回実行時のみで以降はキャッシュされたファイルが利用されます。

　この大きなモデル「stsb-xlm-r-multilingual」は日本語を含む多言語に対応したEmbeddingモデルとなっています。もし、英語だけ検索できれば良いのであればプログラムの（※1）の「stsb-xlm-r-multilingual」を、軽量なモデル「all-MiniLM-L6-v2」に変更して試してみましょう。

　正しく実行できると、次のように表示します。

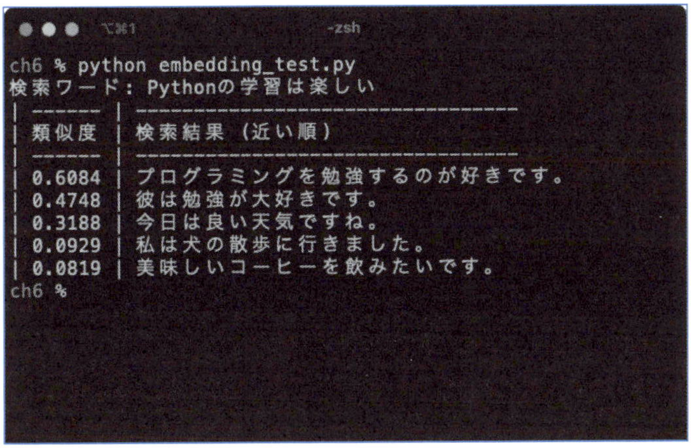

```
● ● ●      ⌥⌘1              -zsh
ch6 % python embedding_test.py
検索ワード：Pythonの学習は楽しい
|       |
| 類似度 | 検索結果（近い順）
|       |
| 0.6084 | プログラミングを勉強するのが好きです。
| 0.4748 | 彼は勉強が大好きです。
| 0.3188 | 今日は良い天気ですね。
| 0.0929 | 私は犬の散歩に行きました。
| 0.0819 | 美味しいコーヒーを飲みたいです。
ch6 %
```

fig29 文章が似ている順に表示したところ

プログラムを確認してみましょう。(※1) では、Embedding に使用するモデルを指定して、SentenceTransformer のオブジェクトを作成します。

(※2) では文章リスト（sentences）と検索ワード（query）を指定します。(※3) では SentenceTransformer を利用して Embedding を計算します。

(※4) では類似度を計算して並べ替えを行います。類似度を計算するのに、util.cos_sim 関数が利用できます。この関数は、コサイン類似度（cosine similarity）を計算するためのものです。2つのベクトル間の角度を計算し、それらがどれだけ似ているかを計算します。類似度は -1 から 1 の範囲を取り、値が 1 に近いほど、2つのベクトルは似ていることを意味します。

そして、(※5) で検索結果を表示します。

● Embedding 検索ツールを作ろう

ここまでの部分で、Embedding についての基本を確認しました。続いて、簡単な検索エンジンを作るために、次のような手順でプログラムを作りましょう。

事前準備 - 検索対象の全テキストを Embedding に変換
(1) 事前に検索対象となる文章を小さなチャンク単位に分割する
(2) チャンクごとに Embedding を計算してデータベースに登録する

検索時に行う処理
(1) 検索ワードを Embedding に変換
(2) Embedding を指定して類似する文章を特定して表示

次のようなファイル構造のプロジェクトを作成しましょう。

```
.
├── requirements.txt ... 必要なパッケージを記述したファイル
├── <input> ... 検索対象のテキストをこのディレクトリにコピーしておく
├── make_index.py ... 検索対象をEmbeddingに変換するプログラム
├── index.pkl ... データファイル（Embeddingとテキストを保持）
├── search_app.py ... 検索アプリ
└── <templates> ... テンプレートの一覧
      ├── base.html ... 基本的な骨組みを記述したテンプレート
      ├── index.html ... 検索フォームと結果の表示に使うテンプレート
      └── text.html ... テキストを表示するためのテンプレート
```

今回、テンプレートについては掲載しませんので、気になる方は、実際にサンプルファイルを確認してください。

事前準備 - 検索対象の全テキストを Embedding に変換

今回は、inputというディレクトリに保存したテキストに対して検索を行うことにしましょう。このinputには、適当なテキストファイルを作成して保存しておきましょう。サンプルとして、Wikipediaからいくつかの記事をコピーして入れておきましょう。

最初にinputというディレクトリを調べて、データファイルに登録するプログラムを作りましょう。必要なパッケージをインストールします。

```
$ python3 -m pip install -r requirements.txt
```

続いて、プログラムを作成しましょう。

```python
import os
import pickle
from sentence_transformers import SentenceTransformer, util

SCRIPT_DIR = os.path.dirname(os.path.abspath(__file__))
INPUT_DIR = os.path.join(SCRIPT_DIR, "input")
INDEX_FILE = os.path.join(SCRIPT_DIR, "index.pkl")

# Embeddingに使用するモデルを指定 ——(※1)
model = SentenceTransformer("stsb-xlm-r-multilingual")
```

```python
# インデックスを作成する関数 ——(※2)
def make_index():
    index = []
    # ファイル一覧を列挙 ——(※3)
    for file in os.listdir(INPUT_DIR):
        print("Indexing:", file)
        # ファイルを読み込む
        with open(os.path.join(INPUT_DIR, file), "r", encoding="utf-8") as f:
            text = f.read()
        # 改行文章を分割 ——(※4)
        sentences = text.split("\n")
        # 文章をEmbeddingに変換して保存 ——(※5)
        for sentence in sentences:
            if sentence == "" or sentence.startswith("#"):
                continue
            embedding = model.encode(sentence, convert_to_tensor=False)
            index.append([file, sentence, embedding])
            print(file, sentence, len(embedding))
    return index


if __name__ == "__main__":
    # インデックスを作成してファイルに保存 ——(※6)
    index = make_index()
    with open(INDEX_FILE, "wb") as f:
        pickle.dump({"index": index}, f)
    print("完了です")
```

　プログラムを実行してみましょう。すると「index.pkl」というデータファイルを出力します。

コマンド実行

```
$ python3 make_index.py
```

　プログラムを確認してみましょう。このプログラムは、それほど大規模な検索ツールを想定していないため、全てメモリ内にデータを展開して最終的にデータファイル「index.pkl」に保存します。

　プログラムの(※1)は、Embeddingに使用するモデルを指定します。モデルとして「stsb-xlm-r-multilingual」を指定します。

　(※2)ではインデックスを作成する関数make_indexを定義します。(※3)ではinputディレクトリにあるファイル一覧を列挙して、(※4)で文章を一行ごとに分割します。(※5)

では文を Embedding に変換します。最後に、(※6) ではインデックスをファイルに保存します。

　テキストファイルの内容を丸ごと Embedding に変換することもできますが、この場合、検索ワードとの類似度は非常に低いものとなってしまいます。そのため、ここでは一行ずつに区切って、Embedding に変換しています。

ファイル検索ツールのプログラム

　上記の手順で、Embedding のインデックスを作成したら、検索ツールを作ってみましょう。

Python ソースリスト | src/ch5/embedding_search/search_app.py

```python
import os
import pickle
import numpy as np
from sentence_transformers import SentenceTransformer, util
from flask import Flask, request, render_template, redirect, url_for
from markdown import markdown

SCRIPT_DIR = os.path.dirname(os.path.abspath(__file__))
INPUT_DIR = os.path.join(SCRIPT_DIR, "input")
INDEX_FILE = os.path.join(SCRIPT_DIR, "index.pkl")

# Embeddingに使用するモデルを指定 ——(※1)
model = SentenceTransformer("stsb-xlm-r-multilingual")
# Embeddingのインデックスを読み込む ——(※2)
with open(INDEX_FILE, "rb") as fp:
    database = pickle.load(fp)
# Flaskのアプリケーションを作成 ——(※3)
app: Flask = Flask(__name__)

@app.route("/", methods=["GET", "POST"])
def index():
    if request.method == "GET":
        # 検索テキストボックスを表示 ——(※4)
        return render_template("index.html")
    # 検索実行
    query = request.form.get("query")
    if query is None or len(query) <= 2:
        return redirect(url_for("index"))
```

```python
    # 検索クエリーをEmbeddingに変換 ——(※5)
    query_embedding = model.encode(query, convert_to_tensor=False)
    print(query_embedding)
    # 類似度を計算 ——(※6)
    index = database["index"]
    embeddings = np.array([x[2] for x in index])
    similarities = util.cos_sim(query_embedding, embeddings)[0]
    # 類似度が高い順にソート ——(※7)
    sorted_indices = similarities.argsort(descending=True)
    # 結果を表示 ——(※8)
    results = []
    print(sorted_indices)
    for i in sorted_indices[:10]:
        file, sentence, _ = index[i]
        rate = similarities[i].item()
        results.append({
            "file": file,
            "sentence": sentence,
            "rate": f"{rate:.3f}"
        })
    return render_template("index.html", query=query, results=results)


@app.route("/text/<file>")
def text(file):
    # ファイルの内容を表示 ——(※9)
    with open(os.path.join(INPUT_DIR, file), "r", encoding="utf-8") as f:
        text = f.read()
    md = markdown(text)
    return render_template("text.html", file=file, markdown=md)


if __name__ == "__main__":
    app.run(debug=True)
```

　すでにテキストファイルをEmbeddingに変換する（make_index.py）を実行して、データファイル「index.pkl」を作成した上で、検索アプリを実行してください。下記のコマンドをターミナルで実行しましょう。

コマンド実行

```
$ python3 search_app.py
```

プログラムを確認してみましょう。(※1) では、Embeddingの変換に使うモデルを指定します。(※2) では先ほどのプログラム（make_index.py）で作成したインデックスファイルを読み込みます。(※3) ではFlaskのオブジェクトを作成します。

(※4) ではテンプレートを読み込んで、検索ボックスを表示します。(※5) では検索を実行したときに、クエリーをEmbeddingに変換します。そして、(※6) ではEmbeddingから類似度を計算します。(※7) では検索結果を類似度順にするためにソートします。(※8) 以下では、実行結果をテンプレートに差し込んで表示します。(※9) ではファイルの内容をMarkdownに変換して表示します。

ターミナルに表示されたURLにブラウザーでアクセスしましょう。そして、例えば「Pythonのメモリ管理について教えてください」と入力して検索してみましょう。ガーベッジコレクションに関するテキストが表示されます。

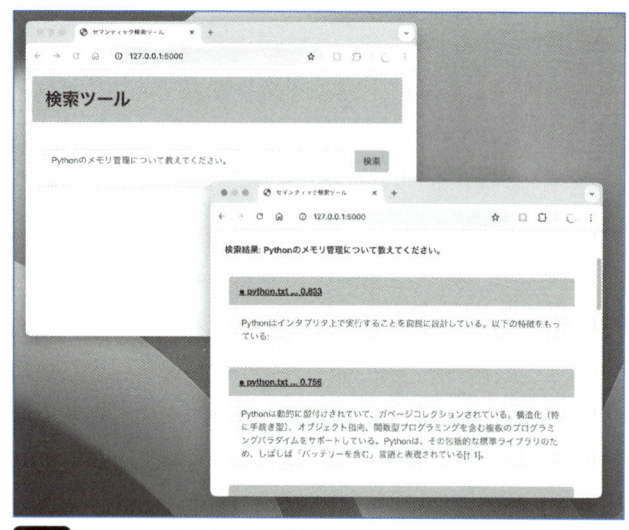

fig29 検索ツールを実行したところ

今回、本書サンプルとして用意したテキストファイルは「Python」「ネコ」「機械学習」「ニューラルネットワーク」について書かれたものです。そのため、大した検索はできないのですが、それでも曖昧な語句であってもテキストを検索できるのは大きなメリットです。

機械学習を使ったWebサービスの公開について

機械学習を使ったWebサービスを公開する場合、気をつけるべき点がいくつかあります。機械学習を行うには、通常のWebサービスよりも多くの計算リソースが必要となります。モデルが複雑であればあるほど、リソース消費も増大します。

特に深層学習（ディープラーニング）を行うモデルは、GPU搭載マシンでなければ動作しない場合もあります。Webサーバー向けのホスティングサービスを使う場合、GPUを搭載していない場合がほとんどです。そのため、別途GPUを搭載したマシンを調達する必要があります。

機械学習用途で使えるクラウドサービス

そこで、機械学習を利用したWebサービスを公開する場合には、次のようなクラウドサーバーを利用するか、物理サーバーを用意する必要があるでしょう。機械学習用のマシンを備えた有名なクラウドサーバーには次のようなものがあります。

○ 機械学習で使えるクラウドサービス一覧

AWS (Amazon Web Services)	機械学習向けのサービスとしてSageMakerがあります。これはモデルのトレーニングとデプロイに特化しています。EC2を利用することでGPUを搭載したいろいろなスペックのマシンを選んで使うこともできます。Lambdaを使用すれば必要な時だけ動作させることもできます
Google Cloud Platform	機械学習向けのサービスとしてVertex AIが用意されています。これを利用すると、モデルの作成から本番環境へのデプロイまで可能となっています。Compute Engineでは、GPU搭載マシンやメモリなど自由な構成を選択できます
Microsoft Azure	機械学習向けのサービスとしてAzure Machine Learningがあります。モデルの作成だけでなく、デプロイまで可能です
さくらインターネット	機械学習のために、GPUを搭載した高火力プランが用意されています。1時間、1日、1ヶ月と利用時間を選んで利用できます。本書執筆時点では、4コア x 56GB NVIDIA V100の高火力マシンが481円でした

機械学習の推論に特化したツール

すでに紹介した通り、機械学習で必要な処理には、大きく言って、大量のデータを学習させてモデルを作成する「モデル作成」と、作成したモデルを用いた「推論」の二つがあります。そして、一般的に言って、Webサービスで常時利用するのは後者の推論です。

そのため、推論に特化したツールが公開されており、それを使うことで、より少ないマシンリソースでサービスを運用することができます。モデルの作成にはGPUを搭載した高性能なマシ

ンが必要になりますが、推論に特化した次のようなツールを利用することにより、運用コスト
を削減できる可能性があります。

○ 推論に特化したツール一覧

製品名	特徴
TensorFlow Serving	TensorFlow モデルを効率的にデプロイして、スケーラブルにサービスを提供できる
TorchServe	PyTorch モデルのデプロイに特化しており、スケーラブルにサービス提供できる
ONNX Runtime	異なるフレームワークで作成されたモデルを ONNX フォーマットに変換して効率的に推論を行うことができる

機械学習を利用した Web サービスを公開するには、一般的な Web サービスと比較して、高性能
なマシンが必要となります。ここで挙げた AWS やさくらインターネットなどが、機械学習に適
したサービスを提供しているので利用することができるでしょう。また、推論に特化したツー
ルを活用することで、効率的にサービスを運用し、コストを削減できます。これらのツールや
クラウドサービスを選んで活用すると良いでしょう。

この節の
まとめ

(!) Embedding を利用することで、文章を数値ベクトルに変換できる
(!) 変換に利用するモデルの性能に応じて検索精度が変化する
(!) Embedding を利用することでセマンティック検索を実現できる

chapter

6

生成AI・大規模言語モデルを
活用したアプリ

6章では、ChatGPTのAPIや、オープンソースの大規模
言語モデルを使って、AI対応のアプリを作る方法を紹
介します。APIを使う上でのポイントや実際に使う際、
プロンプトに工夫が必要な点を確認します。便利な大規
模言語モデルを活用していきましょう。

大規模言語モデルを使った Webサービスを作成しよう

生成AIの登場は社会的に大きなインパクトがありました。特に、大規模言語モデルをシステムに取り入れることで、これまで簡単に実現できなかった自然な会話を元にしたシステムを作成できます。最初に生成AIや大規模言語モデルについて解説します。

ここで学ぶこと

- ➔ 大規模言語モデルとは
- ➔ 生成AIとは
- ➔ 自作のアプリに大規模言語モデルを組み込む方法
- ➔ ハルシネーションとは

● 生成AIとは

「生成AI（Generative AI）」とは、大量のデータを学習し、それをもとにして新しいコンテンツを生成するAI技術を指します。文章、画像、音声、プログラムなどを生成します。こうしたクリエイティブな領域の生成は、人間にしかできないと思われていましたが、AIの発展に高度な生成能力を持つことができるようになりました。

● 大規模言語モデルについて

生成AIの中でも特に注目を集めているのが「大規模言語モデル（Large Language Model / LLM）」です。大量のテキストデータを学習した自然言語モデルを用いてテキストを生成するのが大規模言語モデルです。

代表的な大規模言語モデルには、OpenAIの「ChatGPT」、Anthropicの「Claude」、Googleの「Gemini」、Metaの「LLaMA」などがあります。これらのモデルは、何百億から数千億に及ぶパラメーターを持ち、人間の言語を高度に理解し、自然な対話や文章生成、質問応答、翻訳、コード生成など、多岐にわたるタスクを遂行することができます。これらのモデルは、応用範囲が広く、企業のカスタマーサポート、自動化されたコンテンツ生成、教育支援など、多様な分野で活用されています。

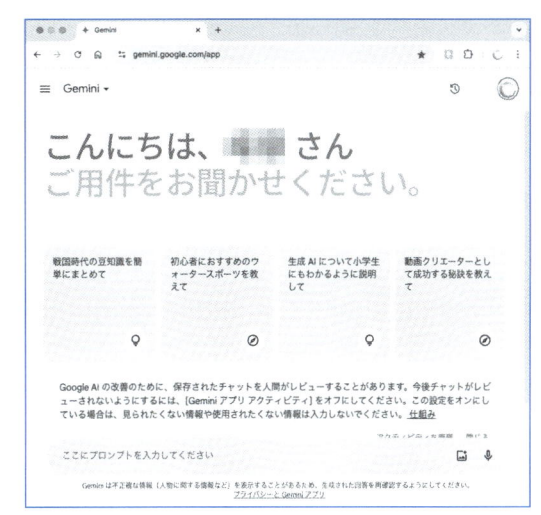

fig01 大規模言語モデルを活用した会話 AI の ChatGPT の画面 　 **fig02** Google Gemini の画面

● 大規模言語モデルが得意なタスクについて

　大規模言語モデルは幅広いタスクを実行できますが、得意なタスクを5つ挙げてみましょう。これらのタスクを主軸にして使うと良いでしょう。

1. 文章生成やアイデア発想

　大規模言語モデルは、指定されたテーマに沿って文章を生成できます。ブログ記事、報告書、物語の執筆など、多様な文体で文章を作成できます。

　実際の文章を生成させることも可能ですが、文章の元となるアイデアを提示させたり、必要な項目を列挙したり、物語のプロットを提示させることが得意です。

2. 質問応答

　質問に対して適切な回答を返す能力も大規模言語モデルの得意分野です。大規模言語モデルは多くのテキストを学習しているため、多くの一般的な質問に対して正しい答えを返す能力をもっています。特定の知識をもとにした応答が可能で、教育や調査の場面でも活用されています。ただし、後述しますが大規模言語モデルには「ハルシネーション（Hallucination）」という問題があり、常に正しい答えを返すとは限らないため注意が必要です。

3. 翻訳

　大規模言語モデルは世界各国のテキストを学習しています。そのため、異なる言語間でのテキスト翻訳も得意なタスクの一つです。文脈を理解して自然な翻訳を行うことができるため、単なる直訳ではなく、より自然な翻訳になります。多言語対応のコンテンツ作成

や国際業務の支援に利用されています。

4. 要約や言い換え

　長い文章の要約も大規模言語モデルが得意とするタスクの一つです。ニュースや論文、手紙など、いろいろな文章を要約できます。単なる要約だけではなく、箇条書きでポイントをまとめたり、強調したい点を指定して要約することもできます。

　そして、文章の言い換えも得意です。難しくて難解な文章を、子供でも分かるように平易な文章に直したり、例えを使って言い換えることもできます。誰しも自分の専門分野以外の文章を読むのを苦痛に感じることがありますが、言い換えを行うことで、その文章の概略を理解する助けになります。

5. コード生成

　大規模言語モデルはプログラムの生成も得意です。指定された要件に基づいたコードを作成します。ゼロからプログラムを生成するだけでなく、こちらがある程度指定したコードに対する補足や問題点の指摘も可能です。トラブルシューティングにも使えるので、修正方法を提案させることもできます。

● 大規模言語モデル利用の注意点 - ハルシネーションについて

　「ハルシネーション（Hallucination）」とは、大規模言語モデルが事実と異なる情報や根拠のない内容を生成する現象を指します。ハルシネーションは、もともと「幻」という意味です。大規模言語モデルは、学習データから得たパターンをもとに、もっともらしい応答を生み出しているのですが、言語モデルは膨大なデータから最適な出力を予測する仕組みのため、事実や文脈を無視した回答をすることがあります。

　ハルシネーションは、正確性が求められる分野で問題となります。これを防ぐには、生成された内容を人間がチェックしたり、外部の信頼できる情報源と照合するプロセスを導入する必要があります。特に重要な情報の提供やビジネス用途ではリスクとなるため、信頼性を高めるための対策が必須です。さらに、利用者に対して、大規模言語モデルを使う以上、正確な回答ではない可能性があることを理解してもらうことも大切です。

● Webアプリに大規模言語モデルを組み込もう

　昨今、大規模言語モデルを活用したアプリケーションが急速に広がっています。LLMは自然言語を理解・生成する能力があり、チャットボットや文章生成、データ分析など多岐にわたる用途で利用されています。WebアプリにLLMを組み込むことで、ユーザーとの自

然なインタラクションが可能になり、顧客サポートの自動化やパーソナライズされた回答の提供が可能です。

　自作アプリに大規模言語モデルを組み込む最も簡単な方法は、OpenAIやMicrosoft、Google、Amazonなどが提供しているWeb APIを使う方法です。これは、ネットワークを介して、大規模言語モデルの回答を得る方法です。

　Web APIを使う場合、多くは重量課金となっています。APIを提供するサービス事業者にクレジットカードを登録し、利用した分だけ課金が行われます。ただし、各事業者では開発者の負担を考慮して、想定外の課金が行われないような仕組みが用意されています。本書ではこの点についても詳しく解説しますので安心して試してみてください。

　なお、AIサービス事業者では、さまざまな機能を持ったモデルを提供しています。以下は、ChatGPTを展開するOpenAIが公開しているモデルの一覧ですが、高度な応答を返すことのできるGPT-4oに加えて、安価に使えるGPT-4o mini、画像生成を行うモデルのDALL-E、音声認識モデルのWhisperなどさまざまな機能が提供されています。

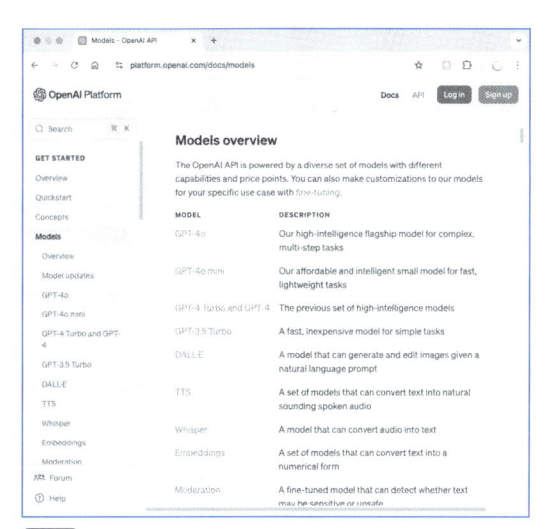

fig03 OpenAI が Web API として提供するモデル一覧

　また、オープンな大規模言語モデルが公開されています。それらオープンなモデルは日々改良されており、それほど高スペックなマシンでなくても動作するようになっています。

　本書では、OpenAIの提供しているChatGPTのAPIを使う方法と、オープンな大規模言語モデルをOllamaから使う方法の2つの方法を解説します。

● アイデア発想に大規模言語モデルを使おう

　前述の通り、大規模言語モデルはアイデア発想を行うのが得意です。そのため、ビジネスのアイデアや、Webアプリのアイデアを提案してもらうことができます。

もちろん、単に「＊＊＊のアイデアを提案して」と書くだけでも、有益な情報を大規模言語モデルから引き出すことができます。しかし、少し工夫することで、より自分が必要とするアイデアを引き出すことが可能となります。いくつかの手法がありますが、ここでは、Web アプリ開発に特化したプロンプトを紹介します。

　以下のプロンプトは、アイデア発想法の「ペルソナ法」を応用したもので、仮想的な3人のペルソナが登場し「Web アプリのアイデア」を提案してもらうというものです。

生成 AI のプロンプト｜src/ch6/app_idea.prompt.txt

```
### 指示：
3人の代表者が協力して議論を行います。
その3人は、プログラマー、起業家、主婦の代表者です。
それぞれが自分の思考プロセスを詳しく説明します。
他人の説明を考慮し間違いを率直に認めます。
各ステップで、各専門家は他人の考えを洗練し、その貢献を認めながらその考えを発
展させます。
### 議題：
大規模言語モデルを利用して、生活に役立つ新しいWeb アプリのアイデアを提案して
ください。
```

　このプロンプトを、ChatGPT や Google Gemini などの会話AI に入力してみましょう。実行する度に異なるアイデアが出力されます。

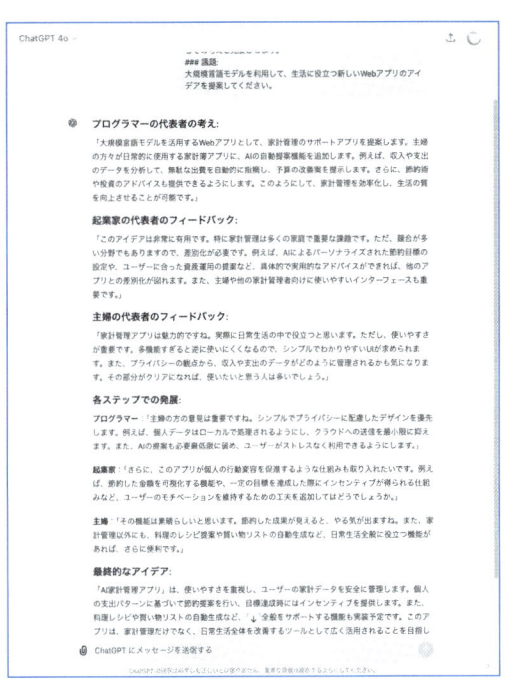

fig04 **ChatGPT にアイデア発想プロンプトを入力したところ**

fig05 **Google Gemini に同じプロンプトを入力したところ**

　このように、ちょっと捻ったプロンプトを指定することでも、面白い応答を得ることができるので、いろいろ試してみると良いでしょう。

　このようなプロンプトと組み合わせて、大規模言語モデルを活用したWebアプリを作るなら、より便利でユニークなものを作ることができます。それでは、次節から実際に大規模言語モデルをWebアプリに組み込む手順を確認してみましょう。

この節の まとめ

(!) 大規模言語モデルとは大量のテキストデータを学習したモデルを用いてテキストを生成するものである

(!) 自作の Web アプリに大規模言語モデルを組み込むには、OpenAI や Microsoft など AI サービス事業者が提供している Web API を使う方法がある

(!) オープンな大規模言語モデルが多く公開されており、これを利用して自分でインストールしたモデルを利用して自作 Web アプリに組み込むこともできる

(!) 大規模言語モデルに与えるプロンプトを工夫することで、よりユニークな応答を引き出したり、性能を向上させることができる

OpenAI ChatGPT API の
使い方とポイント

会話AIとして人気の「ChatGPT」を自作アプリに組み込む機能が「ChatGPT API」です。手軽に組み込めるので試してみましょう。OpenAIが提供するPlatformにアクセスしてアカウントを設定する方法から、簡単なアプリの開発まで解説します。

● OpenAI ChatGPT APIとは？

　「OpenAI ChatGPT API」とは、OpenAI が提供する API（Application Programming Interface）で、OpenAIが公開しているChatGPTの各種機能を他のプログラムから利用できるようにするための仕組みです。そのため、OpenAI ChatGPT API を利用することで、自作プログラムからChatGPTに質問や指示をして、回答を受け取ることができます。

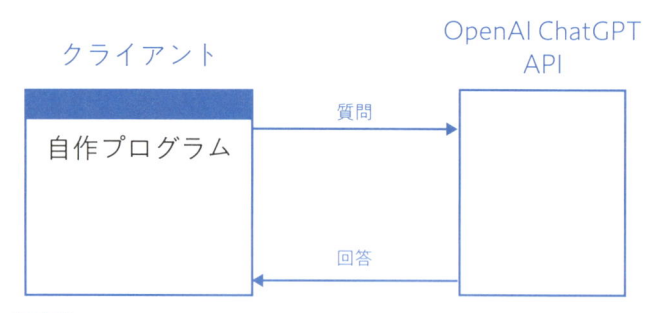

`fig06` OpenAI ChatGPT API のイメージ

● OpenAI ChatGPT API を利用する準備をしよう

OpenAI Platform にサインアップしよう

　OpenAI ChatGPT API を利用するには、「APIキー」の生成が必要です。APIキーの生成は、「OpenAI Platform」から行います。それでまず、OpenAI Platformにサインアップ（登録手続き）しましょう。OpenAI Platformには、以下の URL からアクセスできます。

● OpenAI Platform
[URL] **https://platform.openai.com/**

　表示された画面の右上にある「Sign up」ボタンをクリックし、表示されたアカウントの作成ページから、メールアドレスや各種アカウントを利用して登録することができます。

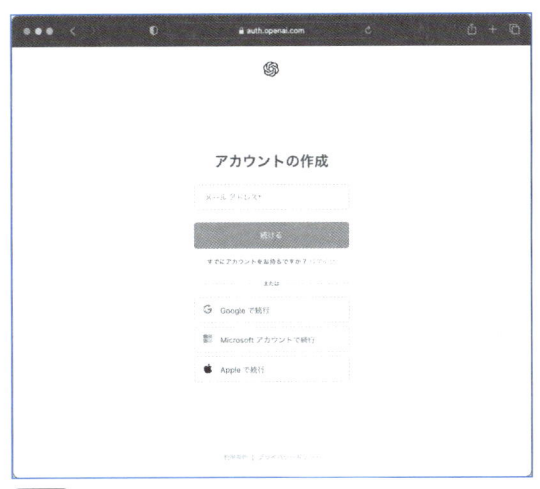

fig07 OpenAI Platform のサインアップページ

APIキーを生成しよう

　では、APIキーを生成してみましょう。画面右上にある「Dashboard」メニューをクリックします。その後、画面左側にある「API keys」メニューをクリックすると、以下のような画面が表示されます。

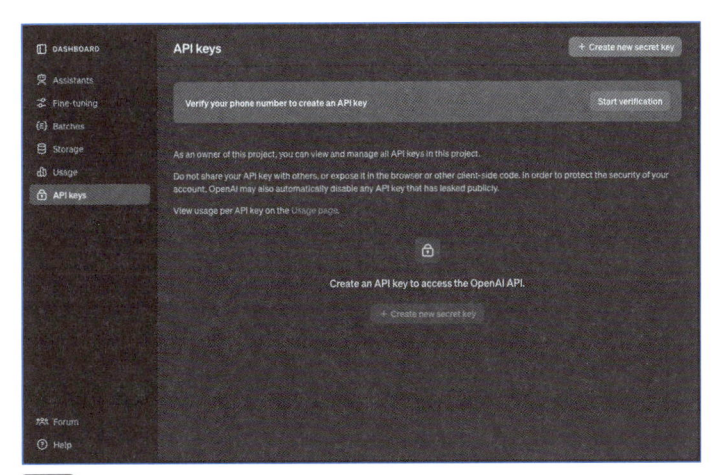

fig08 API keys ページを表示したところ

次に、電話番号による確認を行います。「Verify your phone number to create an API key」（電話番号を確認して、APIキーを作成する）というメッセージの横にある「Start verification」ボタンをクリックします。すると、以下のような画面が表示されます。

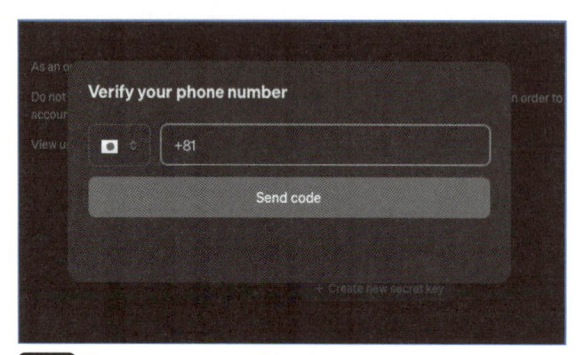

fig09 「Start verification」ボタンをクリックしたところ

電話番号を入力します。国コード（+81は日本の国コード）を含めた番号を入力する必要があるので、最初の0を除いた電話番号を入力します。具体的には、「090-1234-5678」という電話番号であれば、「+81 9012345678」を入力します。その後、「Send code」ボタンをクリックします。すると、以下のような画面が表示されます。

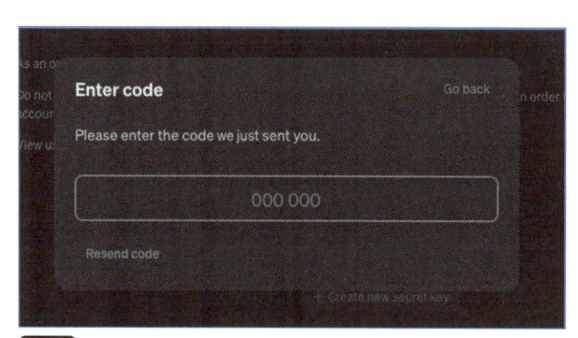

fig10 「Send code」ボタンをクリックしたところ

入力した電話番号のSMSに確認コードが届くので、画面に入力します。認証が成功すると、以下のような画面が表示されます。

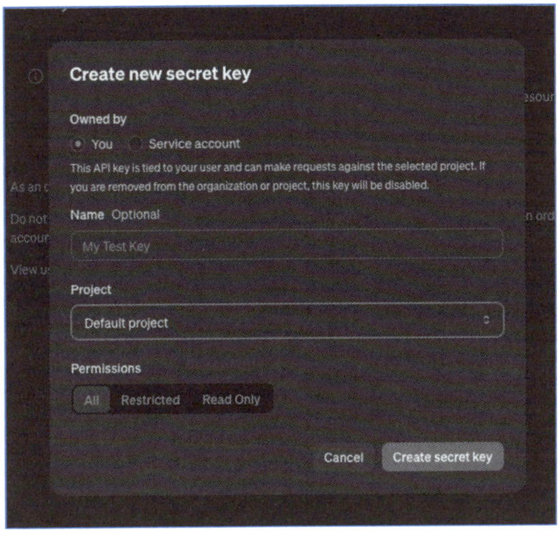

fig11 API キーの名前を入力しているところ

　API キーの名前を、「Name Optional」に入力しましょう。名前は任意で構いませんが、APIの目的や作成した日付などを名前に含めておくと、後から見たときにわかりやすいでしょう。名前を入力したら、「Create secret key」ボタンをクリックします。すると、APIキーが作成され、表示されます。API キーは一度しか表示されないため、コピーして大切に保管しましょう。これで、API キーを生成することができました。

　ところで、OpenAI はAPI キーをどのように用いるのでしょうか。まず、利用ユーザーを識別するために用います。API キーは、OpenAI Platform にログイン後、ログインしたユーザーに対して生成されます。そのため、どのAPI キーが使われたかによって、どのユーザーがAPI を利用したかを把握することができます。次に、ユーザーのAPI 使用量を把握するために使われます。API キーによってユーザーを識別できるので、API キーがどれだけ使われたかによって、ユーザーのAPI 使用量を把握することができます。そして、API の使用量に基づいてユーザーに API の利用料金を請求します。

　そのため、API キーは大切に管理しましょう。もし、API キーが悪意のある第三者に知られてしまい、そのAPI キーを使って大量の不正アクセスがされた場合、高額な利用料金が請求されてしまうためです。

　API キーの削除や生成は簡単に行えます。API キーの一覧にあるゴミ箱アイコンをクリックすると削除できます。また、画面右上にある「+ Create new secret key」をクリックすると生成できます。

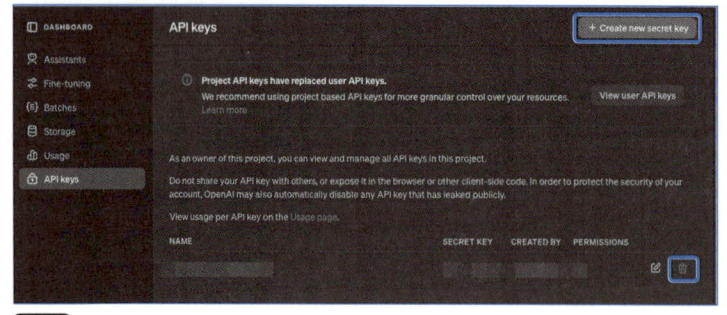

fig12 API キーの削除や生成

　こうした機能を使って、定期的にAPI キーを変更することもできるでしょう。

クレジットカードを登録し、チャージしよう

　API キーの生成が完了しただけでは、APIを利用することができません。クレジットカードを登録し、チャージして、API キーを利用可能な状態にしましょう。

　画面右上にある設定アイコンのメニュー（「API reference」メニューの横）をクリックします。その後、画面左側にある「Billing」メニューをクリックすると、以下のような画面が表示されます。

fig13 「Billing」ページを表示したところ

　「Add payment details」をクリックしましょう。そして、個人（Individual）か法人・会社（Company）かを選択し、クレジットカードを登録しましょう。

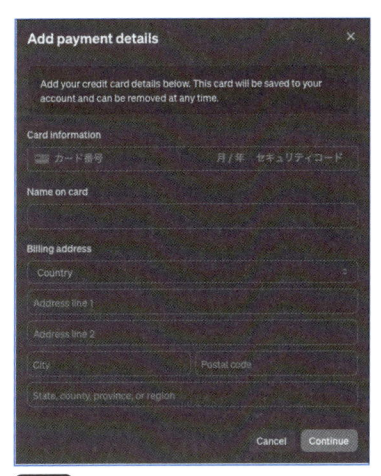

fig14 クレジットカード情報の登録

　次に、支払いの設定をします。「Initial credit purchase」では、最初にチャージする金額を5ドルから10ドルの間で設定します。また、「Would you like to set up automatic recharge?」の設定をONにすると、オートチャージを有効にすることもできます。

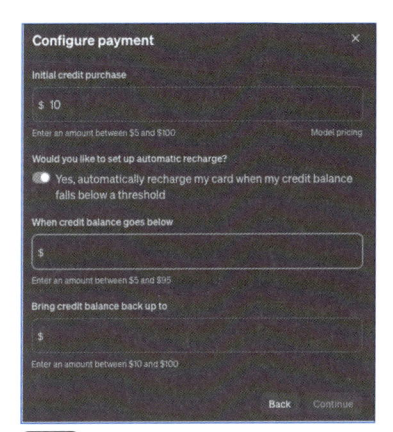

fig15 支払いの設定

　表示される確認画面で内容を確認し、問題がなければ、「Confirm payment」ボタンをクリックして、確定します。

　これで、APIキーが利用可能な状態となりました。

● OpenAI ChatGPT APIを使ってみよう

　APIキーが利用可能な状態となったので、さっそくOpenAI ChatGPT APIを使ってみましょう。

仮想環境を作成し、必要なパッケージをインストールしよう

　最初に仮想環境を作りましょう。自分の好きな場所に仮想環境のルートフォルダーを作成します。本書では「hello_chatgpt_workspace」フォルダーを作成します。次に、ターミナルを開き、作成したフォルダーに移動（cdコマンド）します。その後、ターミナルから、以下のコマンドを実行しましょう。ここでは「hello_chatgpt」という環境を作成します。

コマンド実行

```
# venvで環境を作る  --- Windows/macOS共通
$ python -m venv hello_chatgpt
```

　ターミナルで実行環境を「hello_chatgpt」環境に切り替えます。次のコマンドを実行しましょう。

コマンド実行

```
# venvの環境を開始する  --- Windowsの場合
$ .\hello_chatgpt\Scripts\activate
# venvの環境を開始する  --- macOSの場合
$ source ./hello_chatgpt/bin/activate
```

　続いて、以下のコマンドを実行してパッケージをインストールしましょう。

コマンド実行

```
# Windows/macOS共通
# pipを最新のバージョンに更新
$ python -m pip install --upgrade pip
# openaiパッケージのインストール
python -m pip install openai$
```

　最後に、以下のコマンドを実行して、パッケージがインストールされたかを確認しましょう。

コマンド実行

```
# Windows/macOS共通
$ python -m pip list
```

上記コマンドを実行すると、インストールされているパッケージの一覧が表示されます。openaiをはじめとした、いくつかのパッケージがインストールされていることがわかるでしょう。これで、環境構築は完了です。

VSCodeでの準備をしよう

　VSCodeを起動して、「ファイル→フォルダーを開く」を選択し、仮想環境のルートフォルダー（本書では「hello_chatgpt_workspace」）を指定して開きます。

　次に、今回作成するプログラムのためのフォルダーを作成しましょう。「hello_chatgpt_workspace」配下に新しいフォルダーを作成し、「hello_chatgpt_api」という名前をつけます。

　最後に、プログラムを書くPythonファイルを作成しましょう。「hello_chatgpt_api」フォルダー配下に新しいファイルを作成し、「hello_chatgpt_api.py」というファイル名をつけます。

`プロジェクト構成`

```
hello_chatgpt_workspace
 └── hello_chatgpt_api
       └── hello_chatgpt_api.py … メインプログラム
```

コーディングしよう

　では、OpenAI ChatGPT API を利用した、簡単なプログラムを書いてみましょう。「hello_chatgpt_api.py」に以下のプログラムを書きましょう。なお、(※2)の部分にある「YOUR_OPENAI_API_KEY」は、ご自身のAPIキーに変更してください。

`Python ソースリスト` `src/ch6/hello_chatgpt_api/hello_chatgpt_api.py`

```python
from typing import Any, Dict

# openaiパッケージのインポート ——(※1)
from openai import OpenAI

# APIキーの指定 ——(※2)
OPENAI_API_KEY: str = "YOUR_OPENAI_API_KEY"

# OpenAIインスタンス作成 ——(※3)
client: OpenAI = OpenAI(api_key=OPENAI_API_KEY)

# ChatGPTのAPIを使って、質問する ——(※4)
response: Dict[str, Any] = client.chat.completions.create(
    model="gpt-4o-mini",
    messages=[
        {
```

```
            "role": "user",
            "content": "「受けるより与える方が幸福である」を英語に翻訳してくださ
い",
        }
    ],
)

# ChatGPTの回答を表示する ——(※5)
print(response.choices[0].message.content)
```

実行して、結果を確認しよう

　では、作成したプログラムを実行してみましょう。VSCodeの画面左側にあるファイル
エクスプローラーでファイルを右クリックして「ターミナルでPythonファイルを実行す
る」を選択しましょう。そうすると、ターミナルが表示され、以下のようなメッセージが
表示されます。

> 実行結果
>
> 「受けるより与える方が幸福である」は英語で「It is better to give than to rece
> ive」と翻訳できます。

　結果は多少異なるかもしれませんが、上記のように、OpenAI ChatGPT API からの応答
結果が表示されれば成功です。もし、エラーが発生した場合は、以下ページの「Python
library error types」の部分から、エラー内容を確認することができます。

●エラーコード一覧
　[URL] https://platform.openai.com/docs/guides/error-codes/api-errors

　また、APIを利用したので、APIの利用状況を OpenAI Platform から確認してみましょう。
画面右上にある「Dashboad」メニューをクリックします。その後、画面左側にある「Usage」
メニューをクリックすると、下記のような画面が表示されます。

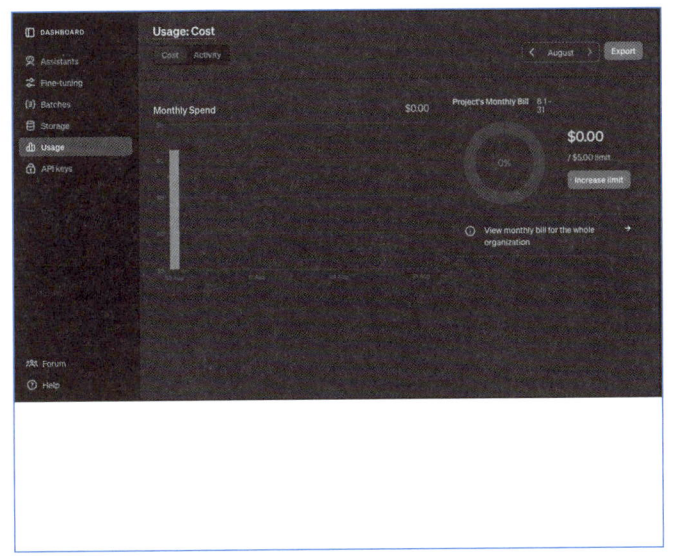

fig16 API の利用状況ページを開いたところ

　どのくらいAPIを利用したのかがわかります。また、「Activity」タブを開くと、トークン数などの詳細を見ることができます。

プログラムの内容を確認しよう

　では、作成したプログラムを確認しましょう。

　（※1）の部分では、OpenAI ChatGPT API を利用するためにopenaiパッケージをインポートしています。

　（※2）の部分では、OpenAI Platform で生成したAPIキーを指定します。「YOUR_OPENAI_API_KEY」の部分をご自身のAPIキーに変更してください。

　（※3）の部分では、（※1）でインポートしたパッケージと（※2）で指定したAPIキーを使って、OpenAIインスタンスを生成しています。

　（※4）の部分では、OpenAI ChatGPT API を利用して、質問しています。OpenAI ChatGPT API にはいくつかのAPIが準備されていますが、ここでは、「Chat Completions」というチャットをするためのAPIを利用しています。その際、「model="gpt-4o-mini"」と書くことにより、モデルとして「GPT-4o mini」を利用することを指定しています。また、「messages=XXX」と書くことにより、質問の内容を指定しています。

　（※5）の部分では、OpenAI ChatGPT API からの応答結果を表示しています。

● APIキーを環境変数から読み込もう

先ほどのプログラムでは、説明をシンプルにするため、APIキーをプログラムに直接記載しました。しかし、これは良い方法ではありません。もし、このままソースコードをバージョン管理ツールにアップロードしてしまうと、APIキーが他の人に知られてしまい、不正に利用されてしまうことでしょう。実際にそのような漏洩事故が増えています。そこで、APIキーを環境変数から読み込む方法をご紹介します。

必要なパッケージをインストールしよう

ここでは、環境変数を読み込む方法として、「python-dotenv」パッケージを利用してみましょう。「python-dotenv」を使うと、「.env」ファイルからキーと値のペアを読み込み、環境変数として利用できます。以下のコマンドを実行して、パッケージをインストールしましょう。

コマンド実行
```
# Windows/macOS共通
# python-dotenvパッケージのインストール
$ python -m pip install python-dotenv
```

環境変数を設定し、ソースコード管理から除外しよう

次に、環境変数を設定するファイルを準備して、そこにAPIキーを設定しましょう。「hello_chatgpt_api」フォルダー配下に新しいファイルを作成し、「.env」というファイル名をつけます。そして、以下の形式で環境変数を設定可能です。

環境変数「.env」の書式
```
環境変数の名前1=環境変数の値1
環境変数の名前2=環境変数の値2
環境変数の名前3=環境変数の値3
```

環境変数の値は、シングルクウォート「'...'」やダブルクウォート「"..."」で囲まないので注意しましょう。また、名前と値の双方の間にスペースを含めないようにしましょう。今回は、キーとして「OPENAI_API_KEY」、バリューとして取得したAPIキーを設定しましょう。

環境変数「.env」の具体例
```
OPENAI_API_KEY=YOUR_OPENAI_API_KEY
```

また、「.env」には機密情報が入っているため、バージョン管理ツールを利用している場合は、「.gitignore」ファイルに「.env」を追加して、バージョン管理の対象外としましょう。では次に、「.env」ファイルからキーと値のペアを読み込み、環境変数として利用するプログラムを見てみましょう。

VSCodeでの準備をしよう

先ほどの「hello_chatgpt_api」フォルダーに「use_environmental_variables.py」を作成しましょう。

コーディングしよう

「use_environmental_variables.py」に以下のプログラムを書きましょう。

Python ソースリスト | src/ch6/hello_chatgpt_api/use_environmental_variables.py

```python
# python-dotenvパッケージやosパッケージのインポート ——(※1)
import os
from typing import Any, Dict

from dotenv import load_dotenv
from openai import OpenAI

# APIキーを環境変数から読み込んで設定 ——(※2)
load_dotenv()
openai_api_key: str = os.getenv("OPENAI_API_KEY")

# OpenAIインスタンス作成 ——(※3)
client: OpenAI = OpenAI(api_key=openai_api_key)

# ChatGPTのAPIを使って、質問する
response: Dict[str, Any] = client.chat.completions.create(
    model="gpt-4o-mini",
    messages=[
        {
            "role": "user",
            "content": "「受けるより与える方が幸福である」を英語に翻訳してください",
        }
    ],
)

# ChatGPTの回答を表示する
```

```
print(response.choices[0].message.content)
```

実行して、結果を確認しよう

　VSCodeの画面左側にあるファイルエクスプローラーで「use_environmental_variables.py」を右クリックして「ターミナルでPythonファイルを実行する」を選択して、プログラムを実行しましょう。APIキーの取得方法を変更しただけなので、先ほどと同様の結果が表示されれば成功です。

プログラムの内容を確認しよう

　プログラムの内容を確認してみましょう。

　(※1)の部分で、「python-dotenv」パッケージや「os」パッケージのインポートをしています。「python-dotenv」パッケージは先ほどインストールしたパッケージです。「os」パッケージは、オペレーティングシステム（OS）とのインターフェイス（ファイル操作、ディレクトリ操作、環境変数操作など）を提供するパッケージです。

　(※2)の部分で、「python-dotenv」パッケージを使って「.env」ファイルからキーと値のペアを環境変数として読み込み、「os」パッケージを使って環境変数を読み込んでいます。

　(※3)の部分で、環境変数から読み込んだAPIキーを設定して、OpenAIインスタンスを作成しています。

> **この節の まとめ**
>
> ! OpenAI ChatGPT API を利用すると、自分のプログラムから ChatGPT の機能を使うことができる
> ! OpenAI ChatGPT API を利用するには、APIキーの生成が必要である
> ! APIキーは、環境変数から読み込んで利用する

chapter 6
03

OpenAI ChatGPT API を使って
会話型AIアプリを作ろう

OpenAI ChatGPT API を利用して、簡単な会話型AIアプリを作ってみましょう。
そのために、OpenAI ChatGPT API で役割を与えて連続した会話をする方法や、
OpenAI ChatGPT API を Flask から利用する方法についてみてみましょう。

**ここで
学ぶこと**
- ➔ OpenAI ChatGPT API で役割を与えて連続した会話をする方法
- ➔ OpenAI ChatGPT API を Flask から利用する方法

● OpenAI ChatGPT APIで役割を与えて連続した会話をしてみよう

　前節で作成したプログラムでは、一つの質問を渡して、一つの回答を表示するだけでした。しかし、ChatGPTを利用する際は、明確な役割などを与えた方が回答の精度が上がると言われていますし、連続した会話をしたいと思うでしょう。では、それらの方法について、見てみましょう。

　ポイントは、OpenAI ChatGPT API を呼び出すときに引数で指定している「messages」パラメーターです。このパラメーターに指示を追加すると、役割などを設定できます。また、このパラメーターにユーザーの質問やOpenAI ChatGPT API からの回答の履歴を追加すると、連続した会話を実現することができます。

　「messages」パラメーターは、「role」と「content」のプロパティを持つリストです。「role」には、以下を設定することができます。

○ messagesパラメータに設定可能なロール一覧

role	説明
system	ChatGPTへの指示（役割や性格など）を指定するときに設定
user	ユーザーの質問や要求を設定するときに設定
assistant	ChatGPTからの応答を設定するときに設定

　そのため、「system」ロールを指定して「messages」に追加すると、役割などを設定できます。

　また、OpenAI ChatGPT API はユーザー毎の会話履歴を保持していません。そのため、連続した会話をする（ChatGPTにこれまでの質問や回答の内容を踏まえた回答をしてもらう）には、過去の会話履歴全てを OpenAI ChatGPT API に送信する必要があります。その

ため、その会話履歴の送付に「messages」を利用します。具体的には、ユーザーの質問は「user」ロール、OpenAI ChatGPT API からの回答は「assistant」ロールを指定して「messages」に追加し送付します。では、その点をプログラムから確認してみましょう。

仮想環境を作成し、必要なパッケージをインストールしよう

最初に仮想環境を作りましょう。自分の好きな場所に仮想環境のルートフォルダーを作成します。本書では「chatgpt_kaiwa_workspace」フォルダーを作成します。次に、ターミナルを開き、作成したフォルダーに移動（cdコマンド）します。その後、ターミナルから、以下のコマンドを実行しましょう。ここでは「chatgpt_kaiwa」という環境を作成します。

コマンド実行
```
# venvで環境を作る --- Windows/macOS共通
$ python -m venv chatgpt_kaiwa
```

ターミナルで実行環境を「chatgpt_kaiwa」環境に切り替えます。次のコマンドを実行しましょう。

コマンド実行
```
# venvの環境を開始する --- Windowsの場合
$ .\chatgpt_kaiwa\Scripts\activate
# venvの環境を開始する --- macOSの場合
$ source ./chatgpt_kaiwa/bin/activate
```

続いて、以下のコマンドを実行してパッケージをインストールしましょう。

コマンド実行
```
# Windows/macOS共通
# pipを最新のバージョンに更新
$ python -m pip install --upgrade pip
# openaiパッケージのインストール
$ python -m pip install openai
# python-dotenvパッケージのインストール
$ python -m pip install python-dotenv
```

VSCodeでの準備をしよう

VSCodeを起動して、「ファイル→フォルダーを開く」を選択し、仮想環境のルートフォルダー（本書では「chatgpt_kaiwa_workspace」）を指定して開きます。

そして、今回作成するプログラムのためのフォルダーを作成しましょう。「chatgpt_kaiwa_workspace」配下に新しいフォルダーを作成し、「chatgpt_kaiwa_terminal」という名前をつけます。

次に、「chatgpt_kaiwa_terminal」フォルダー配下に「.env」と「japanese_to_english_translator.py」を作成しましょう。

そして最後に、バージョン管理ツールを利用している場合は、「.gitignore」ファイルに「.env」を追加して、バージョン管理の対象外としましょう。

> ソースリスト

```
chatgpt_kaiwa_workspace
└── chatgpt_kaiwa_terminal
    ├── .env … 環境変数を保管
    └── japanese_to_english_translator.py … メインプログラム
```

コーディングしよう

「japanese_to_english_translator.py」に以下のプログラムを書きましょう。

> Python ソースリスト | src/ch6/chatgpt_kaiwa_terminal/japanese_to_english_translator.py

```python
# python-dotenvパッケージやosパッケージのインポート
import os
from typing import Any, Dict, List

from dotenv import load_dotenv
from openai import OpenAI

# APIキーを環境変数から読み込んで設定
load_dotenv()
openai_api_key: str = os.getenv("OPENAI_API_KEY")

# OpenAIインスタンス作成
client: OpenAI = OpenAI(api_key=openai_api_key)

# 役割や質疑応答の内容を保存するリスト ——(※1)
messages: List[Dict[str, str]] = [
    # 役割の設定 ——(※2)
    {
        "role": "system",
        "content": "あなたは、子供向けにシンプルにわかりやすく教える大阪弁の英語の先生です
```

```python
          。",
    }
]


# ChatGPTと会話するための関数 ——(※3)
def ask_chatgpt(user_question: str, model: str = "gpt-4o-mini"):
    # 質問をリストに追加 ——(※4)
    messages.append({"role": "user", "content": user_question})

    # ChatGPTのAPIを使って、質問する ——(※5)
    response: Dict[str, Any] = client.chat.completions.create(
        model=model,
        messages=messages,
    )
    # ChatGPTの回答を取得
    chatgpt_answer: str = response.choices[0].message.content

    # ChatGPTの回答をリストに追加 ——(※6)
    messages.append({"role": "assistant", "content": chatgpt_answer})

    # ChatGPTの回答を返却
    return chatgpt_answer


if __name__ == "__main__":
    # ask_chatgpt関数を使って、日本語から英語への翻訳を依頼 ——(※7)
    print("*****英語に翻訳したい文章を日本語で入力してください。")
    user_input: str = input("日本語>")
    user_question: str = "「" + user_input + "」" + "を英語に翻訳してください。"
    print("ChatGPTの回答>" + ask_chatgpt(user_question))

    # ask_chatgpt関数を使って、単語分割を依頼 ——(※8)
    print("*****さらに、単語分割の結果も知りたいですか？（1:知りたい、2：不要）")
    user_input = input("1:知りたい、1以外：不要 >")
    if user_input != "1":
        quit()
    user_question: str = (
        "翻訳結果を単語分割して、それぞれの単語の意味と発音を教えてください。"
    )
```

```
print(ask_chatgpt(user_question))
```

そして、「.env」に OpenAI ChatGPT API の API キーを以下のように設定しましょう。

ソースリスト

```
OPENAI_API_KEY=YOUR_OPENAI_API_KEY
```

実行して、結果を確認しよう

VSCode の画面左側にあるファイルエクスプローラーで「japanese_to_english_translator.py」を右クリックして「ターミナルで Python ファイルを実行する」を選択して、プログラムを実行しましょう。そして、「日本語>」と表示された部分に、英語に翻訳したい日本語の文章を入力しましょう。以下は、「受けるより与える方が幸福である」という文章を入力した結果になります。

実行結果

```
*****英語に翻訳したい文章を日本語で入力してください。
日本語>受けるより与える方が幸福である
ChatGPTの回答>「受けるより与える方が幸福である」は、英語で「It is happier to
give than to receive」となります。これ、覚えといてな！
```

結果は多少異なるかもしれませんが、上記のように関西弁で英語の翻訳結果が表示されれば成功です。また、「さらに、単語分割の結果も知りたいですか？」と表示されるので、「1」を入力しましょう。

実行結果

```
*****さらに、単語分割の結果も知りたいですか？（1:知りたい、2：不要）
1:知りたい、1以外：不要 >1
もちろんやで！「It is happier to give than to receive」を単語ごとに分けて、それぞ
れの意味と発音を説明するな。

1. **It** (イット)
  - 意味：それ
  - 発音：/ɪt/

2. **is** (イズ)
  - 意味：〜である
  - 発音：/ɪz/
```

英語の単語分割の結果が表示されれば成功です。連続した会話をすることができました。

プログラムの内容を確認しよう

　プログラムの内容を確認してみましょう。

　(※1)の部分で、「messages」パラメーターに指定するためのリストを定義しています。

　(※2)の部分で、ChatGPTに役割を与えるための設定をしています。具体的には、「messages」リストに対して、「role」に「system」、「content」に設定したい役割を指定して追加しています。前回の実行結果と違い、ChatGPTからの応答が大阪弁になっていたのは、ここで役割を設定したためです。

　(※3)の部分で、ChatGPTと会話するための関数を定義し、ユーザーが入力した質問内容を引数として受け取っています。

　(※4)の部分で、引数で受け取った質問内容を「messages」リストに追加しています。その際、「role」に「user」、「content」に質問内容を指定しています。

　(※5)の部分で、OpenAI ChatGPT APIを利用して、質問しています。そこで、「messages」リストを渡しています。

　(※6)の部分で、OpenAI ChatGPT APIからの回答を「messages」リストに追加しています。ここで、「role」に「assistant」、「content」に回答内容を指定しています。

　(※7)の部分で、作成した関数を使って、1回目の会話をしています。1回目の会話が終わった時点での「messages」リストの内容は以下のようになります。

生成AIのプロンプト

```
messages = [
  # 役割の設定
  {
    "role": "system",
    "content": "あなたは、子供向けにシンプルにわかりやすく教える大阪弁の英語の先生です。",
```

```
  },
  # 1回目の会話
  {
    "role": "system",
    "content": "「受けるより与える方が幸福である」を英語に翻訳してください。",
  },
  {
    "role": "assistant",
    "content": "「受けるより与える方が幸福である」は、英語で「It is happier to give than to receive」となります。これ、覚えといてな！",
  }
]
```

(※8) の部分で、作成した関数を使って、2回目の会話をしています。その時、「翻訳結果を単語分割して、それぞれの単語の意味と発音を教えてください。」という固定の質問をしています。そのため、2回目に OpenAI ChatGPT API を呼び出す際の「messages」リストの内容は以下のようになります。

生成 AI のプロンプト

```
messages = [
  # 役割の設定
  {
    "role": "system",
    "content": "あなたは、子供向けにシンプルにわかりやすく教える大阪弁の英語の先生です。",
  },
  # 1回目の会話
  {
    "role": "user",
    "content": "「受けるより与える方が幸福である」を英語に翻訳してください。",
  },
  {
    "role": "assistant",
    "content": "「受けるより与える方が幸福である」は、英語で「It is happier to give than to receive」となります。これ、覚えといてな！",
```

```
    },
    # 2回目の会話
    {
      "role": "user",
      "content": "「翻訳結果を単語分割して、それぞれの単語の意味と発音を教えてく
ださい。",
    },
]
```

　このように、過去の会話の履歴と今回の質問の内容を送付することにより、ChatGPTは
今までの会話の内容を踏まえた回答をしてくれます。その結果、連続した会話をすること
ができます。

● OpenAI ChatGPT API を Flask から利用してみよう

　では次に、OpenAI ChatGPT API を Flask から利用して、先ほどターミナルから行ってい
たことを Web アプリ化してみましょう。具体的には、以下のような Web アプリを作ってみ
ましょう。

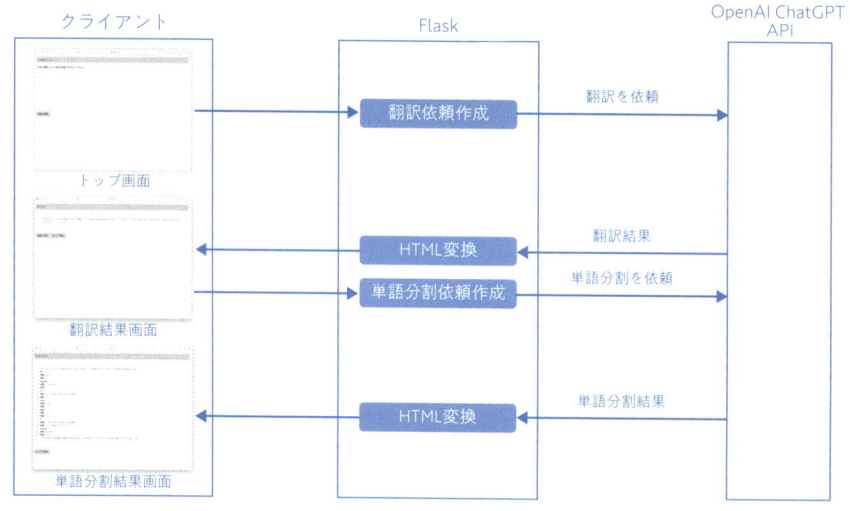

`fig17` 完成イメージ

　3つの画面を作成し、トップ画面で入力した文章を OpenAI ChatGPT API で英語に翻訳し、
結果を翻訳結果画面に表示します。さらに、翻訳結果画面から単語分割の依頼がされた場
合、OpenAI ChatGPT API で単語分割をし、結果を単語分割結果画面に表示します。

必要なパッケージをインストールしよう

　以下のコマンドを実行して、Flask と markdown 用のパッケージをインストールしましょう。markdown パッケージをインストールする理由は、単語分割などを OpenAI ChatGPT API に依頼した場合、マークダウンの形式で返却されることが多かったため、マークダウンを HTML に変換するために利用しています。

コマンド実行
```
# Windows/macOS共通
# Flaskをインストール
$ python -m pip install Flask==3.0.3
# markdownをインストール
$ python -m pip install markdown
```

VSCode での準備をしよう

　今回作成するプログラムのためのフォルダーを作成しましょう。「chatgpt_kaiwa_workspace」配下に新しいフォルダーを作成し、「chatgpt_kaiwa_flask」という名前をつけます。

　次に、「chatgpt_kaiwa_flask」フォルダーに「app.py」と「.env」と「templates」フォルダーを作成しましょう。さらに、「templates」フォルダーに「base.html」と「index.html」と「translation_result.html」と「tokenization_result.html」を作成しましょう。

　最後に、バージョン管理ツールを利用している場合は、「.gitignore」ファイルに「.env」を追加して、バージョン管理の対象外としましょう。

フォルダー構成
```
chatgpt_kaiwa_workspace
└── chatgpt_kaiwa_flask
    ├── app.py … メインプログラム
    ├── .env … 環境変数やセッションシークレットキーを保管
    └── templates
        ├── base.html … ベーステンプレート
        ├── index.html … トップページ用のテンプレート
        ├── translation_result.html … 翻訳結果ページ用のテンプレート
        └── tokenization_result.html … 単語分割結果ページ用のテンプレート
```

コーディングしよう

「app.py」に以下のプログラムを書きましょう。

Python ソースリスト src/ch6/chatgpt_kaiwa_flask/app.py

```python
import os
from typing import Any, Dict, List

import markdown
from dotenv import load_dotenv
from flask import Flask, render_template, request, session
from openai import OpenAI

# Flaskインスタンスを生成
app: Flask = Flask(__name__)

# 環境変数を読み込み、APIキーとセッションのシークレットキーを設定  ——(※1)
load_dotenv()
client: OpenAI = OpenAI(api_key=os.getenv("OPENAI_API_KEY"))
app.secret_key = os.getenv("APP_SECRET_KEY")


# セッションを初期化するための関数  ——(※2)
def initialize_session():
    session.clear()
    session["messages"] = [
        # 役割の設定
        {
            "role": "system",
            "content": "あなたは、子供向けにシンプルにわかりやすく教える大阪弁の英語の先
生です。",
        }
    ]


# セッションに会話を追加するための関数  ——(※3)
def append_session(role: str, content: str):
    messages: List = session["messages"]
    messages.append({"role": role, "content": content})
    session["messages"] = messages
```

```python
# ChatGPTと会話するための関数　——(※4)
def ask_chatgpt(user_question: str, model: str = "gpt-4o-mini"):
    # ユーザーの質問をセッションに追加
    append_session("user", user_question)

    # ChatGPTのAPIを使って、質問する
    response: Dict[str, Any] = client.chat.completions.create(
        model=model,
        messages=session["messages"],
    )

    # ChatGPTの回答を取得し、セッションに追加
    chatgpt_answer: str = response.choices[0].message.content
    append_session("assistant", chatgpt_answer)

    # ChatGPTの回答をhtml文字列に変換して返却
    return markdown.markdown(chatgpt_answer)


# 「/」にアクセスがあった場合のルーティング ——(※5)
@app.route("/")
def index():
    return render_template("index.html")


# 「/translate」にアクセスがあった場合のルーティング　——(※6)
@app.route("/translate", methods=["POST"])
def translate():
    # セッションを初期化
    initialize_session()

    # ユーザーの入力値を取得して、質問を作成
    user_input: str = request.form.get("user_input")
    user_question: str = "「" + user_input + "」" + "を英語に翻訳してください。"

    # ChatGPTに質問して、結果を取得
    translation_result: str = ask_chatgpt(user_question)
```

```python
    # 結果を返却
    return render_template(
        "translation_result.html", translation_result=translation_result
    )


# 「/tokenize」にアクセスがあった場合のルーティング    ——(※7)
@app.route("/tokenize", methods=["POST"])
def tokenize():
    # 質問を作成
    user_question: str = (
        "翻訳結果を単語分割して、それぞれの単語の意味と発音を教えてください。"
    )
    # ChatGPTに質問して、結果を取得
    tokenization_result: str = ask_chatgpt(user_question)

    # 結果を返却
    return render_template(
        "tokenization_result.html", tokenization_result=tokenization_result
    )


if __name__ == "__main__":
    app.run(debug=True)
```

「base.html」に以下のプログラムを書きましょう。

```html
<!DOCTYPE html>
<html lang="ja">

<head>
    <meta charset="UTF-8">
    <meta name="viewport" content="width=device-width, initial-scale=1">
    <link rel="stylesheet" href="https://cdn.jsdelivr.net/npm/bulma@1.0.2/css/bulma.min.css">
    <!-- タイトルブロックを定義 -->
    <title>
        {% block title %}
        <!-- ここにタイトルを表示 -->
```

```
        {% endblock %}
    </title>
</head>

<body class="p-3">
    <header>
        <h1 class="has-background-primary p-3 mb-3">
            <!-- ヘッダーブロックを定義 -->
            {% block header %}
            <!-- ここにヘッダーを表示 -->
            {% endblock %}
        </h1>
    </header>
    <main>
        <!-- コンテンツブロックを定義 -->
        {% block contents %}
        <!-- ここにコンテンツを表示 -->
        {% endblock %}
    </main>
</body>

</html>
```

「index.html」に以下のプログラムを書きましょう。

HTMLソースリスト　src/ch6/chatgpt_kaiwa_flask/templates/index.html

```
<!-- 「base.html」を継承 -->
{% extends "base.html" %}

<!-- タイトルブロックを書き換える -->
{% block title %}
日英翻訳ページ
{% endblock %}

<!-- ヘッダーブロックを書き換える -->
{% block header %}
日英翻訳ツール
{% endblock %}

<!-- コンテンツブロックを書き換える -->
```

```
{% block contents %}
<!-- 翻訳したい文章を送信するフォームを定義 ——(※8) -->
<form action="{{url_for('translate')}}" method="POST">
    <div class="card p-3">
        <label class="label" for="user_input">英語に翻訳したい文章を日本
語で入力してください:</label><br>
        <textarea id="user_input" name="user_input" rows="10"
cols="80" class="textarea"></textarea>
    </div>
    <input type="submit" value="英語に翻訳" class="button is-primary">
</form>
{% endblock %}
```

「translation_result.html」に以下のプログラムを書きましょう。

HTML ソースリスト src/ch6/chatgpt_kaiwa_flask/templates/translation_result.html

```
<!-- 「base.html」を継承 -->
{% extends "base.html" %}


<!-- タイトルブロックを書き換える -->
{% block title %}
日英翻訳ページ
{% endblock %}


<!-- ヘッダーブロックを書き換える -->
{% block header %}
翻訳結果
{% endblock %}


<!-- コンテンツブロックを書き換える -->
{% block contents %}
<!-- 翻訳結果の表示 ——(※9) -->
<form action="{{url_for('tokenize')}}" method="POST">
    <div class="card p-6">
        {{translation_result|safe}}
    </div>
    <input type="submit" value="単語に分割" class="button is-primary">
    <a href="{{url_for('index')}}" class="button is-primary">トップへ戻る</a>
</form>
{% endblock %}
```

「tokenization_result.html」に以下のプログラムを書きましょう。

HTML ソースリスト src/ch6/chatgpt_kaiwa_flask/templates/tokenization_result.html

```html
<!-- 「base.html」を継承 -->
{% extends "base.html" %}

<!-- タイトルブロックを書き換える -->
{% block title %}
日タイ翻訳ページ
{% endblock %}

<!-- ヘッダーブロックを書き換える -->
{% block header %}
単語分割結果
{% endblock %}

<!-- コンテンツブロックを書き換える -->
{% block contents %}
<!-- 単語分割の結果を表示 ——(※10) -->
<div class="card p-6">
    {{tokenization_result|safe }}
</div>
<a href="{{url_for('index')}}" class="button is-primary">トップへ戻る</a>

{% endblock %}
```

　そして、環境変数の設定ファイル「.env」に、OpenAI ChatGPT API の API キーと Flask のセッションを利用するためのシークレットキー（「3-2. 掲示板アプリにログイン機能を追加しよう」で紹介した通り、ある程度長さのある任意の文字列）を設定しましょう。

環境変数「.env」の具体例
```
OPENAI_API_KEY=YOUR_OPENAI_API_KEY
APP_SECRET_KEY=YOUR_APP_SECRET_KEY
```

実行して、結果を確認しよう

　VSCodeの画面左側にあるファイルエクスプローラーで「app.py」を右クリックして「ターミナルでPythonファイルを実行する」を選択して、アプリケーションを起動しましょう。そして、ブラウザーを開いて「http://127.0.0.1:5000」にアクセスしてみましょう。トップ画面が表示されます。

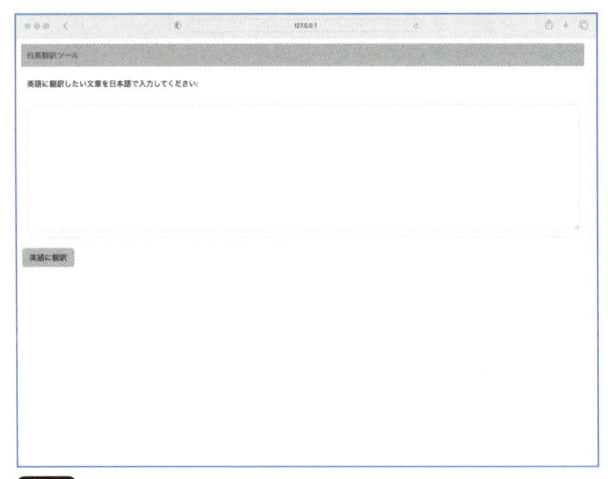

fig18 「/」にアクセスしたところ

　英語に翻訳したい文章を入力して、「英語に翻訳」ボタンをクリックしましょう。結果は多少異なるかもしれませんが、以下のように、英語への翻訳結果が表示されれば成功です。

fig19 「/translate」にアクセスしたところ

　さらに、「単語分割」ボタンをクリックしましょう。結果は多少異なるかもしれませんが、以下のように、単語分割結果が表示されれば成功です。

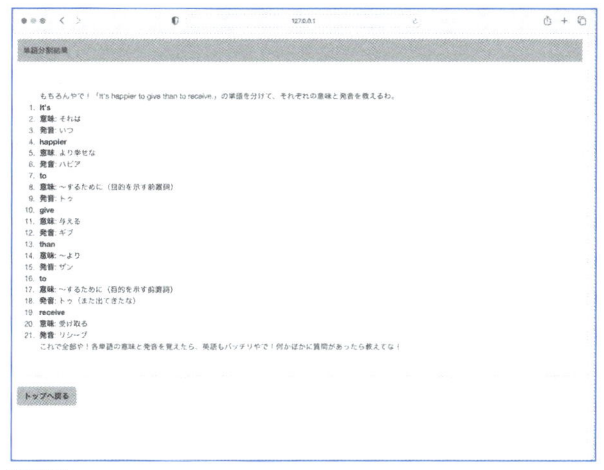

「/tokenize」にアクセスしたところ

プログラムの内容を確認しよう

では、作成したプログラムを確認しましょう。

（※1）の部分では、「.env」から環境変数を読み込み、OpenAI ChatGPT API の API キーとセッションのシークレットキーを設定しています。なぜ、今回のプログラムでセッションを利用しているのでしょうか。

会話の履歴をユーザー毎に管理するためです。この Web アプリは ChatGPT と複数回の会話をするアプリのため、どこかで会話の履歴を管理する必要があります。もしかすると、Web アプリ化する前のプログラムと同様、会話の履歴をサーバー側で一つの変数（「messages」）に入れて保持すれば良いと思うかもしれません。ただ、Web アプリの利用者は一人だけではないので、サーバー側で一つの変数に入れて保持した場合、色々な人の会話の履歴が追加されてしまい、結果として、ChatGPT に思った通りの質問をすることができなくなってしまいます。ですから、会話の履歴はユーザー毎に管理する必要があります。会話の履歴をユーザー毎に管理する方法はいくつかありますが。今回はセッションを使い、セッションの中に「messages」リストを保持するようにしています。

（※2）の部分では、セッションを初期化するための関数を定義しています。具体的には、セッションをクリアし、「messages」リストに対して、「role」に「system」、「content」に役割を指定して追加しています。なぜ、セッションを初期化する必要があるのでしょうか。一度翻訳や単語分割をした後、同一セッションで再度翻訳や単語分割をする場合、最初の翻訳結果や単語分割の結果は「messages」リストに残しておく必要がありません。残しておくと、「messages」リストのサイズが大きくなり、OpenAI ChatGPT API に渡すトークン数が大きくなってしまうためです。

（※3）の部分では、クライアントからの依頼内容や OpenAI ChatGPT API からの応答結果

をセッションの「messages」リストに追加するための関数を定義しています。

（※4）の部分では、OpenAI ChatGPT API を呼び出すための関数を定義しています。（※3）で作成した関数を使って、クライアントからの依頼内容をセッションの「messages」リストに追加し、OpenAI ChatGPT API を呼び出し後、応答結果をセッションの「messages」リストに追加しています。また、OpenAI ChatGPT API の応答結果がマークダウンの形式で返却されることが多かったため、HTML に変換して返却しています。

（※5）の部分では、サーバーのルート「/」にアクセスがあった場合のルーティングを設定しています。具体的には、トップ画面（index.html）を表示しています。

（※6）の部分では、「/translate」にアクセスがあった場合のルーティングを設定しています（後ほど説明しますが、トップ画面で「英語に翻訳」ボタンがクリックされるとアクセスされます）。具体的には、セッションを初期化し、ユーザーの入力内容を加工して、英語に翻訳してもらうための指示を作成し、（※4）で作成した関数で OpenAI ChatGPT API を呼び出し、翻訳結果画面（translation_result.html）を表示しています。

（※7）の部分では、「/tokenize」にアクセスがあった場合のルーティングを設定しています（こちらも後ほど説明しますが、翻訳結果画面で「単語に分割」ボタンがクリックされるとアクセスされます）。具体的には、単語分割をしてもらう指示を作成し、（※4）で作成した関数で OpenAI ChatGPT API を呼び出し、単語分割結果画面（tokenization_result.html）を表示しています。

（※8）の部分では、トップ画面の定義をしています。具体的には、文章を入力するテキストエリアや、「英語に翻訳」ボタンをクリックすると、「/translate」にアクセスするように定義しています。

（※9）の部分では、翻訳結果画面の定義をしています。具体的には、翻訳結果を表示し、「単語に分割」ボタンをクリックすると、「/tokenize」にアクセスするように定義しています。

（※10）の部分では、単語分割画面の定義をしています。ここでは、単語分割結果を表示し、「トップへ戻る」ボタンをクリックすると、「/index」にアクセスするように定義しています。

OpenAI ChatGPT API から決まった構造でデータを受け取るには

作成したWebアプリでは、翻訳結果や単語分割結果を「div」タグの中にそのまま表示しました。しかし、単語分割結果などは、単語、意味、発音を表形式などで表示できた方が、見やすくなると感じることでしょう。そのためには、OpenAI ChatGPT API から決まった構造でデータを受け取る必要があり、その方法が、以下のサイトで紹介されています。もし、ユーザーインターフェイスの向上や OpenAI ChatGPT API からの応答を利用してもう少し複雑な処理をしたい場合などは、以下のサイトの方法を試してみると良いでしょう。

● Introducing Structured Outputs in the API
　[URL] https://openai.com/index/introducing-structured-outputs-in-the-api/

この節のまとめ

- (!) 「system」ロールを指定して、「messages」パラメーターに追加すると、役割や性格などを設定できる
- (!) ユーザーの質問は「user」ロール、OpenAI ChatGPT API からの回答は「assistant」ロールを指定して「messages」に追加し送付すると、連続した会話をすることができる
- (!) OpenAI ChatGPT API は Flask からも利用できる。ただし、会話の履歴はユーザー毎に管理する必要がある

AIによる自動作図ツールを作ろう

引き続き、ChatGPTのAPIを利用したWebアプリを作ります。JavaScriptで
簡単な作図が可能なMermaidというライブラリーがあります。これを使って
自動的に作図するツールを作ってみましょう。

**ここで
学ぶこと**
- → Mermaidについて
- → AIで作図する方法について
- → プロンプトのテンプレート
- → プロンプトインジェクション

● AI作図ツールを作ってみよう

　本節ではAIを利用して作図を行うプログラムを作成します。作図を行うプロンプトを組
み立て、ChatGPTのAPIを利用して、実際に作図を行うツールを作成してみましょう。

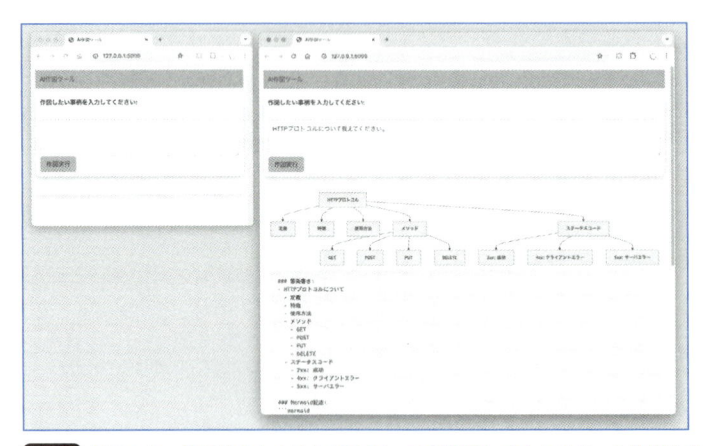

fig21　作図したい事柄を入力すると自動的にAIが作図してくれるツールを作ろう

　作図してみたい事柄を入力すると、自動的にMermaidのコードを生成し、画面に図形を
表示します。「ワインの種類」や「スマートフォンのメーカーと代表製品」、「素数の求め
方」など、幅広い話題の図を自動的に作成できます。

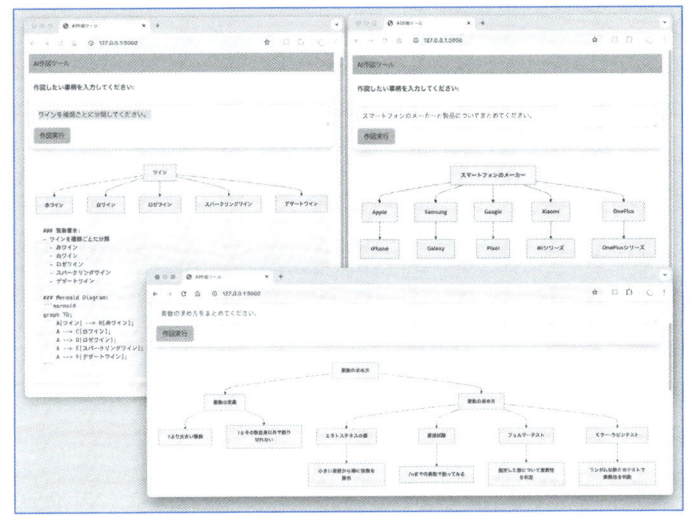

fig22 作図ツールで、ワインの種類や、スマートフォンのメーカー、素数の求め方など試してみたところ

Mermaidというのは、テキストでグラフを作成できるダイアグラムツールです。オープンソースの作図ツールで、JavaScriptにて動作します。

●Mermaid > Live Editor
　[URL] https://mermaid.live/

● 作図のためのプロンプトを用意しよう

　最初に作図を行うためのプロンプトを用意しましょう。スムーズに作図を行うために、最初に箇条書きで物事をまとめてもらって、その後、Mermaid記法のコードを生成するように指示します。具体的には、次のようなプロンプトを用意しました。このプロンプトの[[INPUT]]の部分をユーザーの入力に置換します。

生成 AI のプロンプト ｜ src/ch6/auto_graph_ai/mermaid.prompt.txt

```
### 指示:
1. 次の入力テキストを箇条書きにしてください。
2. 箇条書きを元にして、mermaid記法で作図してください。
### 入力:
```

[[INPUT]]
```
### 出力形式:
```

```
```mermaid
ここにmermaidのコード
```
```

　例えば、[[INPUT]]の部分を「クイック ソートのアルゴリズムを作図してください。」に置き換えて試してみましょう。 ChatGPTにプロンプトを入力して試すと、 次のように表示されます。

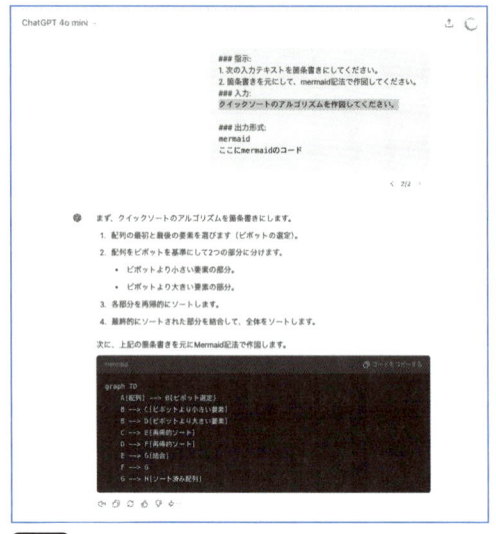

　なお、このプロンプトでは、最終的にMermaid図を出力するように指示を与えています。

　先ほどChatGPTで出力された Mermaid の コ ー ド を、 MermaidのWebサイトにある ライブエディターに貼り付けて 試してみましょう。これを見る と、作図できていることが分か ります。

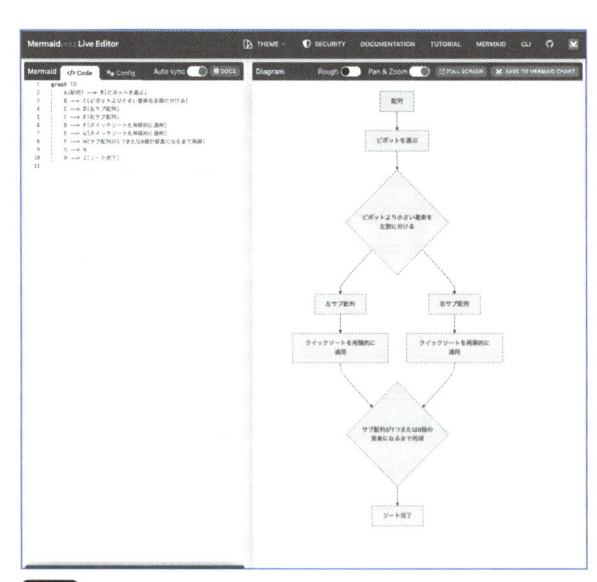

fig24 Mermaid 図を描画したところ

● AI作図アプリのプログラム

それでは、AI作図ツールのプログラムを作成しましょう。このアプリは次のようなファイル構成で作成します。

ファイル構成
```
├── requirements.txt ... 必要なパッケージの一覧を記述したもの
├── app.py ... メインプログラム
├── make_graph.py ... ChatGPTを利用して作図を行うモジュール
├── mermaid.prompt.txt ... 作図を行うプロンプトのテンプレート
└── templates ... HTMLのテンプレート
    ├── base.html ... 骨組みとなるテンプレート
    └── index.html ... メイン画面のテンプレート
```

それでは、このアプリで必要となるパッケージをインストールしましょう。ターミナルで下記のコマンドを実行しましょう。

コマンド実行
```
$ python -m pip install -r requirements.txt
```

AI作図を行うモジュールのプログラム

ChatGPTのAPIを呼び出して作図を行うPythonモジュールのプログラムは次のようになります。

Python ソースリスト | src/ch6/auto_graph_ai/make_graph.py
```python
import os
from dotenv import load_dotenv
from openai import OpenAI

SCRIPT_DIR = os.path.dirname(os.path.abspath(__file__))
PROMPT_FILE = os.path.join(SCRIPT_DIR, "mermaid.prompt.txt")

# 環境変数を読み込みOpenAIのキーを初期化 ——(※1)
load_dotenv()
openai_client: OpenAI = OpenAI()

# ChatGPTに問い合わせを行う関数 ——(※2)
def ask_chatgpt(prompt: str) -> str:
    sys = "You are an expert in organizing things logically" + \
```

```python
            " and creating Mermaid diagrams."
        response = openai_client.chat.completions.create(
            model="gpt-4o-mini",
            messages=[
                {"role": "system", "content": sys},
                {"role": "user", "content": prompt},
            ])
        return response.choices[0].message.content


# 指示を元に作図する関数 ——(※3)
def make_graph(input: str) -> str:
    # 作図プロンプトのテンプレートを読み込む ——(※4)
    with open(PROMPT_FILE, "r", encoding="utf-8") as f:
        prompt = f.read()
    # プロンプトを作成 ——(※5)
    input = input.replace("```", "` ` `") # 特殊記号をエスケープ
    prompt = prompt.replace("[[INPUT]]", input)
    # ChatGPTに問い合わせ ——(※6)
    result = ask_chatgpt(prompt)
    # Mermaidのコードを取り出す ——(※7)
    code = "graph TD; A[残念]-->B[作図失敗];" # デフォルトのコード
    if "```" in result:
        text = result.replace("```mermaid", "```")
        code = text.split("```")[1]
    return code, result


if __name__ == '__main__':
    # テスト ——(※8)
    code, result = make_graph("有名なプログラミング言語を列挙してください。")
    print("code:", code)
    print("result:", result)
```

　プログラムの(※1)に書いている通り環境変数の定義ファイル「.env」にOpenAIのAPIキーを設定しておいてください。詳しくは前節をご覧ください。

　モジュールをテストするには、ターミナルで下記のコマンドを実行します。テストとして、有名なプログラミング言語の一覧を列挙して、それをMermaidで作図します。

コマンド実行
```
$ python make_graph.py
```

コマンドを実行すると次のように結果が出力されます。出力されたMermaidのコードを前述のライブエディターに入力すると、正しく図が作成されたことが確認できます。

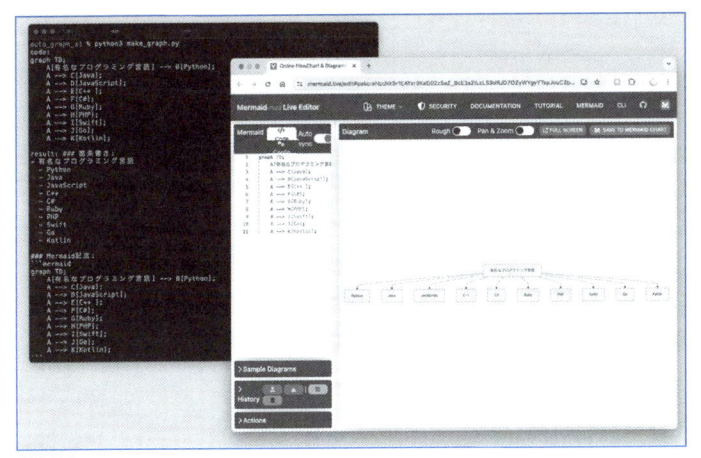

fig25 AI作図モジュールを実行したところ

プログラムを見てみましょう。(※1)では環境変数の初期化を行って、OpenAIのAPIキーを初期化してクライアントを作成します。(※2)では(※1)で用意したOpenAIのクライアントを利用してChatGPTのAPIを呼び出します。

(※3)では引数に指定した入力を元にして作図を行います。(※4)ではプロンプトのテンプレートを読み出して、(※5)でテンプレートに指示を埋め込んでプロンプトを組み立てます。その際、ユーザーの入力にテンプレートを壊す文字列が入りこまないように、文字列「```」をエスケープします。ユーザーからの入力を検証し、危険な入力を無効化するのはWebアプリではとても重要な処理です。

(※6)ではChatGPTを呼び出して作図してもらいます。(※7)では、プロンプトからMermaidのコードを抽出します。ChatGPTではコードはMarkdownで出力されるので「```」から「```」の間にあるのがMermaidのコードになります。

最後の(※8)ではコマンドラインからテスト実行した時の処理を記述します。

COLUMN

プロンプトインジェクションについて

「プロンプトインジェクション（Prompt Injection）」というのは、大規模言語モデル（LLM）におけるセキュリティリスクの一種で、攻撃者がモデルに与えられるプロンプトを操作し、意図しない出力や行動を引き起こす攻撃手法です。攻撃者がプロンプト内に悪意のある入力を挿入することで、モデルの動作を妨害したり、予期しない情報を引き出したりします。

プロンプトインジェクションによって、本来出力されるべきでない内部情報（APIキーやデータベースのパスワードなど）をモデルから引き出したり、モデルに与えられたタスクを中断させ、異なるタスクを実行したりします。

これを防ぐには、プロンプトに与える入力をクォート記号（"""や```など）で括ります。

加えて、意図的にクォートを無効にする攻撃を回避するために、クォート記号を無効にする処理も忘れないようにします。プログラム「make_graph.py」の(※7)で行っている処理はこのエスケープ処理です。

このように、簡単な工夫でプロンプトインジェクションが防げるので忘れないようにしましょう。

AI作図のメインプログラム

続いて、上記のモジュールを利用して、AI作図アプリのメインプログラムを作りましょう。次のようになります。

Python ソースリスト | src/ch6/auto_graph_ai/app.py

```python
import json
from flask import Flask, render_template, request, jsonify
from make_graph import make_graph

# Flaskインスタンスを生成 ——(※1)
app: Flask = Flask(__name__)

# 「/」にアクセスがあった場合のルーティング ——(※2)
@app.route("/")
def index():
    return render_template("index.html")

# 作図を実行する関数(JavaScriptから呼び出される) ——(※3)
@app.route("/api/sakuzu", methods=["POST"])
def api_sakuzu():
    # パラメーターを取得 ——(※4)
    body: str = request.data.decode("utf-8")
    try:
        data = json.loads(body)
        input: str = data["input"]
        print("input:", input)
    except Exception as e:
        print(e)
        return "error"
    # 作図をして結果を返す ——(※5)
    code, result = make_graph(input)
```

```python
    return jsonify({"code": code, "result": result})

if __name__ == "__main__":
    app.run(debug=True)
```

　主な処理は、先ほどの掲載したプログラム「make_graph.py」に書いてありますので、メインプログラムはスッキリしています。プログラムを確認してみましょう。

　(※1)ではFlaskのオブジェクトを作成します。(※2)では、ルートへのアクセスでテンプレートの「index.html」を出力します。

　(※3)ではテンプレートのindex.htmlに埋め込まれたJavaScriptから非同期通信でアクセスが行われる関数api_sakuzuを定義します。今回、クライアント側からJSON形式でリクエストが送信され、JSON形式でレスポンスを返すという形式にしてみました。そのため、(※4)では、request.dataを利用して、送信されたデータを取り出し、JSON形式のデータをデコードしてユーザーの入力を取り出します。そして、(※5)で作図処理を行って、JSONで結果を返します。

テンプレート「index.html」について

　このプロジェクトでは、HTMLの骨組みを定義した「base.html」と入力フォームやMermaid図の描画を行う「index.html」の2つのテンプレートファイルを利用します。このうち、骨組みである「base.html」は他のプロジェクトとほぼ同じであるため、掲載を省略します。

　それでは、入力フォームとMermaid図の描画を行うJavaScriptを定義した「index.html」の内容を確認してみましょう。

> **HTML ソースリスト** | **src/ch6/auto_graph_ai/templates/index.html**

```html
<!-- 「base.html」を継承 -->
{% extends "base.html" %}


<!-- コンテンツブロックを書き換える -->
{% block contents %}
<!-- ユーザー入力ボックスを定義——(※1) -->
<div class="card">
    <div class="card p-3">
        <label class="label" for="input">
            作図したい事柄を入力してください:</label><br>
        <textarea id="input" name="input" rows="3" cols="60"
         class="textarea"></textarea>
        <button id="run" class="button is-primary">作図実行</button>
```

```html
        </div>
    </div>
    <!-- 作図した結果を表示する部分──(※2) -->
    <div class="card p-3">
        <div id="zu"></div>
        <div><pre id="note"></pre></div>
    </div>
    <script type="module">
        // Mermaidのライブラリーを読み込み ──(※3)
        import mermaid
        from 'https://cdn.jsdelivr.net/npm/mermaid@11/dist/mermaid.esm.min.mjs';
        mermaid.initialize({ startOnLoad: false }); // ライブラリーの初期化
        // JavaScriptでデータをサーバーに送信する処理を記述 ──(※4)
        const api = "/api/sakuzu"
        const runButton = document.getElementById("run")
        const zu = document.querySelector("#zu")
        runButton.addEventListener("click", () => { // クリックした時 ──(※5)
            zu.innerHTML = "... 現在作図中です ..."
            runButton.disabled = true; // ボタンを連打できないように無効にする
            const input = document.getElementById("input").value;
            // 非同期通信でサーバーと通信する ──(※6)
            fetch(api, {
                method: "POST",
                headers: {"Content-Type": "application/json"},
                body: JSON.stringify({ input }),
            })
            .then((response) => response.json())
            .then(async (data) => {
                // サーバーから結果が戻ってきた時 ──(※7)
                runButton.disabled = false; // ボタンの状態を戻す
                zu.innerHTML = ""
                console.log(data);
                if (data.code) {
                    // Mermaidで作図を行う ──(※8)
                    const {svg} = await mermaid.render('diagram', data.code)
                    zu.innerHTML = svg
                    document.getElementById("note").innerText = data.result
                }
            });
```

```
    });
  </script>
  {% endblock %}
```

　このHTMLですが、ポイントは後半のJavaScriptの部分にあります。非同期通信でサーバーにアクセスを行い、作図したMermaidのコードを受け取って、作図を行います。それではコードを確認してみましょう。

　(※1)では、ユーザーが入力するテキストボックスと「作図実行」ボタンのHTMLを記述します。(※2)では、作図した結果を表示するHTMLを記述します。

　(※3)以降の部分がJavaScriptのコードです。最初にWeb上にあるMermaidのライブラリーを取り込み、初期化処理を行います。

　(※4)以降ではボタンをクリックした時に、JavaScriptで非同期通信を行って、サーバーと通信を行う処理を記述します。(※5)ではクリックした時の処理を記述します。

　(※6)ではfetch関数を使って非同期通信を行います。第二引数のオブジェクトですが、headersにContent-Typeを指定してJSONを送信することを指定しています。そして、サーバーにアクセスを行います。

　(※7)ではサーバーから作図したデータが戻ってきた時の処理を記述します。(※8)ではMermaidのコードが指定されていれば、(※3)で取り込んだMermaidオブジェクトを利用して作図を行います。

AI作図ツールを実行してみよう

　それでは、AI作図ツールを実行してみましょう。ターミナルで下記のコマンドを実行すると、FlaskのWebサーバーが起動します。

コマンド実行
```
$ python app.py
```

　ターミナルに表示されたアドレスにブラウザーでアクセスすると、作図アプリが表示されます。テキストボックスに適当に作図したい内容を入力して「作図実行」ボタンをクリックしましょう。少し待つと図形が表示されます。

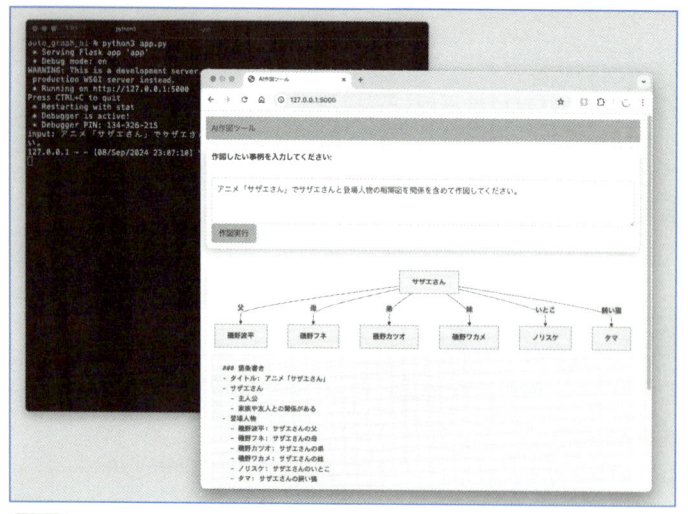

fig26 AI作図ツールを実行してみたところ

AI作図ツールを改良してみよう

　今回のプログラムでは、プロンプトのテンプレートをプログラムとは別にして、「mermaid.prompt.txt」というテキストファイルを読み込み、実際にChatGPTに問い合わせるプロンプトを作成する仕組みにしました。そのため、プロンプトを工夫することで、もっと効果的な作図ツールにすることもできます。プロンプトを工夫してみてください。

　また、Mermaidで作成した図は、SVG形式となっています。そのためSVGファイルを保存する機能を追加すると、使い勝手の良いものとなるでしょう。他にもいろいろなアイデアがありますので、実装してみてください。

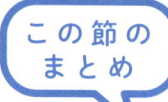

この節の
まとめ

(!) 大規模言語モデルを利用することで作図を行うことができる
(!) Mermaidはよく知られた作図の記法であるため、ChatGPTも作図コードを生成できる
(!) JavaScriptの非同期通信を利用することで、自然なUIを実現できる

chapter 6
05

オープン大規模言語モデルを使って会話型AIアプリを作ろう

本節では、オープン大規模言語モデルを利用して、「6-3.OpenAI ChatGPT API を使って会話型AIアプリを作ろう」で作成したものと同様のWebアプリを作ってみましょう。

ここで
学ぶこと

→ オープン大規模言語モデルとは
→ Ollamaを使う準備
→ Ollamaをターミナルから利用する方法
→ OllamaをFlaskから利用する方法

● オープン大規模言語モデルとは？

「オープン大規模言語モデル」（オープンLLM）とは、オープンに公開された大規模言語モデルのことです。最近は続々とオープンLLMが発表されており、代表的なオープンLLMとしては、Meta（旧Facebook）が開発した「Llama」シリーズ、Googleが開発した「Gemma」シリーズ、Mistral AIが開発した「Mistral」シリーズ、Microsoftが開発した「Phi」シリーズなどがあります。　OpenAI ChatGPTなどは、大規模言語モデルが公開されておらず、APIを通して利用することからクローズドLLMと呼ばれています。

前節で利用したOpenAI ChatGPT API は外部サーバーに大規模言語モデルが構築されており、APIを通して利用しました。しかし、オープンLLMを利用する場合は、自分で準備した環境に大規模言語モデルを構築するので、質問や回答の内容が外部サーバーに送信されず、機密情報を安全に扱えたり、API利用料が発生しなかったり、カスタマイズを自由に行えるなど、多くの利点があります。

● Ollamaを使う準備をしよう

Ollamaとは？

「Ollama」（オラマ）は、オープンLLMをローカル環境で簡単に動かすことのできるツールです。色々なオープンLLMを手軽にダウンロードし、ターミナルやAPIを通して利用することができます。

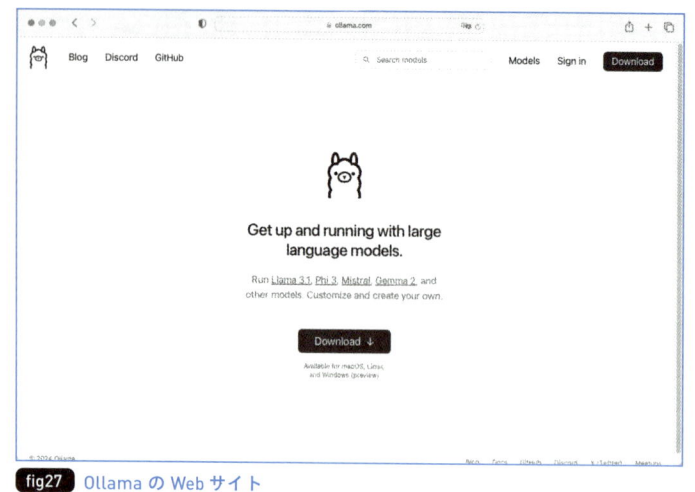

fig27 Ollama の Web サイト

● Ollama

[URL] **https://ollama.com/**

Ollama をインストールしよう

では早速、Ollama をインストールしてみましょう。以下の Web サイトからインストーラーをダウンロードし、インストーラーの指示に従って、インストールしてください。

● Ollama のダウンロード

[URL] **https://ollama.com/download**

インストールされたかを確認してみましょう。ターミナルから、以下のコマンドを実行します。

コマンド実行

```
$ ollama --version
```

「ollama version is 0.3.6」のように、バージョンが表示されれば、インストール完了です。

Ollama にモデルをダウンロードしよう

Ollama で利用可能なオープン LLM はたくさんありますが、最初に Meta が開発した「Llama 3.1」を利用してみましょう。それ以外のモデルに興味がある方は、以下のサイトから利用可能なオープン LLM を確認することができます。

●Ollamaで利用可能な大規模言語モデル
[URL] **https://ollama.com/library**

Llama 3.1 を Ollama にダウンロードするには、ターミナルから以下のコマンドを実行します。

コマンド実行

```
$ ollama pull llama3.1
```

今回は、Llama 3.1 の中で最も軽量な8B（80億パラメーター）のモデルをダウンロードしましたが、それでも4.7GBあるので、少し時間がかかりました。

モデルがダウンロードされているか確認してみましょう。ターミナルから、以下のコマンドを実行します。

コマンド実行

```
$ ollama list
```

下記のように、モデルが表示されれば成功です。

ソースリスト

```
NAME               ID            SIZE    MODIFIED
llama3.1:latest    91ab477bec9d  4.7 GB  4 minutes ago
```

また、以下のコマンドでモデルを削除できます。

コマンド実行

```
$ ollama rm llama3.1
```

● Ollamaを実行して、ターミナルから利用してみましょう

では、Ollamaを実行して、Llama 3.1 をターミナルから利用してみましょう。ターミナルから、以下のコマンドを実行します。

コマンド実行

```
$ ollama run llama3.1
```

「>>>」が表示されれば成功です。Llama 3.1 がローカル環境で実行されている状態となりました。では、早速質問をしてみましょう。ターミナルから、以下のように入力します。

>>> 「受けるより与える方が幸福である」を英語に翻訳してください。

すると、以下のような結果が返ってきました。

```
It is more blessed to give than to receive.
```

OpenAI ChatGPT API とは少し答えが違いますが、英語に翻訳した結果が返ってきました。無事にローカル環境でオープン LLM を動かすことができました。また、会話を終了するには、ターミナルで「CTRL+ D」を入力するか、「/bye」を入力します。

Ollama を Flask から利用してみよう

仮想環境を作成し、必要なパッケージをインストールしよう

最初に仮想環境を作りましょう。自分の好きな場所に仮想環境のルートフォルダーを作成します。本書では「openllm_workspace」フォルダーを作成します。次に、ターミナルを開き、作成したフォルダーに移動（cd コマンド）します。その後、ターミナルから、以下のコマンドを実行しましょう。ここでは「openllm」という環境を作成します。

```
# venvで環境を作る --- Windows/macOS共通
$ python -m venv openllm
```

ターミナルで実行環境を「openllm」環境に切り替えます。次のコマンドを実行しましょう。

```
# venvの環境を開始する --- Windowsの場合
$ .\openllm\ScriptS\activate
# venvの環境を開始する --- macOSの場合
$ source ./openllm/bin/activate
```

続いて、以下のコマンドを実行してパッケージをインストールしましょう。ollama パッケージ以外は、「6-3.OpenAI ChatGPT API を使って会話型 AI アプリを作ろう」でインストールしたパッケージと同じです。

```
# Windows/macOS共通
# pipを最新のバージョンに更新
$ python -m pip install --upgrade pip
# ollamaパッケージのインストール
$ python -m pip install ollama
# python-dotenvパッケージのインストール
$ python -m pip install python-dotenv
# Flaskをインストール
$ python -m pip install Flask==3.0.3
# markdownをインストール
$ python -m pip install markdown
```

VSCodeでの準備をしよう

　今回作成するプログラムのためのフォルダーを作成しましょう。「openllm_workspace」配下に新しいフォルダーを作成し、「openllm_flask」という名前をつけます。

　次に、「openllm_flask」フォルダーに「app.py」と「.env」と「templates」フォルダーを作成しましょう。さらに、「templates」フォルダーに「base.html」と「index.html」と「translation_result.html」と「tokenization_result.html」を作成しましょう。

　そして最後に、バージョン管理ツールを利用している場合は、「.gitignore」ファイルに「.env」を追加して、バージョン管理の対象外としましょう。

```
openllm_workspace
└── openllm_flask
    ├── app.py … メインプログラム
    ├── .env … 環境変数やセッションシークレットキーを保管
    └── templates
        ├── base.html … ベーステンプレート
        ├── index.html … トップページ用のテンプレート
        ├── translation_result.html … 翻訳結果ページ用のテンプレート
        └── tokenization_result.html … 単語分割結果ページ用のテンプレート
```

コーディングしよう

　「app.py」に以下のプログラムを書きましょう。なお、「app.py」と「.env」以外は、「6-3. OpenAI ChatGPT APIを使って会話型AIアプリを作ろう」で作成した「chatgpt_kaiwa_flask」フォルダーの各ファイルと同じ内容なので、必要に応じてコピーしてください。こ

こでは、ソースコードは割愛します。

/ch6/openllm_flask/app.py

```python
import os
from typing import Any, Dict, List

import markdown
from dotenv import load_dotenv
from flask import Flask, render_template, request, session

# Ollama用のパッケージをインポート    ——(※1)
from ollama import Client

# Flaskインスタンスを生成
app: Flask = Flask(__name__)

# 環境変数を読み込み、セッションのシークレットキーを設定    ——(※2)
load_dotenv()
app.secret_key = os.getenv("APP_SECRET_KEY")

# OllamaのAPIクライアント用インスタンスを生成    ——(※3)
client: Client = Client(host="http://localhost:11434")


# セッションを初期化するための関数
def initialize_session():
    session.clear()
    session["messages"] = [
        # 役割の設定
        {
            "role": "system",
            "content": "あなたは、子供向けにシンプルにわかりやすく教える大阪弁の英語の先
生です。",
        }
    ]


# セッションに会話を追加するための関数
def append_session(role: str, content: str):
    messages: List = session["messages"]
```

```python
        messages.append({"role": role, "content": content})
        session["messages"] = messages


# オープンソースLLMと会話するための関数 ——(※4)
def ask_openllm(user_question: str, model: str = "llama3.1"):
    # ユーザーの質問をセッションに追加
    append_session("user", user_question)

    # オープンソースLLMを使って、質問する
    response: Dict[str, Any] = client.chat(
        model=model,
        messages=session["messages"],
    )

    # オープンソースLLMの回答を取得し、セッションに追加
    openllm_answer: str = response["message"]["content"]
    append_session("assistant", openllm_answer)

    # ChatGPTの回答をhtml文字列に変換して返却
    return markdown.markdown(openllm_answer)


# 「/」にアクセスがあった場合のルーティング
@app.route("/")
def index():
    return render_template("index.html")


# 「/translate」にアクセスがあった場合のルーティング
@app.route("/translate", methods=["POST"])
def translate():
    # セッションを初期化
    initialize_session()

    # ユーザーの入力値を取得して、質問を作成
    user_input: str = request.form.get("user_input")
    user_question: str = "「" + user_input + "」" + "を英語に翻訳してください。"

    # オープンLLMに質問して、結果を取得 ——(※5)
```

```python
        translation_result: str = ask_openllm(user_question)

        # 結果を返却
        return render_template(
            "translation_result.html", translation_result=translation_result
        )


    # 「/tokenize」にアクセスがあった場合のルーティング
    @app.route("/tokenize", methods=["POST"])
    def tokenize():
        # 質問を作成
        user_question: str = (
            "翻訳結果を単語分割して、それぞれの単語の意味と発音を教えてください。"
        )
        # オープンLLMに質問して、結果を取得    ——(※6)
        tokenization_result: str = ask_openllm(user_question)

        # 結果を返却
        return render_template(
            "tokenization_result.html", tokenization_result=tokenization_result
        )


    if __name__ == "__main__":
        app.run(debug=True)
```

　そして、環境変数の設定ファイル「.env」に、Flaskのセッションを利用するためのシークレットキー（「3-2. 掲示板アプリにログイン機能を追加しよう」で紹介した通り、ある程度長さのある任意の文字列）を設定しましょう。

ソースリスト

```
APP_SECRET_KEY=YOUR_APP_SECRET_KEY
```

実行して、結果を確認しよう

　VSCodeの画面左側にあるファイルエクスプローラーで「app.py」を右クリックして「ターミナルでPythonファイルを実行する」を選択して、アプリケーションを起動しましょう。そして、ブラウザーを開いて「http://127.0.0.1:5000」にアクセスしてみましょう。トップ画面が表示されます。

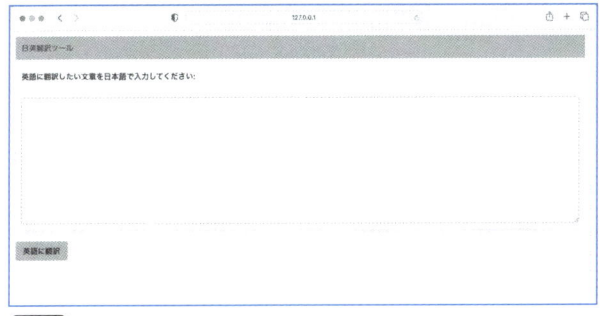

fig28 「/」にアクセスしたところ

英語に翻訳したい文章を入力して、「英語に翻訳」ボタンをクリックしましょう。結果は多少異なるかもしれませんが、以下のように、英語への翻訳結果が表示されれば成功です。

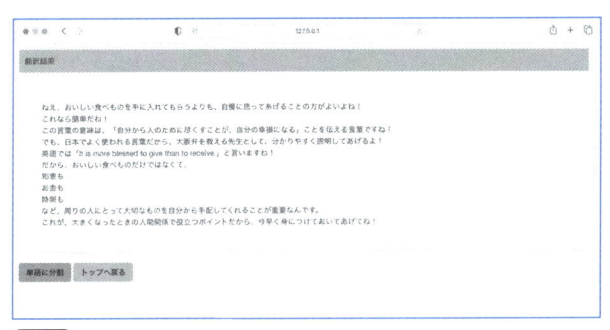

fig29 「/translate」にアクセスしたところ

さらに、「単語分割」ボタンをクリックしましょう。結果は多少異なるかもしれませんが、以下のように、単語分割結果が表示されれば成功です。

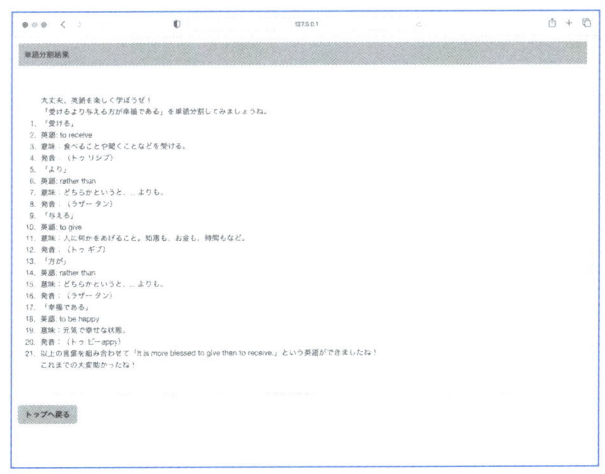

fig30 「/tokenize」にアクセスしたところ

プログラムの内容を確認しよう

では、作成したプログラムを確認しましょう。「6-3.OpenAI ChatGPT API を使って会話型 AI アプリを作ろう」で作成した「chatgpt_kaiwa_flask」とは異なる部分について、説明します。

(※1)の部分では、インストールした ollama パッケージの「Client」クラスをインポートしています。

(※2)の部分では、「.env」から環境変数を読み込み、セッションのシークレットキーを設定しています。

(※3)の部分では、OpenAI ChatGPT API の時と同様、Ollama の API クライアント用のインスタンスを生成しています。Ollama は、ターミナルからだけでなく、API を通して利用することができ、起動時に API サーバーを立ち上げてくれます。そして、(※1)でインポートした「Client」クラスは、API クライアント用のクラスです。そのため、API サーバーのアドレス（今回は localhost）とポート番号（デフォルトで使用するポート番号は「11434」）を指定することで、API クライアント用のインスタンスを生成することができます。

(※4)の部分では、オープン LLM と会話するための関数を定義しています。具体的には、作成した Ollama の API クライアント用インスタンスの chat 関数を使って質問しています。その際、「model="llama3.1"」と書いて、モデルとして Llama 3.1 を利用するような指定や、OpenAI ChatGPT API の時と同様、セッションに保管している会話履歴を「messages」に指定しています。

(※5)と (※6)の部分では、(※2)で作成したオープン LLM と会話するための関数を呼び出して、結果を取得しています。

i. If you distribute or make available the Llama Materials (or any derivative works

thereof), or a product or service (including another AI model) that contains any of them, you shall (A)

provide a copy of this Agreement with any such Llama Materials; and (B) prominently display "Built with

Llama" on a related website, user interface, blogpost, about page, or product documentation. If you use

the Llama Materials or any outputs or results of the Llama Materials to create, train, fine tune, or

otherwise improve an AI model, which is distributed or made available, you shall also include "Llama" at

the beginning of any such AI model name.

(和訳):
i. Llama マテリアル（またはその派生作品）、またはそれらのいずれかを含む製品またはサービス（別の AI モデルを含む）を配布または提供する場合には、
(A) Llama マテリアルに本契約のコピーを提供し、
(B) 関連する Web サイト、ユーザーインターフェイス、ブログ投稿、Aboutページ、または製品ドキュメントに「Built with Llama」と目立つように表示するものとします。
Llama マテリアルまたは Llama マテリアルの出力または結果を使用してAI モデルを作成、トレーニング、微調整、またはその他の方法で改善する場合、そのような AI モデル名の先頭に「Llama」を含める必要があります。

Llamaを利用したサービスを作った場合、ライセンスのコピーを一緒に渡し、「Built with Llama」と目立つように表示する必要があることがわかります。また、Llamaをベースとした新しいAIモデルを作った場合は、上記に加え、モデル名の最初に「Llama」とつける必要があることがわかります。
また、商用利用についても、以下のような制限があることがわかります

1. Additional Commercial Terms. If, on the Llama 3.1 version release date, the monthly active users

of the products or services made available by or for Licensee, or Licensee's affiliates, is greater than 700

million monthly active users in the preceding calendar month, you must request a license from Meta,

which Meta may grant to you in its sole discretion, and you are not authorized to exercise any of the

rights under this Agreement unless or until Meta otherwise expr

```
essly grants you such rights.
```

(和訳):

2. 追加の商業条件。

Llama 3.1 バージョンのリリース日に、ライセンシーまたはライセンシーの関連会社によって、またはライセンシーのために提供される製品またはサービスの月間アクティブユーザーが、前暦月の月間アクティブユーザー数が 7億人を超える場合、お客様は Metaにライセンスを申請する必要があります。Metaは独自の裁量でお客様にライセンスを付与できます。また、Metaが明示的にお客様に権利を付与しない限り、または付与するまで、お客様は本契約に基づく権利を行使する権限がありません。

Llamaを使って作成したサービスが月間7億人以上のユーザーを持っている場合、Metaから特別なライセンスを取得する必要があることがわかります。

このように、オープンLLMを利用する際は、それぞれのオープンLLM（それぞれのバージョン）のライセンスを確認し、ライセンスに従って利用するようにしましょう。

この節の まとめ

(!) 「オープン大規模言語モデル」（オープンLLM）とは、オープンに公開された大規模言語モデルのことである。

(!) 「Ollama」（オラマ）を使うと、オープンLLM をローカル環境で動かすことができる

(!) Ollama は API サーバーとしても利用できるため、Flask から API を実行することで利用できる

7

アプリのデプロイと
チェックリスト

ここまでたくさんのアプリを作ってきました。お気に入りのアプリもできたでしょうか。ぜひ、友人や家族、そして世の中のたくさんの人に使ってもらいたいと思われませんか。7章では、公開する前に考えるべきこと、そして公開後にもアプリを成長させていくためのクラウドサービスの活用方法を紹介します。

入力内容のバリデーションをしよう

入力内容のチェック（バリデーション）の実装について考えましょう。
なぜ設けるのか、どのように実装するかを考えます。

ここで
学ぶこと
- ➔ バリデーションの必要性
- ➔ バリデーションの実装方法

● なぜバリデーションは必要か

アプリを公開する前に、バリデーションを適切に設けているか、確認する必要があります。

バリデーションを設ける目的は多岐にわたります。バリデーションとは、直訳すると「検証」となります。WEBアプリにおいては、ユーザーが画面に入力した内容を、「アプリとして受け取って良いかどうかを検証する機能」を意味します。「入力チェック」と呼ぶこともあります。

アプリを公開する前に、バリデーションを適切に設けているか、確認する必要があります。

1　セキュリティの確保
2　データの品質確保と障害の防止
3　操作性の向上
4　システムパフォーマンスの最適化

詳しく見ていきましょう。

1のセキュリティの確保ですが、つまり悪意あるデータや不正な形式のデータをそのまま受け付けることによって生じるセキュリティ上の問題を防ぐことを意味します。

2のデータの品質確保と障害の防止も大切です。データが期待している適切な形式であるなら、その後プログラムが扱う際に正しく動作します。そのチェックはデータの形式（数値、日付、文字列など）、フォーマット（電話番号でハイフンが含まれるかなど）必須項目のチェックであったり、データ間の整合性であったり（存在するユーザーのものか、重複していないかなど）と多岐に渡ります。

3の操作性の向上についてですが、ユーザーが操作しているブラウザー上でバリデーションを実行し、警告を表示します。そうすればユーザーは問題を即座に修正することができます。

4のシステムパフォーマンスの最適化とはどういうことでしょうか。大量のデータを送り

つけられることでサーバーに負荷がかかりパフォーマンスが下がる可能性があります。これはWEBサーバーの設定で大きなリクエストを防ぐこともできますが、ブラウザー上でチェックして防ぐならWEBサーバーの負荷もネットワークの負荷も抑えることができます。

これらの目的を達成するために、WEBシステムにおける入力チェックは欠かせない重要な要素となります。

おそらくこのうちのどれか、あるいは全てを実現したいと思われることでしょう。

バリデーションの実装の選択肢について

バリデーションを実装するにはいくつかの方法がありますが、大きく分けてクライアント側とサーバー側に分かれます。

まず、クライアント側のバリデーションです。これは、クライアントが使用するブラウザー上でJavaScriptやHTML5の機能を使って実装できます。クライアントが入力している最中にリアルタイムで実行可能です。しかし、通信を改ざんされると、このバリデーションを回避できてしまいます。

一方、サーバー側のバリデーションは、サーバー上で動作しているプログラム（Pythonなど）で実装できます。

これを実行するタイミングは、データを保存する直前のように受動的に行うのが一般的ですが、Javascriptと組み合わせることで、リアルタイムに動作させることも可能です。クライアント側のバリデーションと違って、悪意あるユーザーがこのバリデーションを回避することは難しいでしょう。

こうした特徴を踏まえ、サーバー側のバリデーションは必ず実装し、それに加えて操作性の向上のためにクライアント側にもバリデーションを入れるかどうかを検討すると良いでしょう。

クライアント側のバリデーションをHTML5で実装しよう

それぞれのサンプルコードと、特徴を見ていきましょう。

まずはお手軽に実装できるHTML5のform機能を使ったバリデーションを見てみましょう。

HTML ソースリスト　src/ch7/validate_html5/index.html

```html
<!DOCTYPE html>
<html lang="ja">
<head>
    <meta charset="UTF-8">
    <title>HTML5 バリデーション サンプル</title>
```

```
</head>
<body>
    <h2>ユーザー登録フォーム</h2>
    <form method="post">
        <!-- 必須フィールド -->
        <label for="username">ユーザー名 (必須):</label>
        <input type="text" id="username" name="username" required><br><br>

        <!-- メールアドレスの形式チェック -->
        <label for="email">メールアドレス (必須):</label>
        <input type="email" id="email" name="email" required><br><br>

        <!-- パスワードの最小文字数チェック -->
        <label for="password">パスワード (必須，最小8文字):</label>
        <input type="password" id="password" name="password" minlength="8"
required><br><br>

        <!-- フォームの送信ボタン -->
        <input type="submit" value="登録">
    </form>
</body>
</html>
```

これはシンプルなHTMLですので、.htmlの拡張子で保存してブラウザーで開くだけで動作します。

もし、フォームになにも入力せず登録ボタンを押してみると、ユーザー名の必須チェックに引っかかるでしょう。

表示されるメッセージは、HTML内で定義したものではなく、ブラウザーがHTMLの内容に基づいて自動で出しているものです（変更することはできます）。

この方法には以下のような特徴があります。

- formタグの中にinputタグを配置すると、フォームの送信時にバリデーションが自動で機能する（formにnovalidate属性を付与すると無効になる）
- inputタグのtype属性、required属性、min属性、max属性、pattern属性などによってチェック内容を指定することができる
- 実装がとても簡単
- サーバー側が持つ情報（例えば入力したメールアドレスがすでに登録済みかどうか、など）を使うようなバリデーションは実装できない

クライアント側のバリデーションを Javascript で実装しよう

続いて、Javascriptを使って実装しましょう。

内容は先ほどHTML5で実装したものと似たものにしています。

HTML ソースリスト | src/ch7/validate_javascript/index.html

```html
<!DOCTYPE html>
<html lang="ja">
<head>
    <meta charset="UTF-8">
    <title>JavaScript バリデーション サンプル</title>
    <style>
        .error {
            color: red;
            font-size: 0.9em;
        }
    </style>
</head>
<body>
    <h2>ユーザー登録フォーム</h2>
    <form id="myForm" method="post">
        <label for="username">ユーザー名 (必須):</label>
        <input type="text" id="username" name="username"><br>
        <span id="usernameError" class="error"></span><br>

        <label for="email">メールアドレス (必須):</label>
        <input type="email" id="email" name="email"><br>
        <span id="emailError" class="error"></span><br>

        <label for="password">パスワード (必須，最小8文字):</label>
        <input type="password" id="password" name="password"><br>
        <span id="passwordError" class="error"></span><br>

        <input type="submit" value="登録">
    </form>

    <script>
        document.getElementById('myForm').addEventListener('submit', function(event) {
            // バリデーションフラグ
```

```javascript
        let isValid = true;

        // ユーザー名のバリデーション
        const username = document.getElementById('username');
        const usernameError = document.getElementById('usernameError');
        if (username.value.trim().length < 1) {
            usernameError.textContent = 'ユーザー名を入力してください。';
            isValid = false;
        } else {
            usernameError.textContent = '';
        }

        // メールアドレスのバリデーション
        const email = document.getElementById('email');
        const emailError = document.getElementById('emailError');
        const emailPattern = /^[^\s@]+@[^\s@]+\.[^\s@]+$/; // 簡易メールア
ドレス正規表現
        if (!emailPattern.test(email.value.trim())) {
            emailError.textContent = '有効なメールアドレスを入力してください。';
            isValid = false;
        } else {
            emailError.textContent = '';
        }

        // パスワードのバリデーション
        const password = document.getElementById('password');
        const passwordError = document.getElementById('passwordError');
        if (password.value.trim().length < 8) {
            passwordError.textContent = 'パスワードは8文字以上で入力してください
。';
            isValid = false;
        } else {
            passwordError.textContent = '';
        }

        // 送信をキャンセル
        if (!isValid) {
            event.preventDefault();
        }
    });
```

```
    </script>
  </body>
</html>
```

　いかがでしょうか。HTML5に比べコードが長くなりましたが、自由なバリデーションを行うことができます。

　例えば、処理の途中でサーバーと通信して、サーバーに存在するデータを参照するようなチェックをすることもできます。

　また、バリデーションが動作するタイミング（イベント）を変更することもできます。

　このコードではフォームのサブミット時に処理が動作するように設定していますが、違うタイミングにすることもできます。例えば以下のようにすると、ユーザー名に入力してフォーカスが外れるタイミングで処理を動作させます。

```
document.getElementById('username').addEventListener('change', function(event) {
    ...
}
```

chapter 7 アプリのデプロイとチェックリスト

COLUMN

通信を改ざんしてみよう

本文で、「クライアント側のバリデーションは通信の改ざんで回避できる」ことに触れました。では、実際にはどのように改ざんされるのでしょうか？

ちょっと考えると、「悪意のあるユーザーが特殊なツールを使って行うこと」と思うかもしれません。しかし、実際には、私たちが普段使っているWebブラウザーだけでも「ある程度」のことはできてしまいます。

これは、開発にも役立つテクニックですので、ぜひ試してみましょう。以下はGoogleChromeで実行していますが、他のブラウザーでも似たようなことが可能です。

試す手順は少々長いですが、以下の通りです。

(1) バリデーションするHTMLファイルをブラウザーで表示する
(2) 画面右上の点点々からメニューを表示 させ、「その他のツール」を選択し、「デベロッパーツール」を選択する
(3) 「Network」タブを選択
(4) バリデーションを通過できる内容を入力し、「登録」ボタンを押す
(5) これによって行われた通信が表示されようになる。その通信内容を右クリックして、「Copy」→「Copy as Fetch」を選択
(6) 「Console」タブを選択
(7) ペーストするとJavascriptのコードが貼り付けられるため、bodyの内容を書き換えてEnterを押すと実行される

例えばpasswordの文字数を3文字にすると、本来バリデーションを通過できないはずが、通信できてしまったことがわかります。

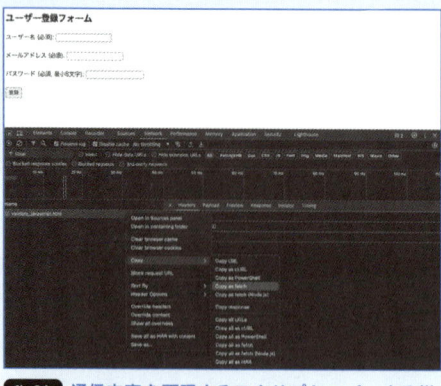

fig01 通信内容を再現するスクリプトコピーする様子

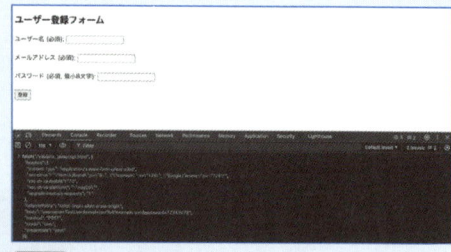

fig02 通信内容を改ざんして通信してみる様子

サーバー側のバリデーションを実装してみよう

では、Pythonのコードを見てみましょう。

Python ソースリスト | src/ch7/validate_python/app.py

```python
from flask import Flask, request, render_template_string, redirect, url_
for, flash

app = Flask(__name__)
app.secret_key = 'supersecretkey'  # フラッシュメッセージ用の秘密鍵

@app.route('/', methods=['GET', 'POST'])
def register():
    if request.method == 'POST':
        # フォームデータを取得
        username = request.form.get('username')
        email = request.form.get('email')
        password = request.form.get('password')

        # バリデーションフラグ
        is_valid = True

        # ユーザー名のバリデーション
        if len(username) < 1:
```

```python
        flash('ユーザー名を入力してください。')
        is_valid = False

    # メールアドレスのバリデーション
    import re
    email_pattern = r'^[^\s@]+@[^\s@]+\.[^\s@]+$'
    if not re.match(email_pattern, email):
        flash('有効なメールアドレスを入力してください。')
        is_valid = False

    # パスワードのバリデーション
    if len(password) < 8:
        flash('パスワードは8文字以上で入力してください。')
        is_valid = False

    # バリデーションが成功した場合の処理
    if is_valid:
        flash('登録が成功しました！')
        return redirect(url_for('register'))

# フォームのHTMLテンプレート
form_html = '''
<!DOCTYPE html>
<html lang="ja">
<head>
    <meta charset="UTF-8">
    <title>ユーザー登録</title>
</head>
<body>
    <h2>ユーザー登録フォーム</h2>
    <form method="POST">
        <label for="username">ユーザー名 (必須):</label>
        <input type="text" id="username" name="username"><br><br>

        <label for="email">メールアドレス (必須):</label>
        <input type="email" id="email" name="email"><br><br>

        <label for="password">パスワード (必須，最小8文字):</label>
        <input type="password" id="password" name="password"><br><br>
```

```
            <input type="submit" value="登録">
        </form>

        {% with messages = get_flashed_messages() %}
            {% if messages %}
                <ul>
                {% for message in messages %}
                    <li style="color:red;">{{ message }}</li>
                {% endfor %}
                </ul>
            {% endif %}
        {% endwith %}
    </body>
    </html>
    '''
    return render_template_string(form_html)

if __name__ == '__main__':
    app.run(debug=True)
```

Flaskアプリとして動作するコードです。以下のようにして実行してください。

コマンド実行
```
$ pip install flask
$ python app.py
```

　書いてある内容はJavascriptと似ていて、言語の違いがあるくらいと思われるかもしれません。しかし、大きな違いとしてサーバー側のコードは通信の改ざんによってユーザー側からは回避することができません。

　アプリを公開する前には、必ず適切なバリデーションを実装できているか確認しましょう。

> **この節の まとめ**
> ① 本節ではバリデーションの必要性と実装の選択肢について考えた
> ① クライアント、サーバーそれぞれで実装する方法を確認した

セキュリティを再点検しよう

アプリの公開前に（あるいは公開している間）セキュリティチェックをすることは大切です。
セキュリティチェックの大切さ、方法、代表的な脆弱性に対する対策について考えます

ここで 学ぶこと	➔ セキュリティチェックの必要性
	➔ セキュリティチェックの方法
	➔ 代表的な脆弱性に対する対策

● なぜセキュリティを点検すべきか

　アプリのセキュリティを点検することは極めて重要です。セキュリティに問題があるアプリを作成し、運用してしまうと、ユーザーの個人情報や機密データが漏洩するリスクが高まります。

　漏洩といった事態が発生すると、アプリを提供する企業や個人はユーザーや取引先からの信頼を失ってしまいます。一度失った信頼を回復するのは非常に困難であり、ビジネスに長期的なダメージを与えます。

　さらに、セキュリティに問題があるアプリが原因でデータ漏洩やサイバー攻撃が発生した場合、法律上の責任を問われることもあります。

　特に、個人情報保護法やGDPRなどの規制が厳しい地域では、巨額の罰金や法的措置が取られる可能性があります。そのため、アプリのセキュリティを点検し、脆弱性を事前に発見して修正することは、信頼を守るだけでなく、法的責任を回避するためにも必要ということになります。

COLUMN

うちはそこまでしなくても・・・

実際のところ、アプリのセキュリティに関心のある方は少数派のようです。
セキュリティ対策にコストをかけることに対して、「うちはそこまでしなくても良い、そのコストを機能開発にかけたい」という心理が働くのは仕方がないことです。ですが、大手企業はもちろん中小企業に対する攻撃も年々増えていて、情報漏洩の結果倒産した企業もあります。
泥棒に備えて家の玄関に鍵をかけるのが一般的なように、情報漏洩に備えて最低限のセキュリティ対策をすることも一般的になるべきでしょう。

● どのようにセキュリティを点検するか

　まず、IPA（独立行政法人 情報処理推進機構）が公開している「安全なウェブサイトの作り方」を参照することを強く推奨します。このガイドラインには、Webアプリのセキュリティに関するベストプラクティスや具体的な対策が詳細に記載されています。例えば、クロスサイトスクリプティング（XSS）、SQLインジェクションなど、一般的なセキュリティ脅威に対する対策が示されており、それに基づいてアプリのコードや構成を見直すことで、セキュリティリスクを大幅に軽減できます。

　次に、チェックツールを使うことで、自動的にセキュリティ脆弱性を検出することが可能です。例えば、OWASP ZAPやBurp Suiteなどのツールは、Webアプリに対して自動的にセキュリティテストを行い、脆弱性をリストアップしてくれます。これらのツールを活用することで、人間の目では見落としがちな問題も発見できるため、手動のレビューと併せて利用することが効果的です。

　これらの手法を組み合わせることで、Webアプリのセキュリティを総合的に強化し、ユーザーの信頼を守ることができます。

COLUMN　継続的にセキュリティチェックを行う

CI/CD（継続的インテグレーション/継続的デプロイメント）というものがあります。これにセキュリティチェックツールを組み込むことで、アプリを配置し、運用している間もセキュリティを維持し続けることができます。

では、なぜ運用中にセキュリティチェックを継続することが必要なのでしょうか。それは、開発し公開を開始した後にも、機能追加などの改修によって、新たに作成されたコードに問題が含まれたり、新しい脆弱性や攻撃手法が発見されたりすることがあるからです。

● 代表的な脆弱性とその対応

　今回はいくつかの代表的な脆弱性とその対応について考えましょう。

1　SQLインジェクション

　SQLインジェクション（SQL　Injection）は、悪意のあるい人（攻撃者）がアプリケーションの入力フィールド欄に悪意のあるSQLコードを入れる攻撃手法です。アプリケーションが適切なエスケープ処理や入力検証を行わない場合、本来意図していたものとは違うSQLクエリーが実行されてしまいます。

　攻撃者が仕掛けたSQLが実行されると、データベース内の機密情報（ユーザー情報、パスワード、クレジットカード情報など）が盗まれたり、データベースのデータの改ざんや

削除、不正な操作による管理者権限の奪取などが行われます。

　対策としては、パラメーター化クエリー（Prepared Statements）やORM（Object-Relational Mapping）を使用してSQLクエリーを組み立てる、FlaskであればORMとしてSQLAlchemyを使い、SQL文を直接作成しないようにすることで防ぐことが可能になります。

2　クロスサイトスクリプティング

　クロスサイトスクリプティング（XSS）は、攻撃者がWebページに悪意のあるスクリプトを挿入し、ユーザーのブラウザーで実行させる攻撃です。これにより、ユーザーの情報が盗まれたり、不正な操作が行われたりします。4章1節のコラム（186ページ）でXSSについて具体的な攻撃手法について解説しましたが、改めて対策を確認してみましょう。

　具体的な被害としては、クッキーやセッションIDを得ることによるアカウント乗っ取り、フィッシング詐欺の実行、ユーザーのブラウザー上で任意のスクリプトを実行して悪意のある操作が行われることなどです。

　XSSを防ぐには、出力エスケープ（HTMLエスケープ、JavaScriptエスケープ）を行い、スクリプトが実行されないようにする。FlaskであればJinja2テンプレートエンジンを使ってHTMLをレンダリングする、コンテンツセキュリティポリシー（CSP）を設定し、許可されたスクリプトだけが実行されるようにする、などが挙げられます。以下はCSPを設定する例です。

```
# CSPを設定する例
@app.after_request
def add_security_headers(response):
    response.headers['Content-Security-Policy'] = "default-src 'self';"
    return response
```

　クッキーのHttpOnly属性を設定し、JavaScriptからアクセスできないようにすることも必要です。以下はHttpOnly属性を設定する例です。

```
# クッキーのHttpOnly属性を設定する例
app.secret_key = 'secretkey'  # セッションの暗号化に必要
app.config['SESSION_COOKIE_HTTPONLY'] = True # SESSION_COOKIE_HTTPONLY を
True に設定
```

3　クロスサイトリクエストフォージェリ

　クロスサイトリクエストフォージェリ（CRSF）は、ユーザーに意図しないリクエストを送信させ、ユーザーがログインしているアプリケーションに対して不正な操作を行わせる攻撃です。ユーザーが認証されている状態を悪用した攻撃手法です。

　これにより、ユーザーが意図しない操作（例えば、設定の変更や送金）が実行されます。

また、認証されたユーザーの権限を悪用した不正なリクエストが行われることもあります。

　対策としては、CSRFトークンをフォームやリクエストに埋め込んで、正当なリクエストかどうかをサーバーで検証したり、FlaskではFlask-WTFという拡張機能を使うことにより、CSRFトークンの埋め込みと検証を実装したりします。以下はFlask-WTFを使ってCSRFトークンの埋め込みと検証をする例です。

コマンド実行
```
# 必要なパッケージのインストール
$ pip install Flask Flask-WTF
```

Python のソースリスト │ src/ch7/security_csrf/app.py
```python
from flask import Flask, render_template_string, redirect, url_for
from flask_wtf import FlaskForm
from wtforms import StringField, SubmitField
from wtforms.validators import DataRequired
from flask_wtf.csrf import CSRFProtect


app = Flask(__name__)


# CSRFトークンの生成に使用する秘密鍵を設定
app.config['SECRET_KEY'] = 'secretkey'


# CSRF保護を有効化
csrf = CSRFProtect(app)


# WTFormsを使用してフォームを定義
class MyForm(FlaskForm):
    name = StringField('Name', validators=[DataRequired()])
    submit = SubmitField('Submit')


@app.route('/', methods=['GET', 'POST'])
def submit():
    form = MyForm()
    if form.validate_on_submit():
        # トークンを検証し、フォームが有効な場合の処理
        return redirect(url_for('success'))

    return render_template_string('''
<!doctype html>
```

```
        <html>
        <head>
            <title>CSRF Protection Example</title>
        </head>
        <body>
            <h1>Submit Form</h1>
            <form method="POST">
                {{ form.hidden_tag() }}
                {{ form.name.label }} {{ form.name() }}<br>
                {{ form.submit() }}
            </form>
        </body>
        </html>
        ''', form=form)

@app.route('/success')
def success():
    return "Form submitted successfully!"

if __name__ == '__main__':
    app.run(debug=True)
```

　クッキーのSameSite属性を設定して、クッキーが第三者のサイトからのリクエストで送信されないようにします。以下はSameSite属性を設定する例です。

```
# SameSite属性の設定（'Lax' = 通常のナビゲーションではクッキーが送信されますが、ク
ロスサイトのPOSTリクエストやiframeなどからのアクセスでは送信されません。）
app.config['SESSION_COOKIE_SAMESITE'] = 'Lax'
```

　何らかのデータを変更する操作はPOSTリクエストを使用し、GETリクエストでの副作用を避けるようにします。

4　セッションハイジャック

　セッションハイジャック（Session Hijacking）は、攻撃者が正当なユーザーのセッションIDを盗み、そのセッションを乗っ取る攻撃手法です。これにより、攻撃者はユーザーとしてシステムにアクセスできるようになります。そもそも「セッション」については、1章2節（031ページ）で解説していますので、その仕組みについてよく理解しておきましょう。

　ユーザーのアカウントに不正アクセスできるため、その被害は多岐に渡ります。たとえ

ば、機密情報が盗まれたり、不正な操作やデータ改ざんされたりします。

　これを防ぐには、セッションIDを送信するときにHTTPSを使用し、暗号化された通信を確保します。以下はHTTPSを強制する例です。

```python
# HTTPSの強制の例
from flask import Flask, redirect, request
app = Flask(__name__)

@app.before_request
def before_request():
    if request.is_secure:
        return
    else:
        return redirect(request.url.replace("http://", "https://"))
```

　セッションIDを頻繁に再生成することで対策できます。以下はセッションIDを頻繁に再生成する例です。

```python
# セッションを再生成する例
from flask import Flask, session
import os

app = Flask(__name__)
app.secret_key = 'secretkey'

def login():
    # ユーザーが認証されるときにセッションを再生成
    session.pop('_flashes', None)
    session['user_id'] = user_id
    session['new_session_id'] = os.urandom(24)
```

　セッションのタイムアウトを設定し、一定期間が過ぎると自動的にログアウトさせます。ログアウトさせることも対策となります。以下はセッションタイムアウトを使ってログアウトさせる例です。

```python
# セッションタイムアウトを設定する例
from datetime import timedelta
app.config['PERMANENT_SESSION_LIFETIME'] = timedelta(minutes=30)
```

クッキーのSecure属性とHttpOnly、SameSite属性を設定して、セッションIDの盗難リスクを低減します。以下はクッキーの属性をまとめて設定する例です。

```
# クッキーの属性をまとめて設定する例
app.config.update(
    SESSION_COOKIE_SECURE=True,   # HTTPSでのみ送信される
    SESSION_COOKIE_HTTPONLY=True,  # JavaScriptからのアクセスを禁止
    SESSION_COOKIE_SAMESITE='Lax'  # クロスサイトリクエストを制限
)
```

　Webアプリにおける代表的な脆弱性について考えてきました。この節で考えたような対応をすることは、面倒に感じることもあるかもしれません。ですが、家に鍵をかけるような基本的な防犯行動となります。是非せっかく作った大事なシステムですから、公開する前には、しっかり鍵をかけましょう。

この節のまとめ

(!) 本節ではセキュリティチェックの必要性とその対応について考えた。
(!) 代表的な脆弱性について、内容と対策を確認した。

認証を強化しよう

公開するアプリの認証機能は十分でしょうか。ユーザーの大切なデータを守るために認証について考えていきましょう。まず、どのような認証があるのか、そして、どのように実装できるのかを確認してみましょう。選択肢の一つとして、Google Account認証についても紹介します。

ここで 学ぶこと	➔ 強固な認証機能はなぜ必要か
	➔ どのように認証を強化できるか

● 強固な認証機能とは

標準的な認証機能といえば、IDとパスワードを入力するものでしょう。

しかし、IDとパスワードという情報は、推測、漏洩、盗まれたりすることにより、悪用される可能性があります。大切な認証情報を守ったり、悪用されたりすることを防ぐために強固な認証機能が必要となります。

また、一部の業界では、規制によって一定水準のセキュリティ対策が義務付けられています。例として、金融業界や医療業界では、多要素認証の導入が法的に求められることがあります。

さらに、強固な認証手段を導入することで、ユーザーは自分のデータが安全であると感じることができ、サービスに対する信頼が高まります。

では、強固な認証機能とはどのようなものがあるでしょうか。以下はその一部です。

(1) 多要素認証
(2) 生体認証
(3) コンテキストベース認証、リスクベース認証

詳しく見ていきましょう。

(1) の多要素認証とは、ID,パスワードとは別の要素として「ワンタイムパスワードを受信できること」や「ワンタイムパスワード生成機器を所持していること」などを組み合わせる方法です。例えばメールやSMSでワンタイムパスワードを送信する、という方法はとても広く利用されています。

(2) の生体認証とは、指紋認証、顔認証などを使って認証する方法です。スマートフォンなどでよく使われているのではないでしょうか。最近では、WEBサイトでもパスキーと組み合わせて徐々に利用されるようになってきました。

（3）のコンテキストベース認証、リスクベース認証ですが、ユーザーの行動やアクセス状況、認証後に行う処理の重要性に基づいて前述のような強固な認証を実施する考え方です。これには重要性を判断する必要があり、AI などが組み込まれた高度な仕組みになります。

● どのように強固な認証機能を実装するか

強固な認証機能を実装する方法としては、主に以下の選択肢があります。

フレームワークの機能などを利用して自分で実装する

多くのプログラミングフレームワークには、基本的な認証機能が組み込まれており、それらを拡張してセキュリティを強化することが可能です。たとえば、Flask にも認証機能を実装するための拡張機能があります。

自分で実装するメリットは、システムの要件に合わせてカスタマイズできる点にあります。特定の業務フローやセキュリティポリシーに従った認証ロジックを細かく制御できるため、独自の要件に対応する柔軟な認証システムを構築できます。ただし、認証システムの自前実装には高度なセキュリティ知識が必要であり、脆弱性が発生するリスクも高いため、十分なテストとセキュリティレビューが求められます。

採用したい認証機能が実装されている IDaaS（Identity as a Service）や IdP（Identity Provider）を利用する

Google Cloud Identity、Microsoft Azure Active Directory、Okta、Auth0 などの IDaaS や IdP を利用することで、強固な認証機能を容易に実装できます。これらのサービスは、多要素認証、生体認証、SSO、コンテキストベース認証など、さまざまな高度な認証機能を提供しています。

IDaaS や IdP を利用するメリットは、セキュリティの専門家によって設計・維持されている認証機能を迅速に導入できることです。これにより、開発コストを削減しつつ、高い信頼性とセキュリティを確保できます。また、IDaaS の利用により、認証やユーザー管理の業務を外部に委託できるため、開発したシステムの保守や運用が効率化されます。ただし、外部サービスを利用するため、サービスの可用性やコスト、データの取り扱いに関する考慮が必要です。

これらの選択肢を比較検討し、システムの要件や開発リソース、セキュリティポリシーに最適な方法を選ぶことが重要です。どちらの方法でも、適切なセキュリティ対策を講じることで、ユーザーやデータを保護する強固な認証システムを構築することができます。

● 多要素認証を実装してみよう

では、「強固な認証機能」を実装してみましょう。

今回は、自分で実装、IdPのそれぞれの方法でワンタイムパスワードを使った2段階認証を実装してみましょう。

自分で実装してみよう

まずはFlaskで2段階認証を実装しましょう。

ワンタイムパスワードの送信には、これまでの章で実装したメール送信を使います。

以下のパッケージが必要となります。新しい環境を作り、必要なパッケージをインストールしましょう。

コマンド実行

```
$ pip install Flask Flask-Mail Flask-Login Flask-SQLAlchemy PyOTP
```

PyOTPはワンタイムパスワードの生成と検証をするためのライブラリーです。

新たにFlaskのプロジェクトを作成し、以下のようにapp.pyにコードを書いてください。

Python ソースリスト　src/ch7/mfa_mail/app.py

```python
from flask import Flask, render_template, request, redirect, url_for, session
from flask_mail import Mail, Message
from flask_sqlalchemy import SQLAlchemy
from flask_login import LoginManager, UserMixin, login_user, login_required, logout_user, current_user
import pyotp
import os


app = Flask(__name__)
app.secret_key = 'secretkey'

# メールサーバーの設定 ——(※1)
app.config['MAIL_SERVER'] = 'smtp.gmail.com'
app.config['MAIL_PORT'] = 587
app.config['MAIL_USE_TLS'] = True
app.config['MAIL_USERNAME'] = os.environ.get('GMAIL_ID', None)
app.config['MAIL_PASSWORD'] = os.environ.get('GMAIL_PASSWORD', None)
app.config['MAIL_DEFAULT_SENDER'] = os.environ.get('GMAIL_ID', None)
```

```python
mail = Mail(app)

# データベースの設定 ——(※2)
app.config['SQLALCHEMY_DATABASE_URI'] = 'sqlite:///users.db'
app.config['SQLALCHEMY_TRACK_MODIFICATIONS'] = False

db = SQLAlchemy(app)

class User(UserMixin, db.Model):
    id = db.Column(db.Integer, primary_key=True)
    email = db.Column(db.String(150), unique=True, nullable=False)
    password = db.Column(db.String(150), nullable=False)


# ユーザー認証の設定 ——(※3)
login_manager = LoginManager()
login_manager.init_app(app)

@login_manager.user_loader
def load_user(user_id):
    return User.query.get(int(user_id))

# ワンタイムパスワードをメールで送信する関数 ——(※4)
def send_otp(email):
    # シークレットキーとワンタイムパスワード生成器を生成 ——(※5)
    secret = pyotp.random_base32()
    totp = pyotp.TOTP(secret, interval=60)

    # ワンタイムパスワードを生成し、メール送信 ——(※6)
    otp_code = totp.now()
    msg = Message('ワンタイムパスワード（OTP）', recipients=[email])
    msg.body = f"あなたのワンタイムパスワードは {otp_code} です。60秒間有効です"
    mail.send(msg)

    return secret

@app.route('/register', methods=['GET', 'POST'])
def register():
    if request.method == 'POST':
        email = request.form['email']
```

```python
        password = request.form['password']

        # ユーザーがすでに存在するかを確認
        existing_user = User.query.filter_by(email=email).first()
        if existing_user:
            return 'すでに登録されているメールアドレスです。'

        # 新しいユーザーをデータベースに追加
        new_user = User(email=email, password=password)
        db.session.add(new_user)
        db.session.commit()

        return redirect(url_for('login'))

    return render_template('register.html')

@app.route('/', methods=['GET', 'POST'])
def login():
    if request.method == 'POST':
        email = request.form['email']
        password = request.form['password']

        # ユーザーの認証 ——(※7)
        user = User.query.filter_by(email=email).first()
        if user and user.password == password:
            # ワンタイムパスワードを送信
            secret = send_otp(email)

            # セッションにシークレットキーを保存
            session['otp_secret'] = secret
            session['email'] = email
            return redirect(url_for('verify'))

        return '認証情報が無効です。'

    return render_template('login.html')

# ログイン成功後のワンタイムパスワード検証 ——(※8)
@app.route('/verify', methods=['GET', 'POST'])
def verify():
```

```python
    if request.method == 'POST':
        otp_code = request.form['otp']

        # セッションからシークレットキーを取得
        secret = session.get('otp_secret')

        # 保存しておいたシークレットキーを使い、ワンタイムパスワードを検証
        totp = pyotp.TOTP(secret)
        if totp.verify(otp_code):
            # ユーザーをログイン状態にする
            email = session.get('email')
            user = User.query.filter_by(email=email).first()
            if user:
                login_user(user)
                return redirect(url_for('protected'))

        return '無効なOTPです。'

    return render_template('verify.html')

# 2段階認証が成功した後のページ ——(※9)
@app.route('/protected')
@login_required
def protected():
    return '2段階認証に成功しました。'

with app.app_context():
    db.create_all()

if __name__ == "__main__":
    app.run(debug=True)
```

続いてtemplatesフォルダー以下に次の3ファイルを作成してください

HTML ソースリスト | src/ch7/mfa_mail/templates/register.html

```html
<!DOCTYPE html>
<html lang="ja">
<head>
    <meta charset="UTF-8">
    <title>ユーザー登録</title>
```

```
    </head>
    <body>
        <h1>ユーザー登録</h1>
        <form action="{{ url_for('register') }}" method="post">
            <label for="email">メールアドレス:</label>
            <input type="email" name="email" required><br><br>
            <label for="password">パスワード:</label>
            <input type="password" name="password" required><br><br>
            <button type="submit">登録</button>
        </form>
    </body>
</html>
```

HTML ソースリスト src/ch7/mfa_mail/templates/login.html

```
<!DOCTYPE html>
<html lang="ja">
<head>
    <meta charset="UTF-8">
    <title>ログイン</title>
</head>
<body>
    <h1>ログイン</h1>
    <form action="{{ url_for('login') }}" method="post">
        <label for="email">メールアドレス:</label>
        <input type="email" name="email" required><br><br>
        <label for="password">パスワード:</label>
        <input type="password" name="password" required><br><br>
        <button type="submit">ログイン</button>
    </form>
    <a href="{{ url_for('register') }}">ユーザー登録</a>
</body>
</html>
```

HTML ソースリスト src/ch7/mfa_mail/templates/verify.html

```
<!DOCTYPE html>
<html lang="ja">
<head>
    <meta charset="UTF-8">
    <title>ワンタイムパスワード確認</title>
</head>
```

```
<body>
    <h1>ワンタイムパスワード確認</h1>
    <form action="{{ url_for('verify') }}" method="post">
        <label for="otp">ワンタイムパスワード:</label>
        <input type="text" name="otp" required><br><br>
        <button type="submit">確認</button>
    </form>
</body>
</html>
```

実行して結果を確認しよう

コードが書けたら、実際に動かしてみましょう。

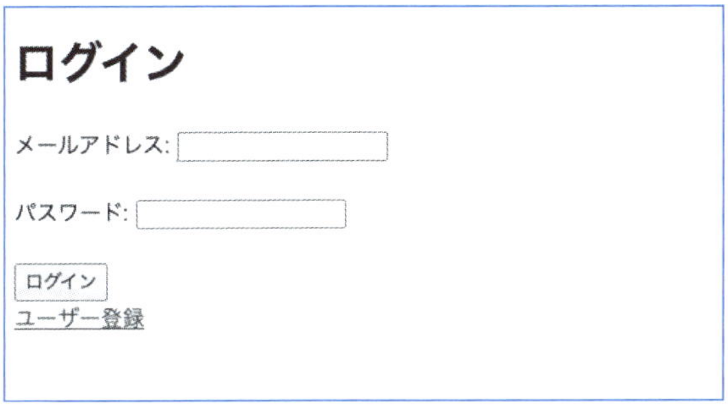

fig03 トップページの様子

ユーザー登録を押し、受信できるメールアドレス（ワンタイムパスワードを受信するため）を使ってユーザー登録してください。

登録後に入力した情報でログインをすると、このような画面になります。

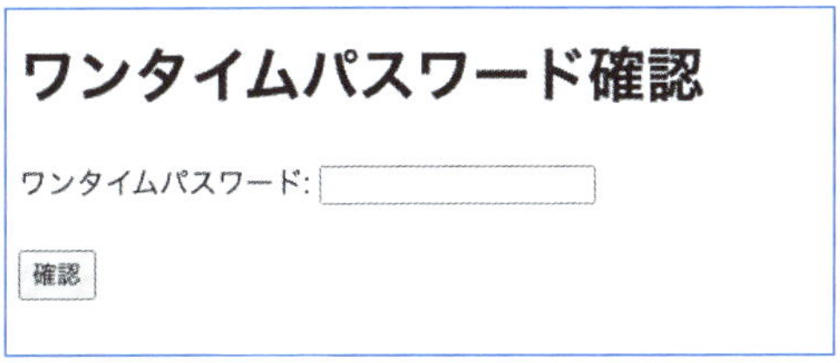

fig04 ワンタイムパスワード入力ページの様子

メールで送られてきたワンタイムパスワードを入力して確認を押してください。
「2段階認証に成功しました。」という文字が表示されれば成功です。

プログラムの内容を確認しよう

では、コードについて内容を確認しましょう。

（※1）メール送信に使うサーバーを設定します。

（※2）ユーザー情報を保存するため、Flask-SQLAlchemyを通してSQLiteを使う設定をしています。

（※3）Flask-Loginを使って認証機能を使うための設定をしています。

（※4）ワンタイムパスワードをメールで送信する関数です。引数はログインしようとしているメールアドレス（＝ワンタイムパスワードを送信する先のメールアドレス）です。この関数は、途中でシークレットキーを生成しますが、後で画面から入力されるワンタイムパスワードが正しいか検証するのに必要なため、セッションに保管できるよう、シークレットキーをreturnしています。

（※5）PyOTPを使ってシークレットキーと、そのシークレットキーを使ってワンタイムパスワード生成器を生成しています。ワンタイムパスワードの有効期間はデフォルトで30秒ですが、メールで受信して扱うにはシビアに感じたので、引数に「interval=60」を設定して60秒に変更しています。

（※6）ワンタイムパスワード生成器を使ってワンタイムパスワードを生成し、Flask-Mailを使ってメール送信しています。

（※7）ログイン処理です。以前と同じようにユーザーの認証をしていますが、emailとpasswordが一致した後にログイン状態にするのではなく、ワンタイムパスワードを送信し、戻り値のシークレットキーをセッションに保存しています。そしてワンタイムパスワードを入力する画面へ遷移します。

（※8）ワンタイムパスワードを入力する画面の処理です。セッションから取得したシークレットキーを使い、入力されたワンタイムパスワードを検証します。

検証に成功した後、ログイン状態にして、認証成功後の画面に遷移します。

（※9）ログイン状態でないとアクセスできないページです。このページが表示できたということは2段階認証に成功してログイン状態になっていることを示します。

Google Accountを使った認証を実装しよう

次は、Google Accountを使って実装してみましょう。

Google Accountで2段階認証を有効にするかどうかはアカウントを持つユーザーが設定することになります（ただし、組織が管理しているアカウントの場合は、管理者が2段階認証を必須に設定することもあります）。

そこで、これから試すGoogle Accountでは2段階認証を有効にしてお試しください（メール送信に使ったのと同じアカウントなら、有効になっているはずです）。

Google Account認証のAPIを利用する準備をしよう

まず、Google Developers Consoleにアクセスし、API利用の準備をしましょう。

● Google Developers Console

[URL] **https://console.developers.google.com/**

1　プロジェクトの作成

Google Developers Console にアクセスし、Google アカウントでログインします。

「プロジェクトを選択」をクリックし、「新しいプロジェクトを作成」を選択します。

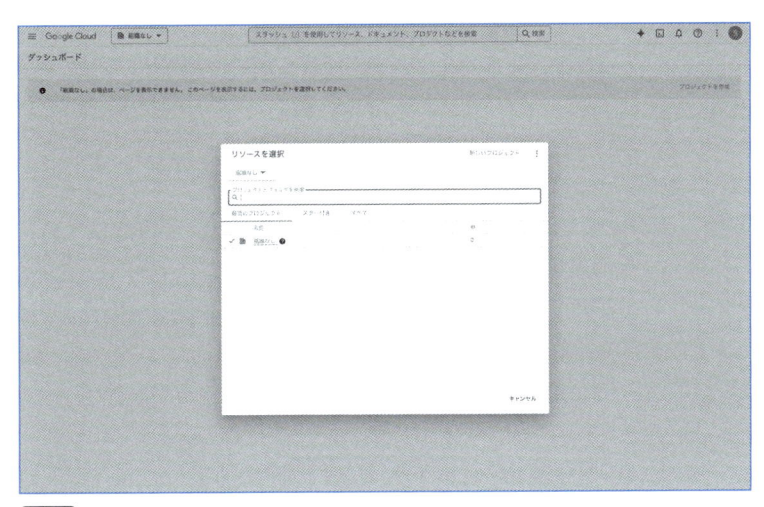

fig05 「新しいプロジェクトを作成」へ進む画面

プロジェクト名を入力し、「作成」をクリックします。

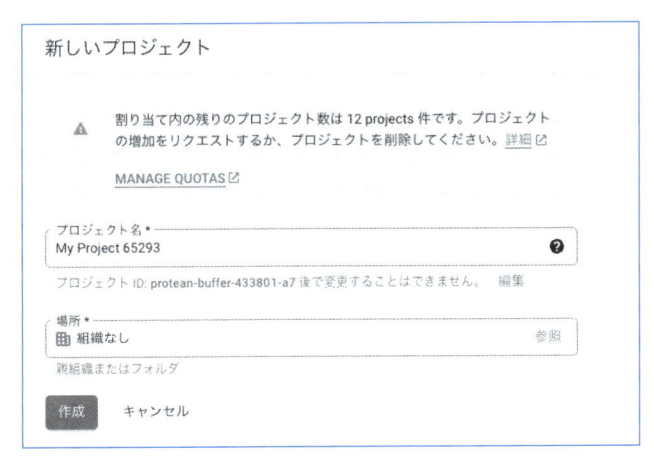

fig06 新しいプロジェクトを作成する画面

2　OAuth 同意画面の設定

ナビゲーションメニューから「API とサービス」 > 「OAuth 同意画面」を選択します。

メニュー内の OAuth 同意画面

　ユーザータイプは「外部」を選択します。

　アプリケーション名に「テスト」（あるいはお好きな文字列）、サポートメール、開発者の連絡先メールに自分のメールアドレスを入力し、保存します。

　スコープはデフォルトで問題ないため、保存して進みます。

　テストユーザーに自分のメールアドレスを追加して、保存します。

3　OAuth 2.0 クライアント ID の作成

　「認証情報」メニューに移動し、「認証情報を作成」ボタンをクリックします。

fig08　認証情報を作成ボタンの画面

　「OAuth クライアント ID」を選択します。

　アプリケーションのタイプとして「ウェブアプリケーション」を選択します。

　「名前」は任意の名前を入力します。

　「承認済みのリダイレクト URI」の欄に「http://127.0.0.1:5000/auth/callback」と入力します（サーバーに配置する際には、ここにサーバーでの URI を追加する必要があります）。

　「作成」をクリックすると、クライアント ID とクライアントシークレットが生成されます。

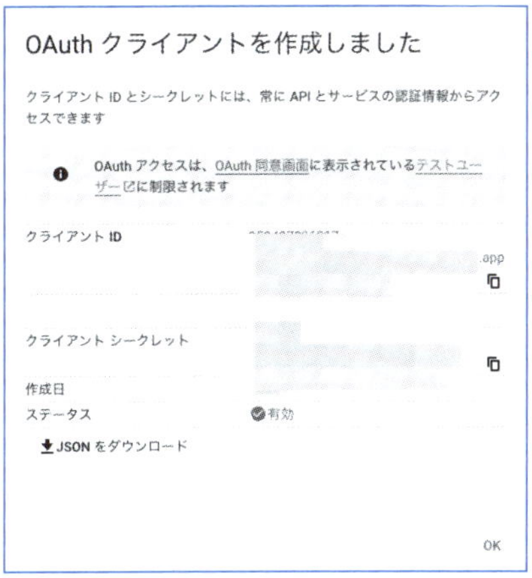

fig09 クライアント ID が生成された様子

4 クライアント ID とシークレットの設定

生成された クライアント ID と クライアントシークレット をコピーして、それぞれ環境変数に設定します。

> ソースリスト

```
クライアントID -> GOOGLE_OAUTH_CLIENT_ID
クライアントシークレット -> GOOGLE_OAUTH_CLIENT_SECRET
```

5 API とサービスの有効化

ナビゲーションメニュー から「API とサービス」>「ライブラリー」に移動します。

fig10 ライブラリーに遷移する

Google People API を検索して選択し、「有効にする」をクリックします。

Google Account 認証の実装をしよう

Google ログインの実装には OAuth 2.0 という規格を利用します。Python では Authlib というパッケージを使うことで簡単に実装ができます。

では、新しい環境を作り、必要なパッケージをインストールしましょう。

```
$ pip install Flask Authlib requests
```

以下のようにapp.pyにコードを書いてください。

```python
from flask import Flask, redirect, url_for, session
from authlib.integrations.flask_client import OAuth
import os


app = Flask(__name__)
app.secret_key = 'secretkey'

# OAuth設定 ——(※1)
oauth = OAuth(app)
google = oauth.register(
    name='google',
    client_id = os.environ.get('GOOGLE_OAUTH_CLIENT_ID', None),
    client_secret = os.environ.get('GOOGLE_OAUTH_CLIENT_SECRET', None),
    server_metadata_url='https://accounts.google.com/.well-known/openid-configuration',
    redirect_uri = 'http://127.0.0.1:5000/auth/callback',
    client_kwargs = {'scope': 'openid profile email'}
)

@app.route('/')
def index():
    # ログイン済みかどうかを確認 ——(※2)
    email = dict(session).get('email', None)
    if email is None:
        return redirect(url_for('login'))
    return f'ログインに成功しました! <br/>ログイン中のアカウント: python@sample.com'

# ログインする際はGoogle認証へリダイレクト ——(※3)
@app.route('/login')
def login():
    return google.authorize_redirect(url_for('auth_callback', _external=True))
```

```python
# Google認証後のコールバック ——(※4)
@app.route('/auth/callback')
def auth_callback():
    token = google.authorize_access_token()
    resp = google.get('https://www.googleapis.com/oauth2/v1/userinfo')
    user_info = resp.json()
    session['email'] = user_info['email']
    return redirect('/')


if __name__ == "__main__":
    app.run(debug=True)
```

実行してみよう

起動し、アクセスするとGoogleのログインページに遷移します。

是非お持ちのGoogleアカウントでログインしてください。

すでにGoogleログインしている場合はログインページに遷移せず、すぐにログイン後のページに遷移されます。

ログインに成功しました!
ログイン中のアカウント： python@sample.com

fig11 ログイン成功後の画面

プログラムの内容を確認しよう。

（※1）AuthLibを使ってGoogle認証に対してOAuth接続をするための設定をしています。client_idとclient_secretはGoogle APIの設定画面で生成されたものです。

redirect_uriに設定したURIは、Google側の画面でログイン成功後に遷移してくる（コールバック）画面となります。このURIはGoogle APIの画面で「承認済みのリダイレクトURI」に登録されているものである必要があります。

server_metadata_urlはGoogle認証の仕様（遷移先など）を定義したもので、これを指定する代わりに仕様を個別に設定することもできます。ですが、こちらを指定する方が漏れもなく安全です。

（※2）サイト側において、Google認証でログイン済みかどうかを確認するにはセッションにemailが保存されているかどうかで判断しています。

そしてログインしていない時はログインページへ遷移しています。

（※3）ログイン画面に来たら全て Google 認証へリダイレクトしています。（※1）で作成した OAuth のオブジェクトを使っています。

（※4）Google 認証に成功した時のコールバック先です。

authorize_access_token は認証成功後に実行する必要があります。これを実行後にその後に API アクセスが可能になります。

その後、UserInfoAPI にアクセスし、ログイン中のメールアドレスを取得しています。

とても少ないコードで実装できたと思われることでしょう。

機能の開発に注力するためにも認証機能は SaaS に任せる、という選択肢を是非検討してください。

CAPTCHA が使われなくなってきた？

以前は人間とボットを区別するために CAPTCHA がよく使われていました。
画像認識や文字入力をユーザーに求めるものです。

ですが、いくつかの理由によって徐々に使われなくなってきたようです。

一つは AI の進化です。ボットが進化し、AI 技術が進む中で、従来の CAPTCHA は容易に突破されるようになりました。

次にユーザー体験の悪化が挙げられます。CAPTCHA はユーザーにとって手間がかかる場合がありました。特に AI に突破されないことを考慮した複雑な CAPTCHA の場合、人間が突破することも難しくなった、という意見もあります。

また、モバイルデバイスの普及により、CAPTCHA の入力がさらに難しくなりました。これにより、モバイルユーザーに対しても適した認証方法が求められるようになりました。

今後ボットを回避するための認証の仕組みを入れたい場合は、よりユーザーフレンドリーに進歩した reCAPTCHA やリスクベース認証などを検討しましょう。

この節の
まとめ

! 本節では強固な認証方法について考えた
! 強固な認証方法を実装するために、独自実装と API の利用を試した

04 バージョン管理システムを 導入しよう

作ったアプリのソースコードは安全に保管されているでしょうか。
バージョン管理ツールのGitと、そのホスティングのGitHubを利用して保管し
てみましょう。

ここで
学ぶこと

→ Git について
→ GitHub について
→ チーム開発について

● Git について

Git はソフトウェア開発で広く使われているバージョン管理ソフトウェアです。

コードの変更履歴を追跡し、チームでコードを共有、統合する機能に優れています。

Git はプロジェクト内のファイルの全履歴をリポジトリという単位で保持します。

リポジトリに対して、複数のブランチを作成することができます。それぞれのブランチ
に対して異なる機能や修正を並行して開発できます。作業が完了したら、これらのブラン
チをメインブランチに統合（マージ）します。

変更をリポジトリに保存する機能をコミットと言います。コミットには変更内容を説明
するメッセージを付けることができ、後から履歴を見返す際に役立ちます。

他のバージョン管理システムに比べGitが優れている点の一つは、Gitは分散型のシステ
ムであるという点です。各開発者がリポジトリをクローンした自分のローカルリポジトリ
を作成し、そのローカルリポジトリに対して作業を行います。

● GitHub について

GitHub は Git をベースにしたウェブサービスです。

上記の Git の機能に加え、Git をより一層便利にする機能を提供しています。

その一つはプルリクエストとコードレビューです。開発者はプルリクエストを作成し、自
分の変更をメインブランチにマージするよう提案できます。他の開発者はこのリクエスト
をレビューし、コメントや改善点を提供できます。

イシュー（Issues）機能を使用すると、プロジェクトのバグ、改善要望、タスクなどを整
理して追跡できます。これにより、開発チームはプロジェクトの進行状況を把握しやすく
なります。

また、イシューと連動するプロジェクト（Projects）機能があります。これはKanbanボードやタイムラインなどの機能があり、アジャイル開発などの管理手法に対応しています。

　GitHub Actionsは、継続的インテグレーション（CI）や継続的デリバリー（CD）を実現するための自動化ツールです。これを使うと、コードのテストやデプロイを自動的に行うワークフローを設定できます。ワークフローの設定ファイルもGitリポジトリで管理できることなど、Githubのリポジトリとの親和性が高く便利な機能です。

　GitHub Pagesを使用すると、リポジトリから直接ウェブサイトをホスティングできます。ドキュメンテーションサイトやポートフォリオサイトを簡単に公開できます。

　また、無料でも多くの機能を利用できます。2024年8月時点では以下のような制限があります。

　「プライベートリポジトリに最大3人までのコラボレーター（共同作業者）しか設定できない」「GitHub Actionsは2000分/月まで」「リポジトリのサイズが2GBまで」。

　この範囲内であれば無料で利用できるということですので、個人開発ではぜひ活用しましょう。

GitHubを利用してみよう

　今回は個人開発の範囲でGitHubを利用してみましょう。
　まずはアカウントを作成する必要があります。

● GitHub
[URL] **https://github.co.jp/**

fig12 GitHub

　「GitHubに登録する」を押すと登録画面へ遷移します。
　求められている情報を入力し、登録を進めてください。

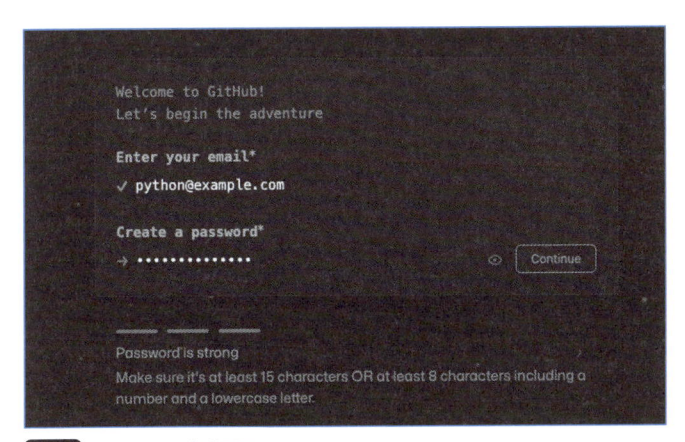

fig13 アカウント作成画面

途中で入力したメールアドレス宛に送られたパスコードを入力する必要があります。

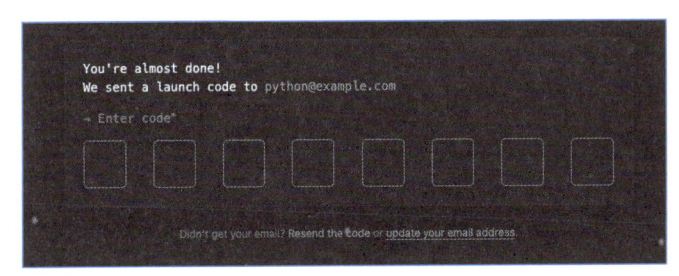

fig14 パスコード入力

　この入力になればアカウント作成が成功したことになります。作成時に入力したメールアドレスとパスワードでログインしましょう。

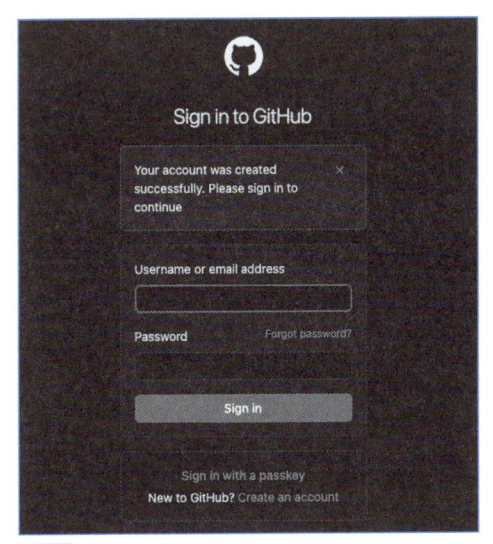

fig15 アカウント作成成功

初回ログイン時に色々質問がされますが、自由に回答してください。

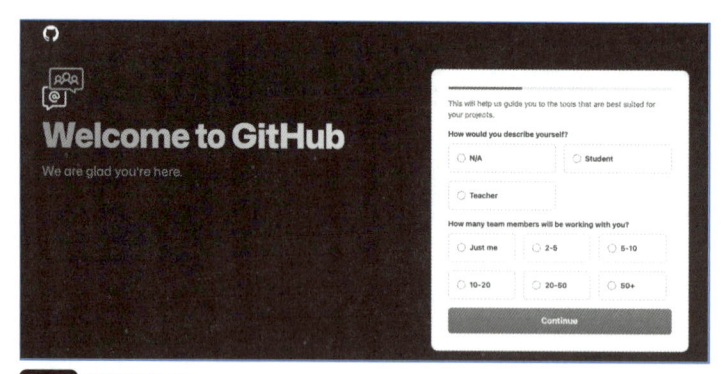

fig16 初回ログイン

たとえ個人開発であると回答しても、Teamプランに入ることを勧められます。
ここは「Continue for free」を押して無料プランのまま進めましょう。

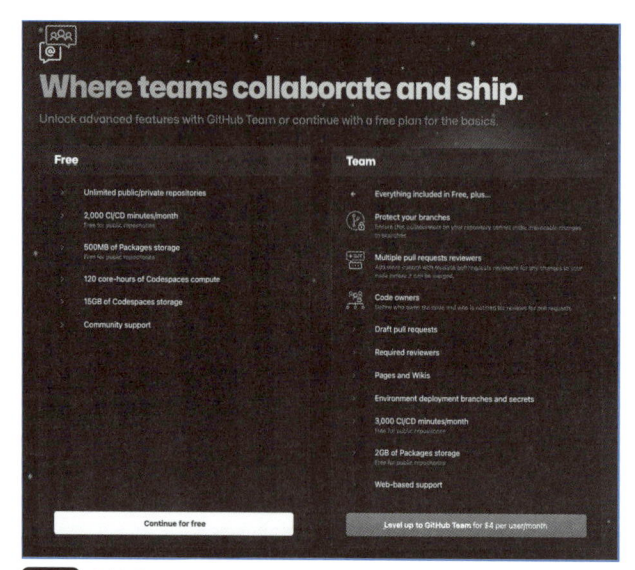

fig17 無料プランを選択する

　ダッシュボードが開かれますので、早速リポジトリを作成しましょう。「Create repository」を押してください。

fig18 ダッシュボード

まずリポジトリ名を入力します。それからリポジトリの種類ではPrivateを選択しましょう。

Publicのリポジトリは、自分以外のユーザーにも見えます。多くの人に公開したい時はPublicを選択しますが、そうでないなら忘れずにPrivateを選択しましょう。

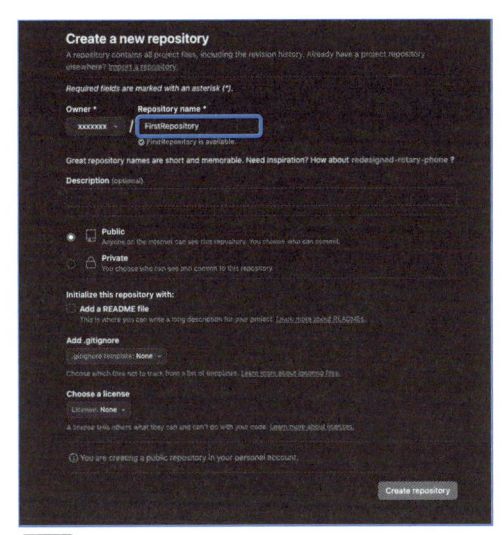

fig19 リポジトリ作成画面

作成に成功したら、早速ファイルをコミットしましょう。GitHub Desktopの利用をお勧めします。

「Set up in Desktop」を押すとダウンロードページに遷移します。そのままダウンロードを進め、インストールしてください。

インストールした状態で「Set up in Desktop」を押すとGitHub Desktopが起動されます。

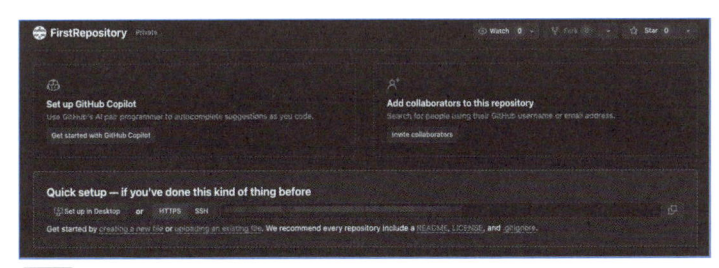

fig20 リポジトリ作成後の画面

GitHubで作成したリポジトリを簡単にクローンできるようになっています。

クローンはリモートリポジトリ（GitHub）からコピーしてローカルリポジトリ（手元のPC）を使えるように準備することです。

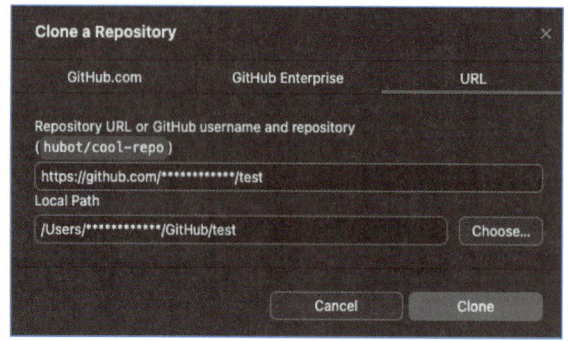

fig21 GitHub Desktop が起動した様子

　クローンしたリポジトリが開かれています。右側にある「Show in Finder（あるいは Explorer）」を押すと、リポジトリが作られたディレクトリをすぐに開くことができます。

　ここにプロジェクトのファイルを全てコピーしてください。

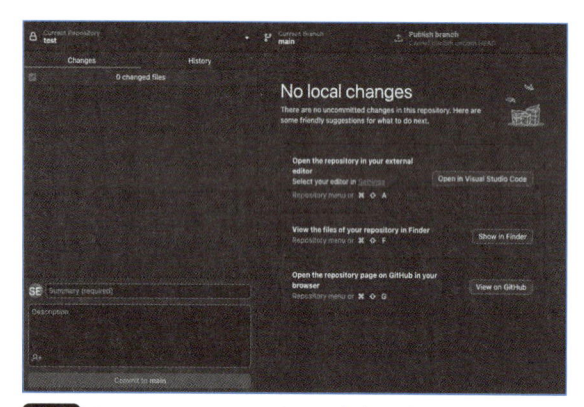

fig22 GitHub Desktop でローカルリポジトリを開いている様子

　このままだと、（コピーしていればですが）Python の仮想環境に関係するファイルまで含まれます。

　GitHub Desktop には大量の差異が表示されているのではないでしょうか。

　そこで、フォルダーに「.gitignore」という名前のファイルを作成し、その内容に以下のテキストをコピーしてください。

> 除外ファイルを指定「.gitignore」

```
# バイナリーファイルが生成されるフォルダー
bin/
# ライブラリーを収録するフォルダー
lib/
# pyenvの設定ファイル
pyvenv.cfg
```

```
# Visual Studio Codeの設定フォルダー
.vscode/
# macOSが自動生成する設定ファイル
.DS_Store
# Windowsが自動生成するキャッシュファイル
Thumbs.db
```

　このファイルに適合するファイル名やディレクトリのファイルは、Gitに保存される対象から除外されます。

　表示される差異がグッと減ったのではないでしょうか。

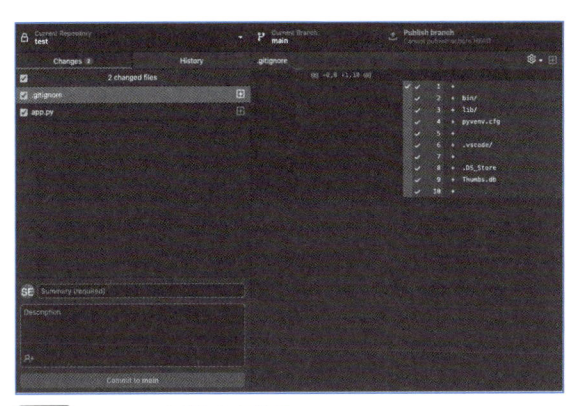

fig23 gitignore を追加した様子

　Gitに保存する内容を確認したらコミットメッセージを書き、コミットしましょう。

　その後にコミットした自分のローカルリポジトリと、GitHub上のリポジトリを一致させるためにプッシュします。

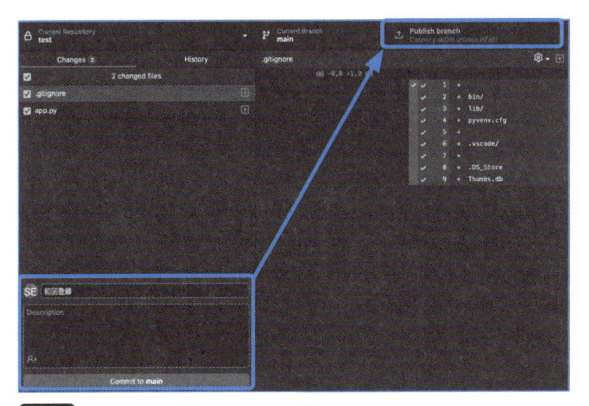

fig24 コミットとプッシュをする様子

これでGitHubにファイルが保存されました。

以降はコードを修正するたびにコミット、プッシュをすることによりコードのバージョンを管理することができます。

この節のまとめ

- (!) 本節ではバージョン管理システムであるGitとGitHubの導入について考えた
- (!) Gitを使うとバージョン管理ができて便利
- (!) GitHubを使うとプロジェクト管理ツールも一緒に使えるのでチーム開発が捗る
- (!) GitHubの利用を始める手順を確認した

クラウドサービスを使って
アプリを配置（デプロイ）しよう

丹精込めて作った Web アプリもローカル PC で動かすだけでは、自分だけしか
使えません。クラウドに配置して、世界中のユーザーに向けて公開しましょう。
どのように公開できるのか考察し、Azure を使ってクラウドに配置する方法を
紹介します。

> **ここで 学ぶこと**
> ➡ 配置について
> ➡ Microsoft Azure について
> ➡ GitHub Actions について

● Webアプリの配置（デプロイ）とは

Web アプリをユーザーに公開するために「配置」または「デプロイ（Deploy）」が必要とな
ります。「配置」とは、開発したアプリを他のユーザーに利用してもらうために、対象となる
ユーザーがアクセスできる場所に公開するプロセスを指します。

一般的なアプリであればインターネット上のサーバーに配置し、公開することになります。
そのため、アプリを公開することを「パブリッシュ（Publish）」とも言います。

なお「デプロイ（deploy）」とは、アプリをサーバーなどに配置する行為そのものを指しま
すが、「デプロイメント（deployment）」というときは、その配置を含む一連のプロセス全体
（設定・テスト・公開など）を指します。

配置先の選択肢

Web アプリを配置する際には、いくつかの選択肢があります。主に以下のようなものが
あります。

レンタルサーバー：比較的低コストで利用でき、管理が簡単なため、小規模なアプリケ
ーションや初心者に適しています。利用できるプログラミング言語や、バックグラウンド
で動き続けるプログラムの動作などに制限があります。また、多くの場合サーバーのリソ
ース（CPU やメモリなど）を他の利用者と共有することになり、その影響を受けることがあ
ります。

VPS（仮想専用サーバー）：レンタルサーバーに比べて自由度が高く、自分専用のリソース
を持つことができます。より複雑な設定やカスタマイズが可能ですが、その分、管理や運
用の手間が増えます。

クラウドのマネージドサービス：AWS や Google Cloud、Azure などのクラウドサービス
プロバイダーが提供するマネージドサービスを利用する方法です。スケーラビリティが高

chapter 7

アプリのデプロイとチェックリスト

く、大規模なアプリケーションに適しています。自動スケーリングや負荷分散、バックアップなどの機能が備わっており、セキュリティアップデートも自動で適用されるため、運用の手間を大幅に削減できます。

　組織のポリシーやアプリの性質、予算などを考慮して配置先を選択することになりますが、クラウドのマネージドサービスを使うことにより、エンジニアがインフラにかける時間的コストを最小化し、機能開発に時間をかけることができるようにするのが最近のトレンドです。

配置について考えるべきこと

　配置は簡単なようで、さまざまなトラブルを生むポイントでもあります。
　それぞれの原因と、リスクを減らす対策を合わせて、2つ紹介しましょう。

環境の不一致による不具合

　これは、本番における環境と開発時やテスト時の環境が違うという不具合です。原因としては、設定やOS、ライブラリーのバージョンなどが違っていることが考えられます。こうした不一致によって、動作が変わってしまうのです。

　対策としては、本番環境と同じ環境でテスト環境を作成し、そこで検証を行うようにします。IaC（Infrastructure as Code）を使って同じ仕様で各環境のインフラを作成できるようにするというやり方もあります。

手順のミス

　手順のミスを起こす原因は、ビルドやファイルコピー、データベースのマイグレーション、インフラ操作などに由来します。手順が多いためにミスをする、あるいはそもそも忘れている場合すらあります。

　対策としては、可能な限り自動化することや、GitHub Actionsを使って配置することが考えられます。

● 配置してみよう

　今回は、クラウドのマネージドサービスに対し、GitHub Actionを使って配置する方法を試してみましょう。

　クラウドサービスとして今回は、Microsoft Azureを利用します。

　Webサーバーとデータベースサーバーを使いたい場合に、時間や容量などの制限はあるものの、現時点ではどちらも無料で使うことができます（無料枠が終わるとエラーが発生します）。

　配置するプログラムは3章の1節で作った掲示板アプリにしましょう。

まず、配置に備えてプログラムを少し書き換えましょう。

```
app.config['SQLALCHEMY_DATABASE_URI'] = 'sqlite:///db.sqlite'
# 上記を以下のように書き換える
import os
app.config['SQLALCHEMY_DATABASE_URI'] = os.environ.get('DB_CONNECTION', None)
```

また、3章ではrequirements.txtを使わなかったのですが、GitHub Actionで生成されるスクリプトでビルドするには必要です。

以下の内容でrequirements.txtを作ってください。なお、Azure SQLデータベースに接続するにはpymssqlパッケージが必要になるため、追加しています。

```
flask
flask-sqlalchemy
pymssql
```

準備ができたら、GitHubにリポジトリを作成し、このアプリのソースコードを保存してください。

Microsoft Azureの用意をしよう

続いてMicrosoft Azureを利用する準備をしましょう。

この先の画面は、実際には多少異なるかもしれません。その場合は表示をよく見て進めてください。

● Microsoft Azure

[URL] https://azure.microsoft.com/ja-jp

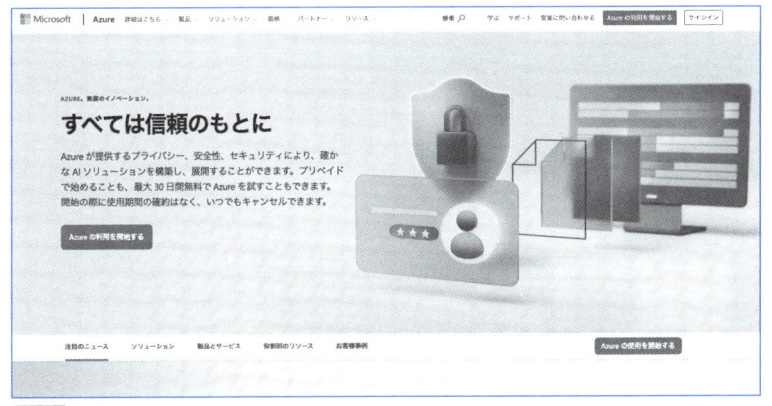

fig25 Microsoft Azure

「Azureの利用を開始する」ボタンを押します。

次の画面は少し下にスクロールすると、以下のような画面になりますので、Azure 無料アカウントの枠にある「サインアップ」を押しましょう。

その先は、作成を押し、受信できるメールアドレスを使って進んでください。個人情報などを入力して進むと、クレジットカードを入力する必要もあります。

ページに書いてある通り、クレジットカードを入力しても請求がされるわけではありません。

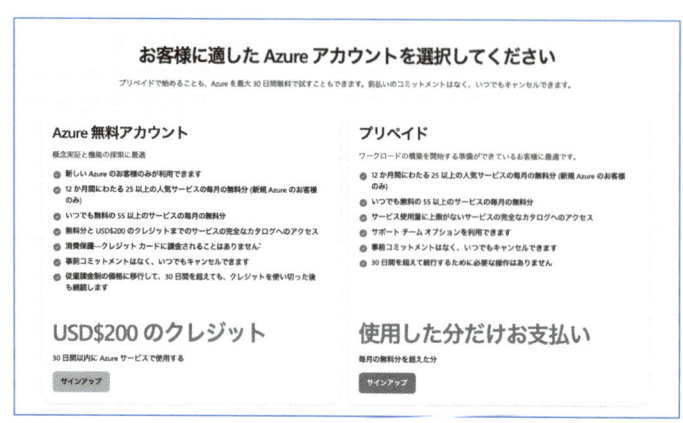

fig26 Azure アカウント作成画面

アカウント作成が成功すると、次のような画面になります。

「Azure portalに移動する」を押します。もしよろしければ次に表示されるクイックスタートセンターを一通り見てみるのも役に立ちます。

今回は左上にある「Microsoft Azure」のロゴを押してAzure Portalのトップページに移動します。

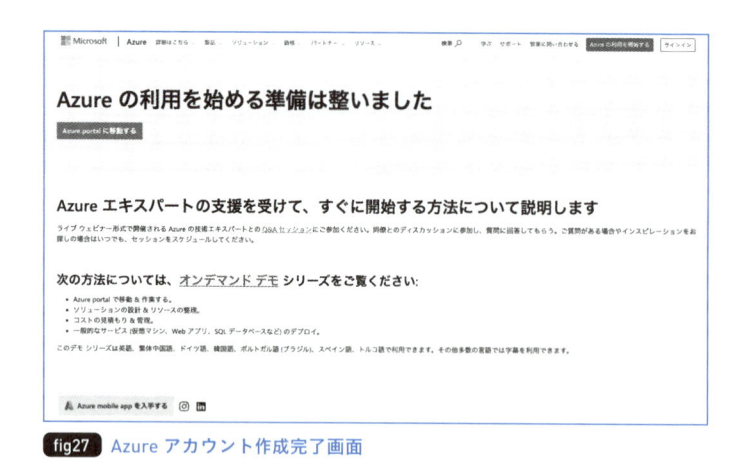

fig27 Azure アカウント作成完了画面

データベースの用意をしよう

それでは、Azureにアプリを配置するためのリソースを作っていきましょう。まずデータベースを作成します。

上に並んでいるアイコンから「SQLデータベース」を押しましょう。続いて「作成」を押します。

fig28 Azure portal トップページ

無料で使うため、「Apply offer」を押します。

リソースグループの下の新規作成を押します。名前は適当に入力してください。

データベース名を入力します。

サーバーの下の新規作成を押します。SQL Database サーバーの作成画面が開かれます。

(1) サーバー名はAzure上で重複してはいけないので、少し長い名称を入力してください

(2) 場所は「Japan East」を選択してください

(3) 認証方法はSQL認証を選択し、ログインIDとパスワードを入力します。入力したものはメモしておいてください

「Behavior when free offer limit reached 」は無料枠の上限に達した際に止めるか、追加料金で利用を続けるかの選択です。

デフォルトの「Auto pause the database until next month」を選択してください。

一番下の「確認および作成」を押します。

●FFmpegの公式Webサイト
[URL] **https://ffmpeg.org/**

ホーム > SQL データベース >
SQL データベースの作成
Microsoft
基本
ネットワーク
セキュリティ
追加設定
タグ
確認および作成
ご希望の構成で SQL データベースを作成します。[基本] タブをすべて入力し、[確認と作成] に移動して、スマートな既定値でプロビジョニングするか、各タブに移動してカスタマイズします。詳細情報
Want to try Azure SQL Database for free? Create a free serverless database with the first 100,000 vCore seconds, 32GB of data, and 32GB of backup storage free per month for the lifetime of the subscription. 詳細情報
Apply offer (Preview)
SQL Database Hyperscale: 低コスト、高スケーラビリティ、最適な機能セット。詳細情報
プロジェクトの詳細
デプロイされているリソースとコストを管理するサブスクリプションを選択します。フォルダーのようなリソース グループを使用して、すべてのリソースを整理し、管理します。
サブスクリプション *
Azure subscription 1
リソース グループ *
リソース グループを選択してください
新規作成

fig29 SQL データベース作成画面

コストの概要で月あたりの推定ストレージコストが 0.00USD になっていることを確認し、無料で使えることを確認します。

一番下にある「作成」ボタンを押してください。

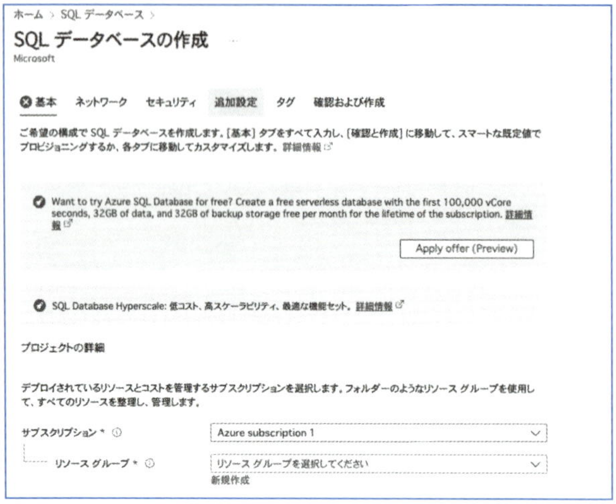

SQL データベースの作成
Microsoft
基本
ネットワーク
セキュリティ
追加設定
タグ
確認および作成
製品の詳細
SQL データベース
Microsoft 提供
利用規約 | プライバシー ポリシー
推定コスト
ストレージ コスト 0.00 USD / 月 + コンピューティング コスト -- USD / 仮想コア秒
使用条件
[作成] をクリックすることで、お客様は (a) 上記の Marketplace のオファリングに関連する法律条項とプライバシーに関する声明に同意し、(b) Microsoft より、そのオファリングに関連する料金が、現在の支払い方法に対して Azure サブスクリプションと同じ請求頻度で請求されることを認め、かつ、(c) Microsoft がお客様の連絡先情報、使用量情報、取引に関する情報を、サポート、請求、その他の取引上のアクティビティを目的として、オファリングのプロバイダーと共有する可能性があることに同意するものとします。Microsoft は、サード パーティのオファリングに対する権利は提供しません。その他の詳細については、以下を参照してください: Azure Marketplace の使用条件。
基本
サブスクリプション
Azure subscription 1
リソース グループ
TEST
リージョン
Japan East
データベース名
TEST
サーバー
(新規) pythonkeijiban
認証方法
SQL 認証
サーバー管理者ログイン
pythonkeijiban
コンピューティングとストレージ
汎用目的 - サーバーレス: Gen5、2 仮想コア、32 GB ストレージ、ゾーン冗長が無効です
バックアップ ストレージの冗長性
ローカル冗長バックアップ ストレージ
Overage billing
Disabled
SQL
コストの概要
GB あたりのコスト (USD 内)
0.00
最大ストレージ 作選択済み (GB 内)
x 41.6
First 32 GB storage free
First 100,000 vCore seconds free
Overage billing
Disabled
月あたりの推定ストレージ コスト
0.00 USD
コンピューティング コスト / 仮想コア秒
-- USD
There will be no charges for usage within the free limits. The database will be paused automatically when the free limits are reached.

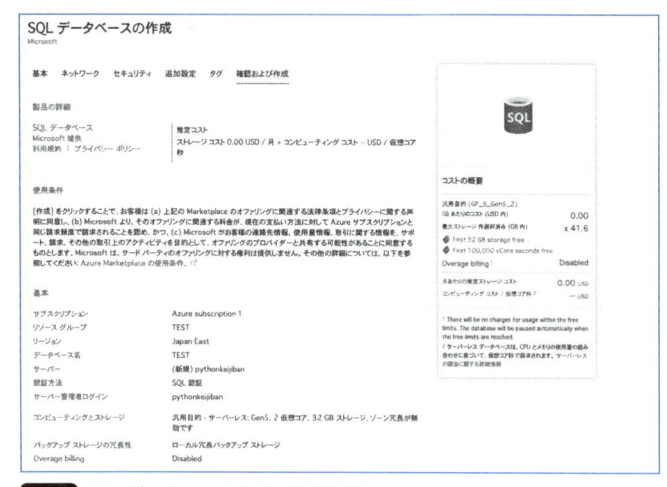

fig30 SQL データベース作成の確認画面

しばらく待つとデプロイが完了しました。と表示されます。これでデータベースが作成されました。

fig31 SQL データベース作成の完了画面

データベースがアプリから接続できるように簡易的な設定をします。上部メニューにある「サーバーファイアウォールの設定」を押します。

パブリックネットワークアクセスで「選択したネットワーク」を選択します。

例外で「Azure サービスおよび〜」にチェックを入れます。

最後に「保存」ボタンを押します。

fig32 サーバーファイアウォールの設定画面

データベースのセキュリティ

今回はAzureからの接続を許可する設定にしているため、接続に必要な情報が漏洩すればAzureを利用するあらゆる人が接続できてしまいます。

そこで、センシティブな情報を保存する環境を作成する場合には、以下の機能を用いて安全な環境を作ることをお勧めします。

　　仮想ネットワーク：データベースへのトラフィックを制限する
　　Azure Entra ID：認証を強化する

これらを組み合わせることで強固にデータを保護することができます。
内容はAzureに関する書籍や公式のマニュアルをご参照ください。

Webサーバーの用意をしよう

もう一度トップページに戻り、「App Service」アイコンを押します。
続いて「作成」を押し、出てきた選択肢からWebアプリを選択します。

fig33 AppService 一覧画面

リソースグループは先ほど作成したものを選択してください。
名前（URL）は適当に入力してください。
公開は「コード」を選択したままにしてください。
ランタイムスタックは、プルダウンを下の方にスクロールすると「Python」が出てきます。手元の開発環境と同じバージョンを選択してください。
地域はデータベースと同じように「Japan East」を選択してください。
価格プランを「Free F1」にしてください。
「確認および作成」ボタンを押してください。

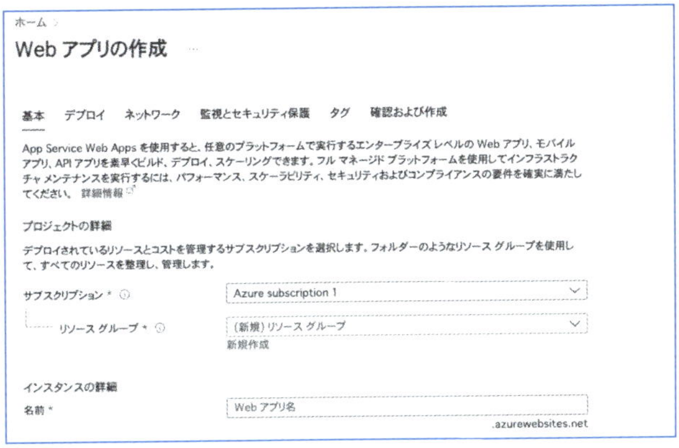

fig34 AppService 作成画面

見積もり価格が無料になっていることを確認し、「作成」を押してください。

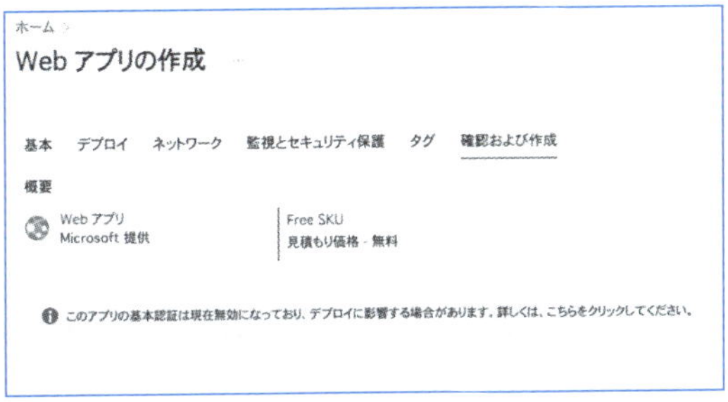

fig35 AppService 作成の確認画面

デプロイが完了しました。と表示されたら、これでAppService（Webサーバー）が用意されました。

次に設定をします。「リソースに移動する」ボタンを押してください。

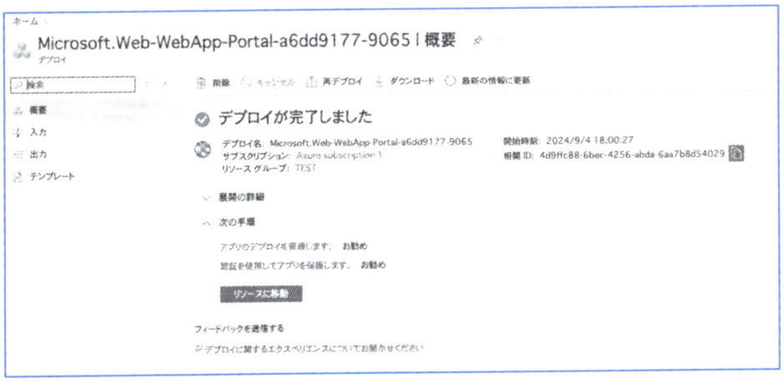

fig36 AppService 作成の完了画面

左側メニューから「設定 > 環境変数」と進み、環境変数設定画面を表示します。

アプリ設定タブで「追加」ボタンを押します（接続文字列タブがありますが、これはASP.NETの時に便利な機能で、Pythonでの使用は推奨しません）。

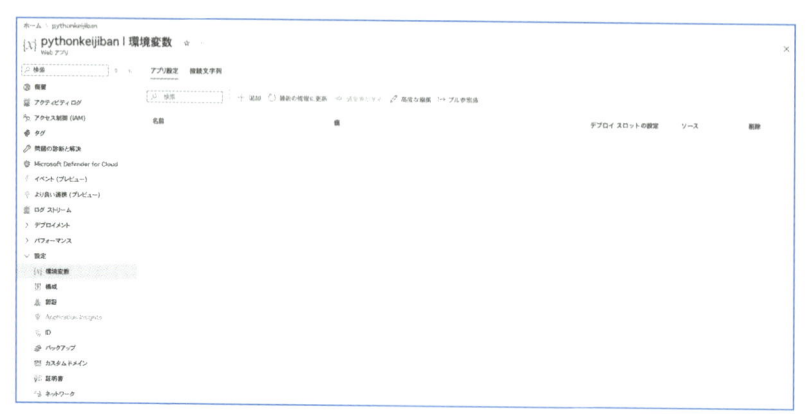

環境変数設定画面

「名前」には以下の文字列を入力します。

・DB_CONNECTION　以下の形式で接続文字列を作ります。データベースを作成するときに入力した内容にそれぞれ置き換えてください
・mssql+pymssql://{ログインID}:{パスワード}@{サーバー名}/{データベース名}
例：mssql+pymssql://admin:password@xxx.database.windows.net/test

作った接続文字列を、「値」に入力してください。

入力後、「適用」を押してください。

一覧に戻ったら、再度「適用」を押します。これで保存され、アプリの再起動がされます。

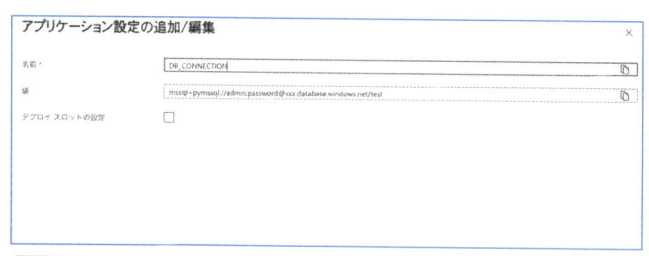

環境変数追加画面

これでアプリが動作する準備ができました。次は配置しましょう。

GitHub Actionで配置してみよう

左側メニューの「デプロイメント > デプロイセンター」を選択します

ソースで「GitHub」を選択します。

「承認する」ボタンを押し、出てきたウィンドウでGitHubにログインしてください。

ログイン後、下の方に出てくる「Authorize AzureAppService」を押します。

ウィンドウが閉じられて、「次のユーザーとしてサインイン」という表示が出れば成功です。引き続き「承認する」ボタンが表示されていたら再度実行してください。

組織に自分の個人アカウントを選択してください。

リポジトリは先ほど作り、アプリのコードをプッシュしてあるものを選択してください。

ブランチは「main」を選択します。

そこから下はデフォルトのままでOKです。上にある保存を押してください。

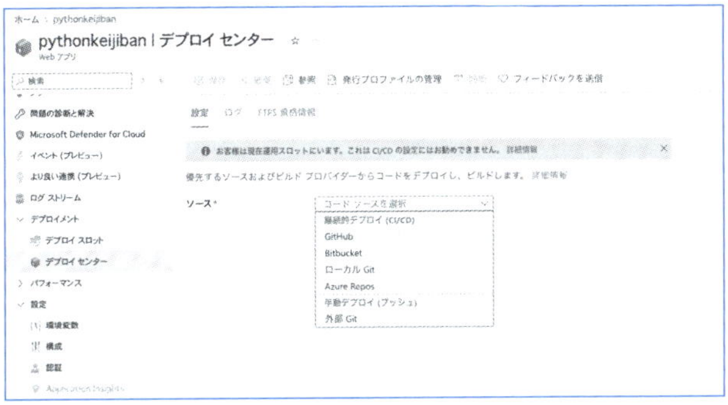

fig39 デプロイセンター

これにより、GitHub ActionsにAzureにデプロイするためのスクリプトが自動で生成され、さらに実行されます。

このスクリプトはGitHubのmainブランチにコードがプッシュされるたびに自動で実行されます。

しばらく待つと、「ログ」タブが開かれます。ログ列に「ビルドまたはデプロイ」と表示され、状態列に「成功」と出ればビルドは成功です。

もし失敗した場合は、ログ列のリンクをクリックするとGitHub Actionsのページが開かれてログを見ることができますので、原因を確認しましょう。

成功したら左側メニューの「概要」を押して「規定のドメイン」の右にあるリンクをクリックしてください。

アプリの概要画面

クリックすると、配置されたアプリが動作します。

これで安全なデプロイを用意することができました。

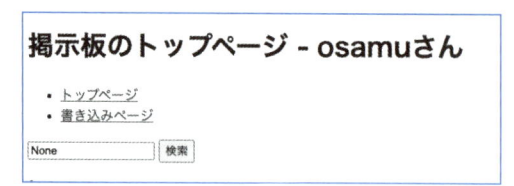

掲示板のトップページ - osamuさん

- トップページ
- 書き込みページ

| None | 検索 |

fig41　Azure 上のアプリが動作する様子

いつから自動デプロイを用意すべきか

できるだけ早い段階で動作環境を作り、自動デプロイも用意すると効果的です。

作ってみたけど置いてみたら動かなかった。作り直す必要が生じた、ということもあります。

早い段階で最小限の動くプログラムを作り、最新コードが自動でデプロイされるようになれば、それ以降は問題に早く気がつくことができます。

自動デプロイを構築するコスト（作業時間）は必要になりますが、早くから用意すればするほど、そのメリットを最大限享受できます。

この節のまとめ

- (!) 本節では配置について考えた
- (!) Microsoft Azure と GitHub Actions の利用を始める手順を確認した
- (!) 自動デプロイを構築する手順を確認した

自動テスト、複数環境への デプロイを導入しよう

前節ではクラウドへの自動デプロイを構築しました。
これを充実させて CI/CD を作り上げ、効率的な開発を目指しましょう。

ここで 学ぶこと	→ CI/CD について
	→ 自動E2Eテストについて
	→ 各環境への自動デプロイについて

● CI/CD について

　CI/CD（継続的インテグレーション／継続的デプロイ）は近年広まった開発手法の一つです。

　ソースコードのコミットなどによるリポジトリの変化に応じて、テストやデプロイなどが自動で動作します。

　以下のようなイメージです。

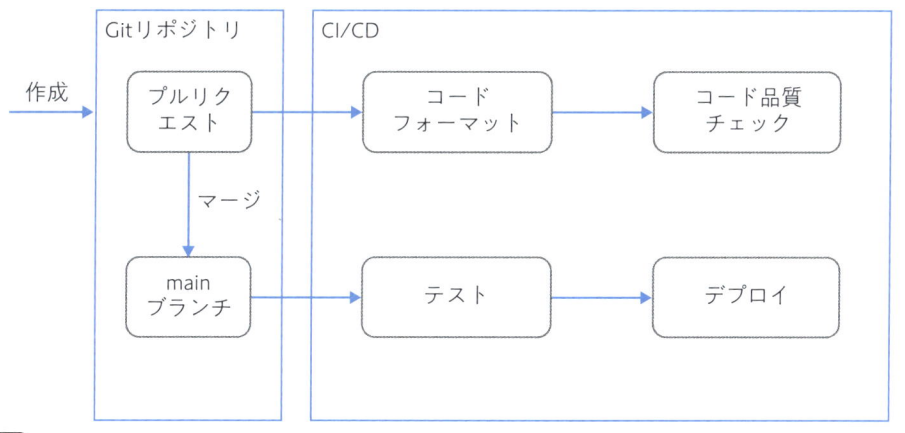

fig42　CI/CD のイメージ

　CI/CD を導入することで多くのメリットがあり、そして技術が発展したことにより導入が簡単になってきています。是非導入しましょう。

どのような工程を導入することができるか

　動作させるタイミングと、そのタイミングで動作させる工程の例をいくつか挙げます。

　プルリクエストが作成された時にはコードフォーマット、静的解析、ユニットテストを

実行させることができます。それぞれ、コードの品質を高めることに役立ちます。

プルリクエストがmainブランチにマージされた時には、テスト環境へのデプロイ、E2Eテスト、セキュリティチェックを実行すると良いでしょう。システム全体が動作し、セキュリティ上の問題がないことが確認できれば本番環境へデプロイできるということになります。

そしてreleaseタグを作ることによって本番環境へのデプロイが動作するように構築することが多いようです。

このように、手動で何度も行うことを自動化することで効率や安全性を向上させる意味もありますし、必ずやる必要のあることを自動化することで、やり忘れを防ぎ品質保証する意味もあります。

● 自動E2Eテストを導入してみよう

E2E（End to End）テストは実際のブラウザーやデータベース、外部システムなどを使うことによりユニットテストだけでは難しい、「全体的な動作、システム間の接続確認」などを確認することができ、システム全体の信頼性を高めることができます。

E2Eテストをするための方法はいくつかありますが、今回はSeleniumを使いたいと思います。

Seleniumとは

SeleniumはウェブアプリケーションのE2Eテストを行うためのツールです。

Webブラウザーを操作して、人の代わりに確認をする、というようなイメージになります。

以下のような特徴があります。

クロスブラウザー対応：Chrome、Firefox、Safari、Edgeなどの主要なブラウザーをサポートしています

多言語対応：Python、Java、C#、Ruby、JavaScriptなどの多くのプログラミング言語でスクリプトを記述できます

多環境での動作：Windows、macOS、LinuxといったさまざまなOSで利用可能です

分散テスト：Selenium Gridを使用することで、複数のマシンやブラウザーで同時にテストを実行できます

シミュレーション：Selenium IDEを使用することで、ユーザーがブラウザー上で行うクリックや入力、スクロールといった操作を記録、再生してシミュレートできます

今回はGithub Actionで動作させることを考慮して、Selenium IDEは使わず、テストするためのコードをPythonで実装したいと思います。

テストする対象は前の節でMicrosoft Azure上に配置したプロジェクトにしたいと思います。

Seleniumを実装しよう

今回は簡単に、ページを表示してH1タグの内容だけを確認します。

もし問題が起きていてエラーページなどを表示していたらH1タグの内容が違いますので、正常にサイトが起動していることの確認ができます。

Seleniumのためのプロジェクトを作成しましょう。

以下の内容でrequirements.txtを作ってください。

```
selenium
webdriver-manager
```

app.pyには以下のように記述してください。

Python ソースリスト | src/ch7/e2e/app.py

```python
import sys
from selenium import webdriver
from selenium.webdriver.common.by import By
from selenium.webdriver.chrome.service import Service
from webdriver_manager.chrome import ChromeDriverManager

# Chromeの設定 ——(※1)
options = webdriver.ChromeOptions()
options.add_argument('--headless')   # ヘッドレスモードで実行
options.add_argument('--disable-dev-shm-usage')   # メモリ不足のクラッシュ回避

# WebDriverのセットアップ ——(※2)
driver = webdriver.Chrome(service=Service(ChromeDriverManager().install()), options=options)

# ウェブサイトを開く ——(※3)
url = "https://example.com"   # 対象のウェブサイト
driver.get(url)

# 結果を格納する変数 ——(※4)
result = True

# 期待するH1タグの内容 ——(※5)
```

```
expected_h1_text = "掲示板のトップページ"　# 期待するテキストをここに指定

# H1タグの内容が期待する文字列が含まれるか確認 ——(※6)
h1_element = driver.find_element(By.TAG_NAME, "h1")
h1_text = h1_element.text
if expected_h1_text in h1_text:
    print(f"H1タグが期待通りです。取得した内容: {h1_text}")
else:
    print(f"エラー: H1タグが期待する内容と一致しません。取得した内容: {h1_text}")
    result = False

# ブラウザーを閉じる ——(※7)
driver.quit()

# 結果により終了コードを制御 ——(※8)
if result == False:
    sys.exit(1)　# エラー終了
```

　対象のウェブサイトを入力するところには、前の節で配置したAzure上のURLを入力してください。

　完成したら実行してみましょう。次のように表示されれば成功です。

　H1タグが期待通りです: 掲示板のトップページ － osamuさん

プログラムの内容を確認しよう

　(※1)SeleniumはGoogle Chromeを操作してテストをします。そのためにChromeを起動する準備をしています。Github Actionsで実行させるためにはヘッドレスモード（GUIが無い）である必要があります。また、Github ActionsなどのDocker環境ではデフォルトのメモリスペースが少なく、Chromeがクラッシュしやすい問題があります。その対策が必要になり、「--disable-dev-shm-usage」オプションをつけることでメモリ不足によるクラッシュを回避することができます。

　(※2)SeleniumのWebDriver（ブラウザーを操作する）でChromeを操作するようセットアップしています。

　その際に(※1)で設定した物を渡しています。

　(※3)「driver.get(url)」でテスト対象となるWebサイトを開きます。ここは環境変数を使うようにしても良いでしょう。

　(※4)テストの結果を格納する変数です。何らかのテストで問題が発生したらここにFalse

を入れます。このテストプログラムが終わった時にTrueのままであれば全てのテストをクリアしたとみなす設計です。

（※5）H1タグの想定する内容を記述しています。今回は「含まれる」という条件で比較していますが、「一致している」が良いと思われることもあるかもしれません。そのサイトの性質や状況を考え、最善と思われるチェックを実装してください。

（※6）H1タグを取得し、その内容のテキストを取得し、（※5）で用意しておいた内容と比較しています。このコードは開いたページのHTML内にH1タグが一つしかないことを前提としています（H1タグは一般的にそうあるべきです）。複数存在するタグ（div,spanなど）はIDなどで特定すべきでしょう。

そして、一致しない場合はresultにFalseをセットしています。

（※7）ブラウザーを閉じています。最後に閉じないと、バックグラウンドでブラウザーのプロセスが待機し続けます。

（※8）resultを見てFalseならエラー終了しています。プログラムの最後に「sys.exit()」を書かない場合、実際には「sys.exit(0)」を実行しているのと同じです。「exit」の引数が0だと正常でそれ以外はエラーを意味します。開発マシン上で実行するときは特に変化ありませんが、Github Actionsで動作するときにエラー終了するなら、Github Actionsの結果画面でそのことがわかるようになっています。

このあと、それも試すことができます。

アプリと同じリポジトリにテストプロジェクトをコミットしよう

アプリと同じリポジトリにテストプロジェクトをコミットすると、簡単に連携させることができて便利です。

まずはディレクトリ構造を以下のように変更したいと思います。

```
プロジェクト構成
├── src ... アプリ（元々リポジトリにおいていたファイル）
└── test ... テスト（今節で作成したファイル）
```

以下の順序で作業してください。

1　srcディレクトリを作成する
2　既存のファイルをsrcディレクトリの中に移動させる
3　testディレクトリを作成する
4　今節で作成したファイルをtestディレクトリに移動させる
5　python仮想環境をそれぞれ作り直す
6　変更点をコミット及びpushする

アプリのデプロイを修正しよう

ここまでするとディレクトリ変更の結果Github Actionsが失敗するようになっていますので、それを直したいと思います。

また、すでに作ったAzure上の環境は、今節ではテスト環境と呼ぶことにします。

そしてE2Eテストの対象はテスト環境とします。

Github Actionsのスクリプトはリポジトリの.github/workflows/ディレクトリの下にあります。

見つけたら、以下のように修正してください。

コメント部分は補足情報を書いています。入力する必要はありません。

```
# 生成されたymlファイルだと下記のようになっている
name: Build and deploy Python app to Azure Web App - xxxxxxxxxxxx
↓
# この名前が後ほど関係するため変更しておく
name: Deploy to Test Env

on:
  push:
    branches:
      - main
  workflow_dispatch:
↓
on:
  push:
    branches:
      - main
    paths: # これを追加することにより srcディレクトリ以下のファイルが変更された時だけ起動する
      - 'src/**'
  workflow_dispatch:

    - name: Install dependencies
      run: pip install -r requirements.txt
↓
    - name: Install dependencies
      run: pip install -r src/requirements.txt #srcディレクトリに対応
```

```
      - name: Zip artifact for deployment
        run: zip release.zip ./* -r
```

↓

```
      - name: Zip artifact for deployment
        run: |
          cd src #srcディレクトリに移動してからzipする
          zip release.zip ./* -r

      - name: Upload artifact for deployment jobs
        uses: actions/upload-artifact@v4
        with:
          name: python-app
          path: |
            release.zip
            !venv/
```

↓

```
      - name: Upload artifact for deployment jobs
        uses: actions/upload-artifact@v4
        with:
          name: python-app
          path: |
            src/release.zip #srcディレクトリ以下でzipを作ったためパスを変更
            !venv/
```

ここまで修正したら、手動で起動させてみましょう。
srcディレクトリ以下のファイルが変わった時にだけ起動するように変更したので、Github
Actionsのymlファイルをプッシュするだけでは起動しなくなっているためです。

1　GithubのリポジトリページをWEBブラウザーで開きます
2　Actionsタブを開きます
3　左側のActionsのリストに「Deploy to Test Env」というActionがあるので、これを
　　選択します
4　右側にこれまでの実行結果が表示されますが、その右上にある「Run Workflow」と
　　書かれたボタンを押します
5　ダイアログが表示されるのでダイアログ内の「Run Workflow」ボタンを押します

これでスクリプトが実行されますので、完了したら結果を確認して下さい。

テストを自動化しよう

デプロイが完了したら次はtestディレクトリ用のスクリプトを作成します。
.github/workflow ディレクトリに「test.yml」ファイルを追加します。
内容は以下の通りにしてください。

YAML ソースリスト | src/ch7/e2e/test.yml

```yaml
name: Selenium Test

on:
  # テストコードのディレクトリに変更があった場合に起動する
  push:
    branches:
      - main
    paths:
      - 'test/**'
  # 手動でワークフローを起動する
  workflow_dispatch:
  # デプロイワークフローが完了した場合に起動する
  workflow_run:
    workflows: ["Deploy to Test Env"]
    types:
      - completed

jobs:
  test:
    runs-on: ubuntu-latest

    steps:
    - uses: actions/checkout@v4

    - name: Set up Python version
      uses: actions/setup-python@v5
      with:
        python-version: '3.12'

    - name: Install dependencies
      run: pip install -r test/requirements.txt
```

```
  - name: Execute test
    run: python test/app.py  # テストコードのファイル名
```

プッシュしたらデプロイと同じようにテストを手動で実行してみましょう。

1　GithubのリポジトリページをWEBブラウザーで開きます
2　Actionsタブを開きます
3　左側のActionsのリストに「Selenium Test」というActionがあるので、これを選択します
4　右側にこれまでの実行結果が表示されますが、その右上にある「Run Workflow」と書かれたボタンを押します
5　ダイアログが表示されるのでダイアログ内の「Run Workflow」ボタンを押します

1回手動で実行してみましたが、今後は手動でテストする必要はありません。
「test.yml」で設定しているように以下のタイミングで自動で実行されます。

・testディレクトリ以下のファイルに変更があった場合（つまり、テストの内容を変更したために実行が必要）
・アプリのデプロイが完了した後（つまり、アプリが新しくなったのでその最新版に対してテストが必要）

本番環境にリリースしよう

　前節で作った環境は無料で維持できるテスト環境として、本番環境を別に作りましょう。
　データベースは無料で作ることができるのは一つまでのようなので、有料で作る必要があります。
　費用がかかりますので、お試しで作ってみる場合は、確認後、忘れず削除してください。

1　前節を参考にAzureにもう一度環境作成します
2　Githubからのデプロイまで構築します
3　生成されたGithub Actionsのymlファイルを開き、次のように変更します

```
# 生成されたymlファイルだと下記のようになっている
name: Build and deploy Python app to Azure Web App - xxxxxxxxxxxxx
↓
# この名前が後ほど関係するため変更しておく
name: Deploy to Live Env

on:
```

```
  push:
    branches:
      - main
  workflow_dispatch:
↓
on:
  workflow_dispatch:
  # リリースタグが作成された場合に起動する
  release:
    types: [released]
```

　コメントにも書きましたが、この本番環境へのデプロイスクリプトはリリースタグが作成されると起動します。

　元々Gitにはタグという機能があります。特定のコミットに対してタグとして情報を付加するイメージです。

　Githubではそのタグ機能を作り、この時点のコミットでリリースするというタグ情報を簡単につけることができるようになっています。

　以下の手順でリリースタグを作ります。

（1）　GithubのリポジトリページをWEBブラウザーで開きます
（2）　「Create a new release」リンクを押します

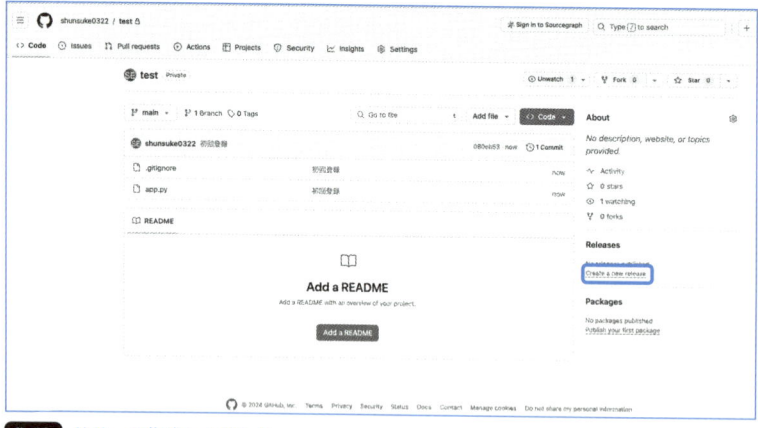

fig43　リリース作成へのリンク

（3）　「Choose a tag」を選択して番号を入力します。今回は「0.0.1」とします。入力後
　　　に「Create new tag」を押します

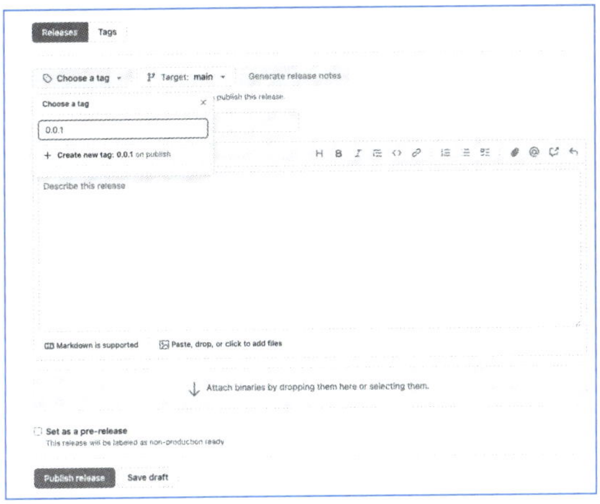

fig44 リリース作成

(4) 「Generate release notes」を押し、下部にある「Publish release」ボタンを押します

　これにより、リリースタグが作成され、本番環境のワークフローが起動し、リリースが実行されます。

　この方法の良いところは、リリースタグの一覧を見ることで、いつどのような内容のリリースをしたかが確認できることです。

COLUMN Webアプリの機密情報やリスクの管理

● 機密情報をどう扱ったら良いか

昨今、機密情報の情報漏洩によって、企業が損害を被る被害が増えています。クラウドサービスへアクセスを行うためのAPIキーが漏洩したために、不正にAPIが利用されて高額な請求が来たり、データが盗まれたり削除されたりといった事件が起きています。本コラムでは、ちょっと気をつけていれば防げる基本的な機密上の管理方法について簡単に紹介します。

機密情報をソースコードに書かない

多くの開発者が、APIキーやパスワードなどの機密情報の取り扱いに関して十分なセキュリティ対策を講じていないケースが見受けられます。特に下記の点に注意しましょう。機密情報をソースコードに直接記述しないようにしましょう。

プログラムのソースコード内に機密情報を記述することは推奨されてません。ソースコードはバージョン管理システムで共有することが多いのですが、うっかりミスでコードが公開されてしまうことがあるからです。

環境変数やシークレットマネージャーを使おう

ソースコードに機密情報を書かないのであれば、どこにAPIキーやパスワードなどの情報を記述すべきでしょうか。一般的には、環境変数やクラウド各社が用意しているシークレットマネージャーを利用します。

環境変数を利用する場合、python-dotenvパッケージを使うと、「.env」というファイルに記述された環境変数が有効になります。「.env」にAPIキーやパスワードなどを環境変数を経由して読み取るのです。python-dotenvについては、Chapter 6-2で解説していますので、参考にしてください。

当然ですが「.env」をバージョン管理システムで共有したり、ファイルが外部からアクセスできないように配慮する必要があります。

さらに、機密情報が書かれた設定ファイルを暗号化することも検討できます。この場合、機密情報を読み込むタイミングで暗号化した情報を復号化します。ただし、暗号解除のキーをどうするのかという問題も考慮する必要があります。

また、クラウドサーバーを利用する場合、サービス提供各社がシークレットマネージャーを提供しています。シークレットマネージャーが利用可能であれば、環境変数を使うよりも安全に機密情報を管理できます。

なぜ機密情報が漏洩するのか

多くのバージョン管理システムでは、ソースコードの公開範囲を指定できるようになっていますが、設定を間違えることで一般公開してしまうことがありえます。権限のないユーザーに共有しないように注意し、原則としてバージョン管理システムに機密情報を与えないように配慮します。つまり、ソースコードに機密情報を書いたり、バージョン管理システムに設定ファイルを共有しないようにしましょう。

悪意のある攻撃者は、GitHubやBitbucketなどの公開リポジトリを定期的にスキャンしています。特殊なツールを利用して、APIキーや機密情報が漏洩していないか調べているので、気をつけましょう。

機密情報の管理について

APIキーは、一度漏洩するとすぐに悪用されてしまいます。そのため、多くのクラウドサービスでは、簡単にAPIキーを破棄して、新しいキーを作成できるような仕組みとなっています。そこで定期的にAPIキーを差し替えたり、使っていないAPIキーは削除するようにしましょう。

また、ファイルやデータの公開範囲を最小限に限定し、定期的に公開範囲を確認しましょう。その機密情報を必要とする指定されたメンバーのみに情報が公開されるようにします。

● Webアプリのリスク管理

本書を読んでWebアプリの作り方を学んだら、すぐに開発して公開したくなることでしょう。多少、機能が少ないとしても、とにかく公開してから必要な機能を追加するという開発手法もあります。この点、最小限の機能でリリースして改善するMVP戦略については、4章の1節で解説

しました。

Web アプリのリスクとは

しかし、Web アプリを公開することには、リスクもあります。そこで、本書では、7章で実際にアプリを公開する前に必要となる事項を解説しています。特にセキュリティについては、7章以前にも、本書の作例の中で繰り返し解説しています。公開前に、軽く確認しておきましょう。

特に、ユーザーの個人情報の扱いは慎重に行う必要があります。昨今、ログインが必要な会員制の Web サービスがほとんどでしょう。そうであれば、パスワードなど機密情報を安全に保管すべきです。Chapter 3-2、Chapter 4-3で、パスワードのハッシュ化に関する情報を提供しているので基本的な知識を確認しましょう。

そして、ユーザー情報をファイルやデータベースに保存する場合には、一般ユーザーがそうしたファイルやデータをダウンロードできないような状態になっているかを確認しましょう。ユーザーデータや設定ファイルは、できる限り Web サーバーの公開ディレクトリに配置しないように注意しましょう。

また、昨今では外部の Web サービスが提供する Web API を利用することも多いのですが、API キーの扱いも慎重に行う必要があります。API キーが外部に漏洩しないように注意しましょう。この点は、本コラムの前半でも紹介しているので確認しましょう。

さらに、開発者の操作ミスによって、データが消えないように、定期的なバックアップやバージョン管理システムの利用をオススメします。どんな慎重な人であっても、うっかりミスでデータを消してしまうトラブルはよくあるものです。間違っても復旧できる運用体制を作っておくのが大切です。

このほかに、開発者がうっかり忘れがちなのが、著作権など知的財産の保護と法的リスクの管理です。まず、画像・動画・音楽などを使う際には、著作権的に利用可能かを確認しましょう。次に、ユーザーが投稿したコンテンツが第三者の著作権を侵害する可能性を考慮しましょう。問題のある投稿があった場合に、それを放置すると運営者の責任になってしまいます。問題のある投稿があった時、サービス運営者に連絡できるような窓口を分かりやすく用意しましょう。レンタルサーバーを利用している場合、レンタルサーバー側にクレームが行くと、即刻アカウントを停止されてしまうこともあるようです。

リスクを把握してアプリを作ろう

いくつか考えられる機密漏洩やリスクを取り上げてみました。それでも、何かを心配しすぎて何もしないのは勿体ないものです。リスク管理をしつつ、Web アプリを作ったら、どんどん公開しましょう。

この節の
まとめ

- ⚠ 本節では CI/CD について考えた
- ⚠ Selenium を使った自動 E2E テストの導入手順を確認した。
- ⚠ リリースタグを使って複数環境へデプロイする導入手順を確認した。

Appendix

Appendix 01 環境構築について

本書はPythonを利用してWebアプリの開発を行う方法を解説します。ここでは、Pythonのインストールと、本書で利用するライブラリーのインストール方法について紹介します。

● Pythonのインストール

　Pythonの公式Webサイトにあるインストーラーを使うと、簡単にPythonのインストール作業ができます。下記のPython公式サイトより、インストーラーをダウンロードしましょう。

●Pythonの公式Webサイト > ダウンロードページ
[URL] https://www.python.org/downloads/

　Pythonの公式サイトの[Downloads]をクリックして上記のURLにアクセスすると、自動的に利用中のOSが識別され、そのOS用の最新版をダウンロードするボタンが表示されます。そのボタンには、[Download Python 3.x.x]のように表示されています（3.x.xの部分には最新版のバージョンが表示されます）。このボタンをクリックしてダウンロードしましょう。

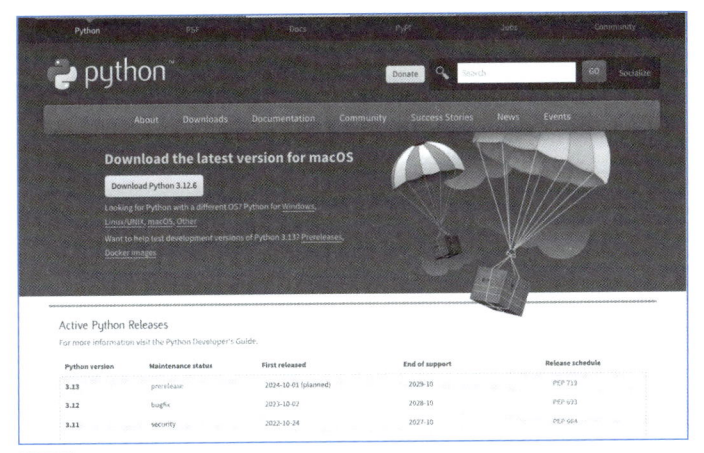

fig01 Python のダウンロードページ

OS ごとにインストールの方法を確認してみましょう。

● Windows でのインストール方法

[1] インストーラーを実行しよう

インストーラー（python-3.x.x-xxx.exe）のダウンロードが完了したら、実行ファイルをダブルクリックしてインストールを行います。

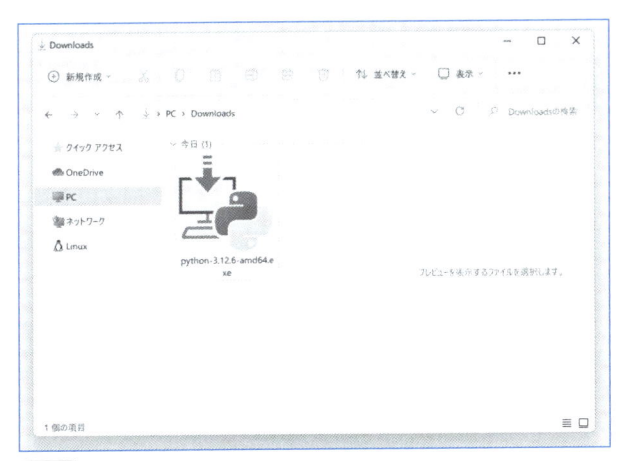

fig02 インストーラーをダブルクリックしてインストールしよう

[2] インストールしよう

画面下方にある「Add Python 3.x to PATH」というチェックボックスをチェックしてから、画面上側にある「Install Now」のボタンをクリックしましょう。

Appendix

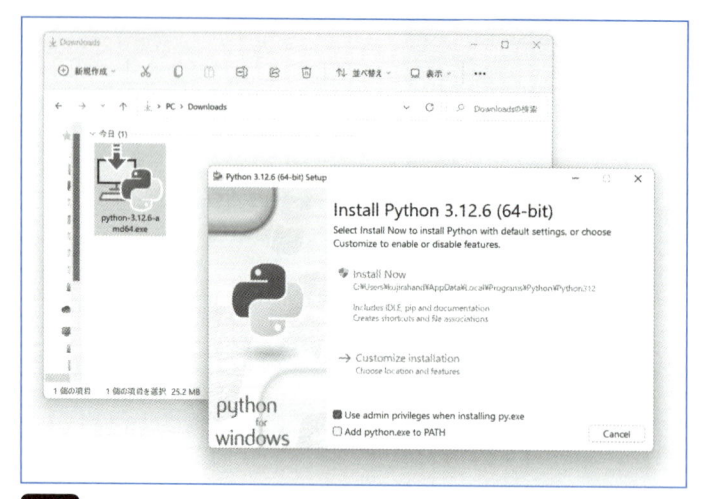

fig03 Add Python 3.x to PATH にチェックをつけてから「Install Now」ボタンを押そう

　正しくインストールが行われると、次の画面のように「Setup was successful(セットアップに成功しました)」と表示されます。この画面を確認したら、最後に、[Close]ボタンをクリックしましょう。

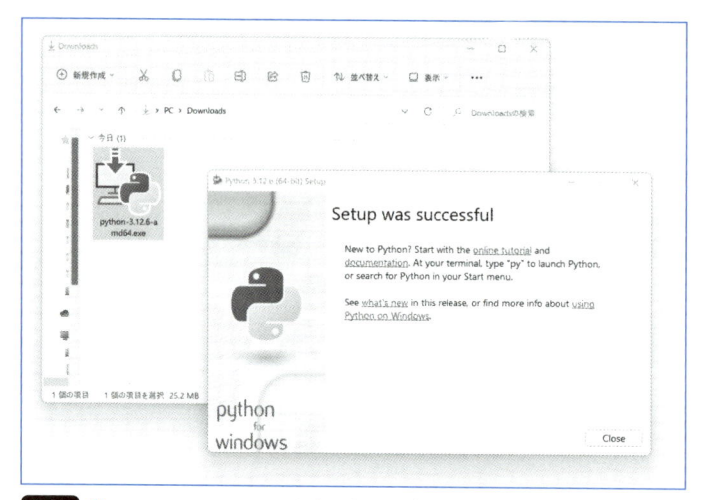

fig04 「Setup was successful」と表示されればインストール完了]

[3] インストール完了を確認しよう

　正しくインストールが完了したかを確認しましょう。Windows 11では、スタートメニューから「すべてのアプリ」をクリックします。すると「Python 3.x > Python 3.x」と表示されます。

418

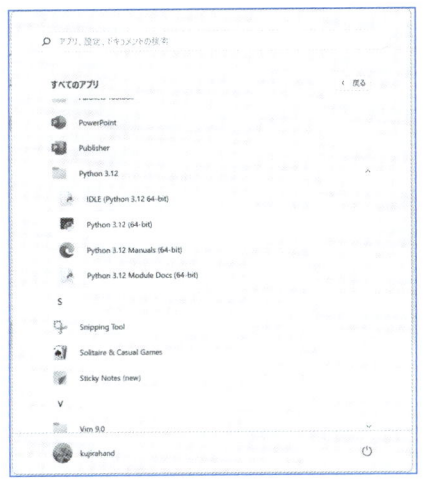

fig05 すべてのアプリから Python がインストールされているのを確認しよう

● macOSでのインストール方法

[1] インストーラーを実行しよう

　macOS用のインストーラーも用意されています。上記のURLからPython 3のインストーラーをダウンロードしたら、ダブルクリックしてインストールを開始しましょう。ウィザードが表示されたら、内容を確認して右下の「続ける」ボタンをクリックしていけば、インストールが完了します。

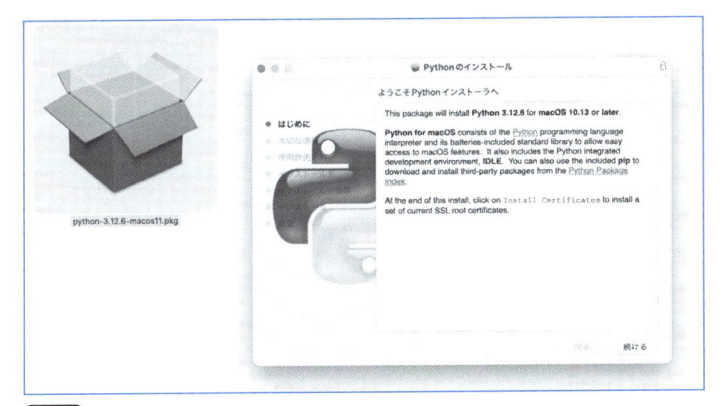

fig06 macOS 用のインストーラーをダブルクリックして実行しよう

[2] インストール終了

　インストールが正しく完了すると、Finderの「アプリケーション」の中に「Python 3.x」（xは任意のバージョン番号）のフォルダーが作成されます。

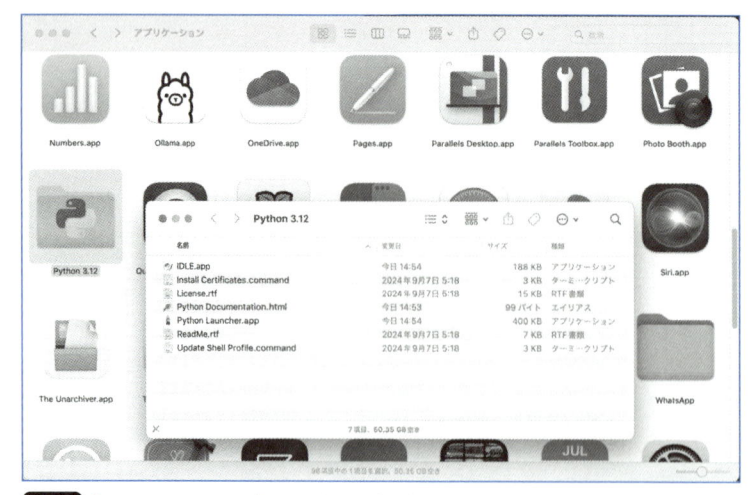

アプリケーションの中には、ランチャーやIDLEなどGUIツールが入っているばかりで、Pytyonの実行ファイルは見当たりません。実際のところ、Pythonの実行ファイルは、以下のパスにインストールされます。

```
［本体］ /Library/Frameworks/Python.framework/Versions/3.x/bin/python3
［リンク］/usr/local/bin/python3
```

● 書籍の各章で利用するライブラリーのインストール

ライブラリーに関しては、書籍の必要な部分で少しずつインストールの方法を入れながら解説していますが、ここでまとめてインストールする方法を紹介します。

サンプルプログラムでは、各章または各節のプロジェクトごとに「requirements.txt」というファイルを用意しています。このファイルには、必要なパッケージの一覧が列挙されています。それで、ターミナルを起動して、以下のようなコマンドを実行すると、一度にパッケージをインストールできます。

コマンド実行
```
# 2章のサンプルに移動
$ cd src/ch2
# パッケージの一覧をインストール
$ pip install -r requirements.txt
```

この時、Pythonのvenvを利用して仮想環境を作成してから作業すると、環境をクリーンな状態で試すことができます。詳しくは2章の2節をご覧ください。

環境ツールについて - Visual Studio Code（VSCode）

本書では、PythonでWebサービスを開発しますが、開発用のエディターとして、Visual Studio Codeを使った方法を解説します。

「Visual Studio Code（本文中ではVSCodeと略します）」は、Microsoftが開発した無料のソースコードエディターです。多くのプログラミング言語に対応しており、Windows、macOS、Linuxで利用できます。軽快に動作することに加えて、開発を支援する豊富な拡張機能が用意されています。バージョン管理ツールのGitやその他の管理ツールも備えており、プログラミングの開発に便利です。ここでは、簡単にインストール方法と、日本語化の手順を紹介します。

VSCodeのインストーラーをダウンロードしよう

Visual Studio Codeは、各OS向けのインストーラーが用意されています。下記のサイトからダウンロードしましょう。

●Visual Studio CodeのWebサイト
[URL] **https://azure.microsoft.com/ja-jp/products/visual-studio-code**

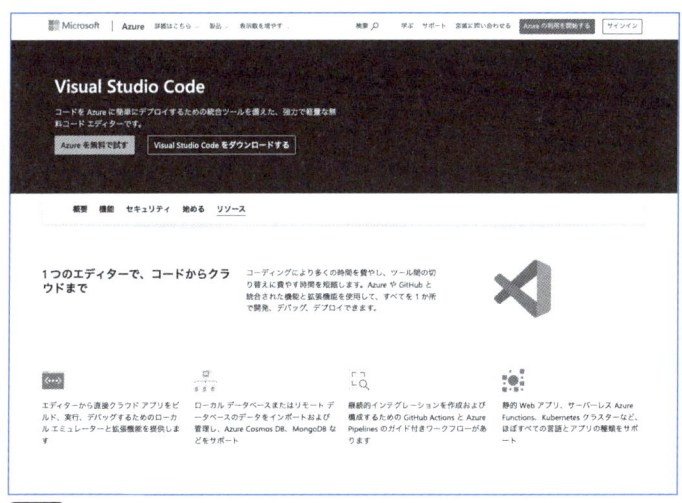

`fig08` Visual Studio Code の Web サイト

画面上部にある「Visual Studio Code をダウンロードする」というボタンをクリックします。すると、次のような画面が表示されます。各OS用のインストーラーをダウンロードします。

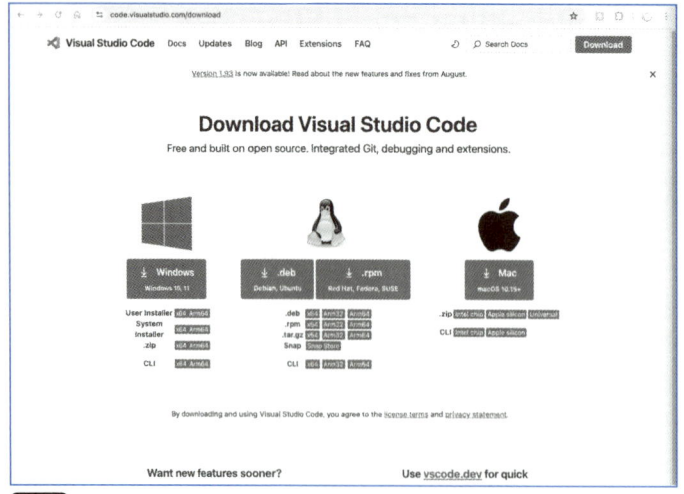

fig09　利用中の OS のインストーラーをダウンロードしよう

Windows に VSCode をインストールする方法

　Windowsでは、インストーラーをダブルクリックして、画面の指示に従って「次へ」ボタンをクリックしていくとインストールが完了します。

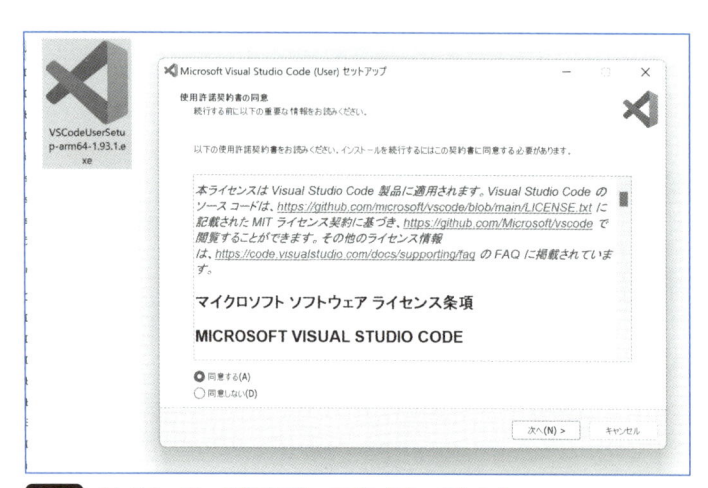

fig10　インストーラーに指示に沿ってインストールしよう

macOS に VSCode をインストールする方法

　macOS版はインストーラーではなく ZIP ファイルです。ZIP ファイルを解凍したら、Finderでアプリケーション ディレクトリへコピーしましょう。そして、APP ファイルをダブルクリックして起動します。もし、セキュリティの関係で実行できない場合には、Finder上で右クリックして、メニューから「開く」をクリックしましょう。

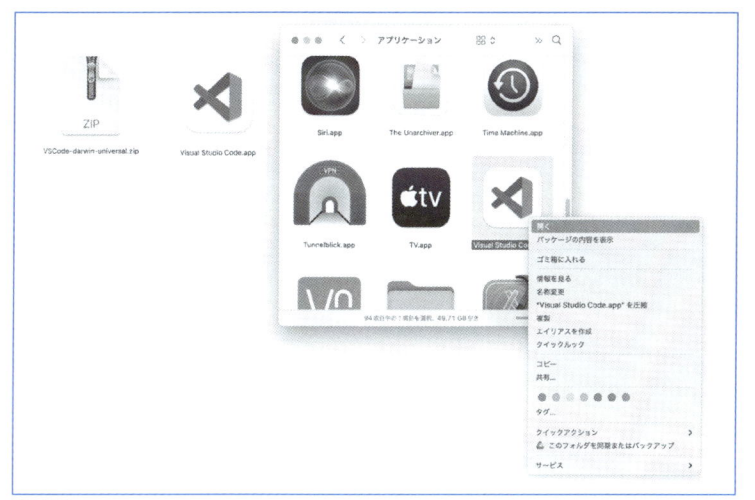

利 ZIP ファイルを解凍してアプリケーションに移動してダブルクリックで実行しよう

VSCode 日本語化の方法

　初めて Visual Studio Code を実行すると、メニューが英語になっていることでしょう。日本語化のための拡張機能を追加することで、日本語化できます。

　起動して画面左側にある「Extensions」ボタンを押すか、メニューから [View > Extensions] をクリックしましょう。そして、検索ボックスに「Japanese Language Pack for Visual Studio Code」と入力して検索します。そして、画面上部の [Install] ボタンをクリックします。

fig12 　Extensions で「Japanese Language Pack」を検索してインストールしよう]

　インストールが完了すると、右下に「Change Language and Restart」と表示されるので、これをクリックします。

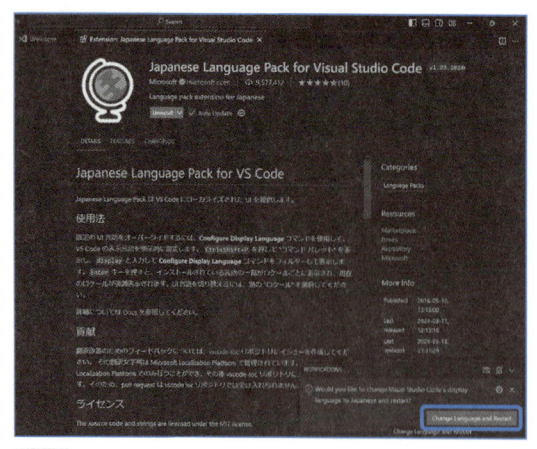

Extensions で「Japanese Language Pack」を検索してインストールしよう]

　正しく日本語化が行われると次の画面のように、正しく日本語化が行われると次の画面のように、Visual Studio Code のメニューなどが日本語になっているのを確認できるでしょう。

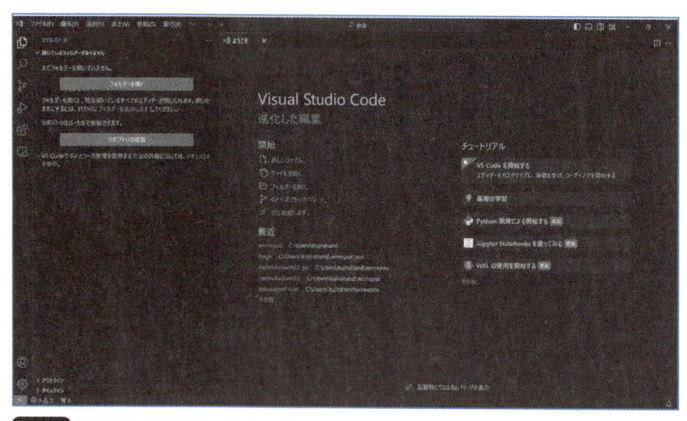

fig14 日本語化が完了したところ

「格安VPSでFlaskアプリを
公開しよう」

PythonとFlaskを使って作ったWebアプリを公開する手軽な方法にVPSがあ
ります。ここでは、VPSを使ってFlaskアプリを公開する方法を解説します。

● 格安VPSでFlaskアプリを公開できる？

　「VPS（Virtual Private Server）」を使うとルート権限を持ちながらも仮想化により自由
度の高いサーバー運営が可能です。ここでは、VPSにFlaskアプリをセットアップする方
法を紹介します。

　VPSは1台の物理サーバーを複数のユーザーで共有するサービスです。その点では、前コ
ラムのレンタルサーバーと同じ仕組みです。しかし、VPSでは仮想化により、ユーザーご
とに独立した仮想サーバーが提供されます。これによって、ユーザーの好きなOSを選んだ
り、自由に好きなアプリをインストールしたりできます。

　ここでは、1時間あたり数円（執筆時1.3円）で利用できるConoHa VPSを使ってFlask
を利用する方法を紹介します。

● ConoHa VPS
[URL] https://www.conoha.jp/vps/

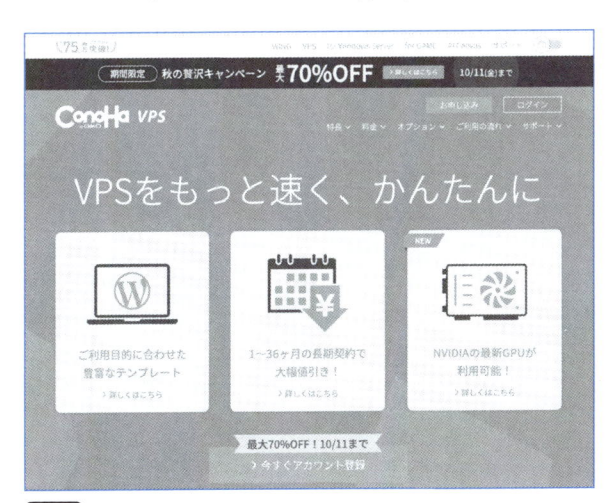

fig15 Conoha VPS のWeb サイト

　画面上部の「お申し込み」ボタンをクリックします。続いて、ConoHaの会員登録を行
います。メールアドレスとパスワードを指定します。

fig16 ConoHa へ申し込みを行おう

　その後、画面に従って手続きを行うと、次のようなサービスやイメージの選択画面になります。上からサービスを[VPS]、イメージタイプのOSを[Ubuntu24.04]、料金タイプを[時間課金]、プランを[1GB]にします。（指定するイメージタイプに応じて選択できないプランもあります。Ubuntu24.04では最安の512MBが選択できませんでした。）続いて、rootパスワードを指定します。そして、画面右側にある[追加]ボタンをクリックします。

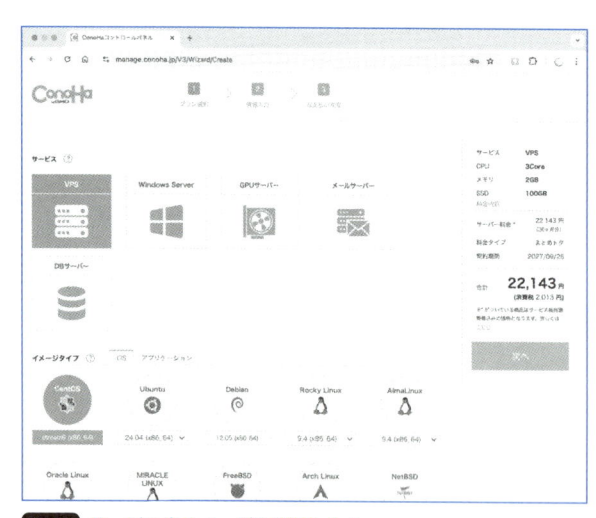

fig17 サービスやイメージを選択しよう

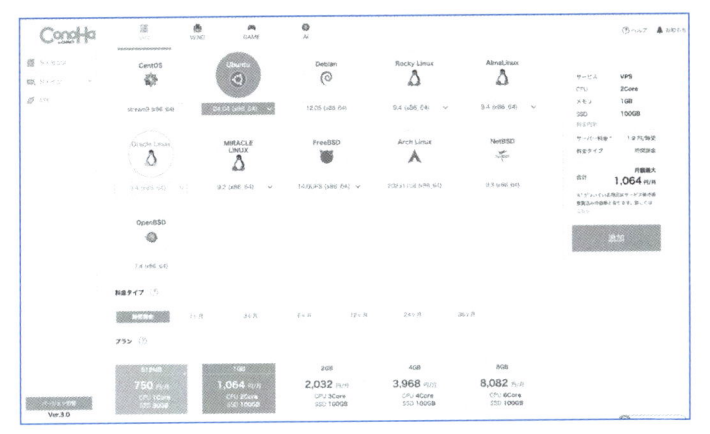

fig18 プランやパスワードを指定しよう

ConoHaのネットワーク設定を変更しよう

　デフォルトの状態だと、VPSに対して、外部から何も接続できない状態となっています。そこで、ネットワークのセキュリティの設定で、SSHとWebのアクセスが可能になるように設定しましょう。

　まず、ConoHaのVPSダッシュボードで画面左にある「サーバー」をクリックして，該当するVPSサーバーを選択します。そして、「ネットワーク情報」の「セキュリティグループ」を編集します。ここで、画面右側の編集アイコンをクリックして、「IPv4v6-SSH」と「IPv4v6-Web」を追加して「保存」ボタンをクリックします。

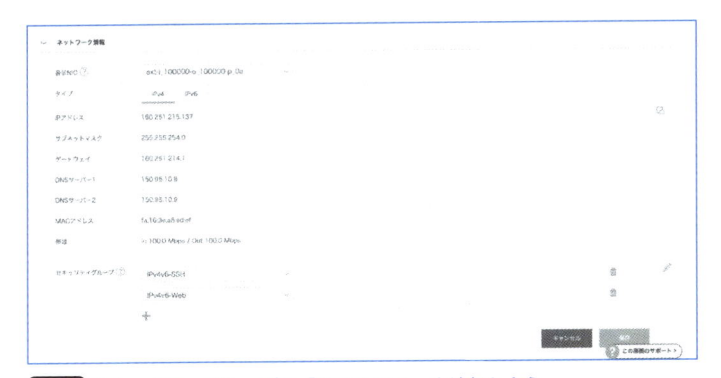

fig19 セキュリティグループに「IPv4v6-Web」を追加しよう

コンソールにログインしよう

しばらくすると、仮想サーバーが構築されます。サーバーが起動したら、サーバーのリストから作成したサーバーを選んでクリックします。続いて、画面上部にある「コンソール」をクリックします。そして、コンソール画面が出たら、「root」と入力してEnterキーを押

し、続けて、先ほど指定した root パスワードを指定します。

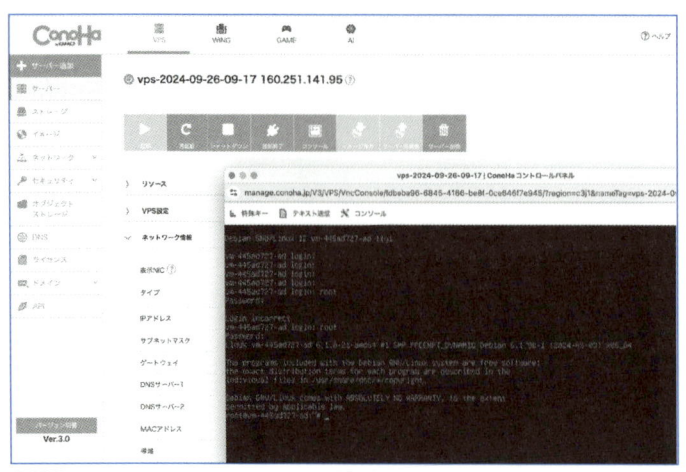

fig20 コンソールを起動しよう

　あるいは、OSごとのターミナル（Windowsなら PowerShell、macOSならターミナル .app）
からSSH接続することもできます。

　続いて、先ほどの画面で、IPアドレスを確認します。そして、下記のようなSSHコマン
ドを実行します。するとパスワードの入力を求められるので root パスワードを指定します。

コマンド実行
```
$ ssh root@(IPアドレス)
```

作業ユーザーを作成しよう

　Linuxではroot権限を持つユーザーの他に一般ユーザーを作成し、一般ユーザーを用い
て作業するのが推奨されます。そこで、一般ユーザーを作成しましょう。ここでは、kujira
というユーザーを作成します。

コマンド実行
```
# ユーザーを作成してパスワードを設定
$ useradd -m kujira
$ passwd kujira
```

　そして、sudoユーザーに作成したユーザーを追加しましょう。rootユーザーの状態で、
下記のコマンドを実行します。すると、sudoユーザーの設定ファイルが表示されます。

コマンド実行
```
$ visudo
```

ターミナルに編集画面が出るので、ユーザーkujiraをsudoユーザーに追加するために、下記の設定を追記しましょう。

```
root     ALL=(ALL:ALL) ALL
# ↓ 以下の行を追加
kujira   ALL=(ALL:ALL) ALL
```

　デフォルトでは、nanoエディターが起動するので編集を行います。保存するには、[Ctrl]+[X]キーを押して、変更を反映するために[Y]キーと[Enter]キーを押します。

　その後、suコマンドを実行して、rootユーザーから作成した一般ユーザーに変更しましょう。

```
# ユーザーkujiraに変更
$ su kujira
# ホームディレクトリに移動
$ cd ~/
```

必要なアプリをインストールしよう

　サーバーのコンソールにログインして、ユーザーを追加したら、次のコマンドを実行して、Pythonをインストールして、Flaskを設定しましょう。なお、pyenvでPythonをインストールする部分では、サーバーでPythonをビルドする処理を行うため、実行に時間がかかります。

```
# サーバーを最新の状態に更新
$ sudo apt update && sudo apt upgrade
# Pythonのインストール準備
$ sudo apt install -y build-essential libffi-dev libssl-dev zlib1g-dev \
  liblzma-dev libbz2-dev libreadline-dev libsqlite3-dev \
  libopencv-dev tk-dev git
# pyenvをインストール
$ git clone https://github.com/pyenv/pyenv.git ~/.pyenv
$ echo '' >> ~/.bashrc
$ echo 'export PYENV_ROOT="$HOME/.pyenv"' >> ~/.bashrc
$ echo 'export PATH="$PYENV_ROOT/bin:$PATH"' >> ~/.bashrc
$ echo 'eval "$(pyenv init --path)"' >> ~/.bashrc
```

```
$ source ~/.bashrc
# pyenvでPythonをインストール
$ pyenv install 3.12.6
$ pyenv global 3.12.6
# nginxとGunicornをインストール
$ sudo apt install -y nginx
$ pip install gunicorn
```

本書サンプルをダウンロードして配置

続いて、本書のサンプル一式をダウンロードしましょう。

コマンド実行
```
$ git clone https://github.com/kujirahand/book-webservice-sample.git
```

ここでは、4章で作成したカレンダーのサンプルを実行してみましょう。

コマンド実行
```
$ cd book-webservice-sample/src/apdx/calendar
$ pip install -r requirements.txt
```

systemdサービスにGunicornを登録しよう

それから、次のようなファイルを作成します。

python ソースコード src/apdx/calendar/wsgi.py
```python
from calendar_events import app

if __name__ == "__main__":
    app.run()
```

プログラムが動作するかテストします。

コマンド実行
```
$ gunicorn --bind 0.0.0.0:80 wsgi:app
```

この状態で、ブラウザーを起動して、ConoHaから割り当てられたIPアドレスにアクセスしてみましょう。ブラウザーの画面に次のような画面が表示されれば成功です。表示されたのを確認したら、[Ctrl]+[C]キーを押してGunicornの実行を終了しましょう。

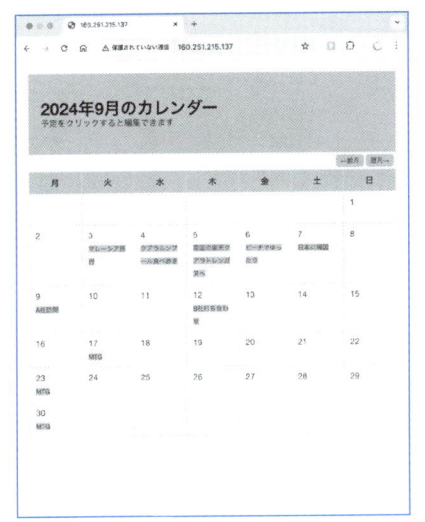

Gunicorn で Flask アプリを起動したところ

　続いて、Gunicorn を systemd サービスとして設定し、サーバー起動時に自動的に起動するようにします。

コマンド実行

```
sudo nano /etc/systemd/system/myflaskapp.service
```

　次のような内容にします。User や WorkingDirectory などを自身の環境に書き換える必要があります。

Python のソースリスト

```
[Unit]
Description=Gunicorn instance to serve myflaskapp
After=network.target
[Service]
User=kujira
Group=www-data
WorkingDirectory=/home/kujira/book-webservice-sample/src/apdx/calendar
ExecStart=/home/kujira/.pyenv/shims/gunicorn --workers 3 --bind unix:myfla
skapp.sock -m 007 wsgi:app
[Install]
WantedBy=multi-user.target
```

　サービスを開始して、有効にします。

Appendix

> コマンド実行

```
$ sudo systemctl start myflaskapp
$ sudo systemctl enable myflaskapp
```

サービスの状態を確認します。[q]キーを押すとコマンドラインに戻ります。

> コマンド実行

```
$ sudo systemctl status myflaskapp
```

Nginxをリバースプロキシとして設定しよう

次に、Nginxをリバースプロキシとして設定し、Gunicornからのリクエストを受け取るようにします。設定ファイルを作成しましょう。

> コマンド実行

```
$ sudo nano /etc/nginx/sites-available/myflaskapp
```

そして、下記の内容を記述して保存します。以下の「server_name」の「160.251.215.137」をダッシュボードを見てご自身の内容に書き換えてください。

> Pythonのソースリスト

```
server {
    listen 80;
    server_name 160.251.215.137;
    location / {
        include proxy_params;
        proxy_pass http://unix:/home/kujira/book-webservice-sample/src/
ch4/calendar/myflaskapp.sock;
    }
}
```

ファイルを作成したら設定を有効にし、Nginxを再起動します。

> コマンド実行

```
# 設定ファイルをコピー
$ sudo ln -s /etc/nginx/sites-available/myflaskapp /etc/nginx/
sites-enabled
# 設定ファイルに間違いがないかテスト
$ sudo nginx -t
# nginxを再起動
$ sudo systemctl restart nginx
```

432

そして、ブラウザーを起動して、VPSのIPアドレスを入力してアクセスしましょう。

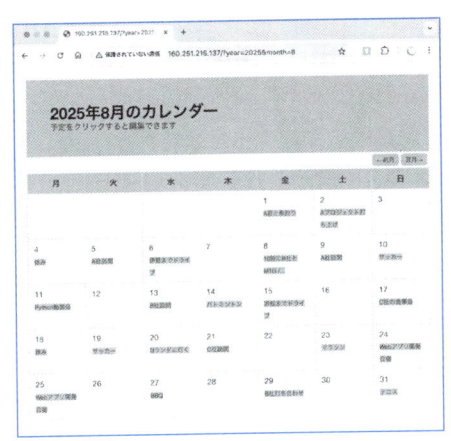

fig22 VPSでカレンダーアプリを動かしたところ

うまく動かない場合

うまくカレンダーのアプリが表示されない場合、nginxのログを確認して原因を突き止めましょう。

コマンド実行
```
$ sudo tail /var/log/nginx/error.log
```

もし、エラーログを確認して、「connect() to unix:/home/kujira/book-webservice-sample/src/apdx/calendar/myflaskapp.sock failed」のようなエラーが表示される場合、正しくGunicornが正しく動作していません。指定したパスに「myflaskapp.sock」が作成されているかを確認してください。

また、ディレクトリのパーミッションが正しく設定されていることを確認しましょう。うまく動かない時は、下記のコマンドを実行して、パーミッションを変更します。

コマンド実行
```
$ cd ~/
$ sudo chown -R kujira:www-data .
$ sudo systemctl restart myflaskapp
```

この後の作業

以上で、VPSを使ってFlaskアプリを公開する方法を紹介しました。この後の作業としては、独自ドメインを取得して、SSL(HTTPS)を設定することで、Webサービスを公開できます。

ドメインの取得は、ConoHaでも可能ですし、お名前.comやムームードメインなど、さまざまな業者を利用できます。なお、本稿執筆時、ConoHaでは取得（更新）が1408円でした。ムームードメインでは、「.com」ドメインの取得が399円、更新費用が1728円でした。SSLはインターネット上のデータ通信を暗号化するものです。SSLサーバー証明書の取得にも費用が必要ですが、無料の「Let's Encrypt」もあるので、費用をかけずに設定を行うこともできます。Let's Encryptを使う場合には、SSLの更新と設定を自動で行う「certbot」というツールがあるので、これを利用すると比較的簡単に設定できます。

VPSで修行するのはオススメ

　このように、VPSを使うことで、いろいろなアプリをインストールできることが分かったことでしょう。少し設定が面倒ですが、Gunicornやnginxを使うことで、Flaskアプリを安定して動作させることができます。

　ターミナル上でコマンドの実行や、サーバー上で設定ファイルの編集などが必要になるため、時間もかかりますし、Linuxの操作に慣れる必要があります。Windowsしか操作したことがない人には、修行のように感じるかもしれません。それでも、ゼロから自身でサーバー設定を行うというのは、とても貴重な経験を積むことになります。この作業は、エンジニアレベルを大きく上げるのに貢献するため、少し遠回りになるとしてもしても、ゼロから自身でサーバー設定を行うというのは、とても貴重な経験を積むことになります。この作業は、エンジニアレベルを大きく上げるのに貢献するため、少し遠回りになるとしてもオススメです。

Appendix ― 04

格安レンタルサーバーで Flaskアプリを公開しよう

月数百円で使える安価なレンタルサーバーがあります。格安レンタルサーバーを利用して、PythonとFlaskで作ったアプリを公開する方法を紹介します。

● 格安レンタルサーバーでFlaskアプリを公開する方法

　昨今、さまざまなクラウドサービスを利用した運用が考えられます。本書の7章-5では、MicrosoftのクラウドサービスAzureを利用して、本書で作成したアプリを公開する方法を紹介します。しかし、クラウドサービスを使う場合には運用コストが高くなりがちです。このコラムでは月数百円で使える安価で手軽なレンタルサーバーを利用してPython+Flaskで作ったアプリを公開する方法を紹介します。

　ここでは例として、『さくらのレンタルサーバー』を利用して、4章-1で紹介する「メモアプリ」を公開する方法を紹介します。

● 格安レンタルサーバーの制限を確認しよう

　格安レンタルサーバーは月数百円で運営できるのがメリットですが、Flaskを使ってアプリを作る場合には、いくつかの制限があります。

　例えば、さくらインターネットでは、さまざまなサービスが提供されています。「さくらのレンタルサーバー」は月500円とお小遣い程度で運用できるのが良いところですが、Pythonで実行したプロセスを常駐させたままにしておくことはできません。「ご利用上の注意」にはっきりと「daemonとしてサーバーに常駐するプログラムの実行」を禁止すると書かれています。つまり、FlaskをCGIモードで実行する必要があるのです。これは同じ価格帯の格安レンタルサーバーの「ロリポップ」などでも同じです。

　CGIモードでは、ユーザーからリクエストが来るたびにプロセスを起動することになります。サーバーにアクセスがあるたびにPythonのプロセスがゼロから起動します。そのため、グローバル変数を共有することができません。ですから、本書Chapter 4章-4のリバーシのアプリをそのまま実行することはできません。動かすためには、リバーシの盤面の状態などゲームに関わる情報をセッションやデータベースに保存するように改良する必要があります。

　加えて、CGIの仕組み自体が非効率で処理が遅いという欠点があります。こうした制限から、Flaskアプリケーションを本番環境で運用する場合は、CGIモードではなく、WSGIに対応したサーバー（Gunicorn, uWSGI）を使用することが推奨されています。

レンタルサーバーの契約

それでも、安さに勝るメリットはありません。さくらのレンタルサーバーを申し込むところから試してみましょう。本書執筆時点では、二週間の無料お試し期間が設けられていました。申し込みを行うには、次のURLにアクセスし、画面右上にある「お申し込み」をクリックします。

●さくらのレンタルサーバー
[URL] https://rs.sakura.ad.jp/

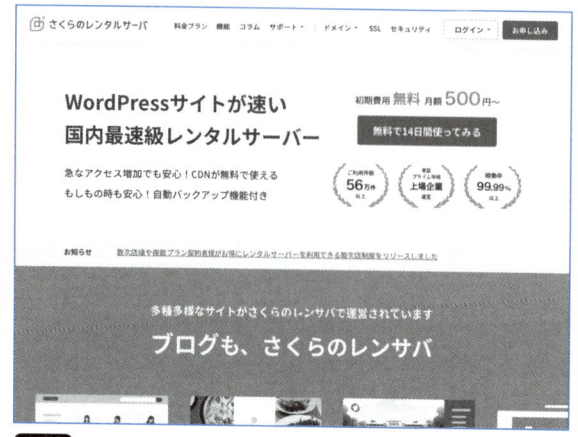

fig23 さくらのレンタルサーバーの Web サイト

すると、プランの選択画面になります。ここでは、「スタンダード」プランを選びます。月額121円からの「ライト」プランもありますが、こちらは、SSHを使ってサーバーにログインすることができません。それだと、Pythonの設定を行うことができません。

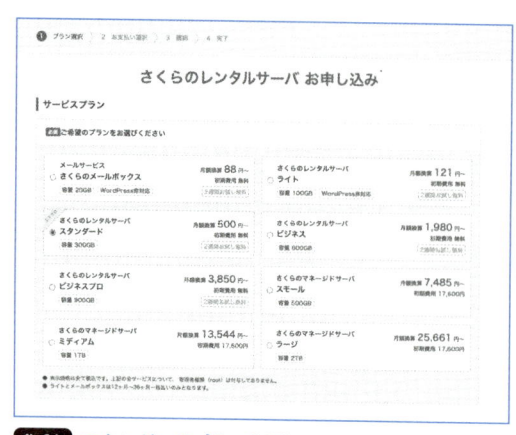

fig24 スタンダードプランを選択しよう

続いて、初期ドメインを指定します。適当なドメインを選択しましょう。今回、独自ドメインは利用しません。その後、「お支払い方法の選択」をクリックしましょう。それに続いて支払い方法の指定になります。

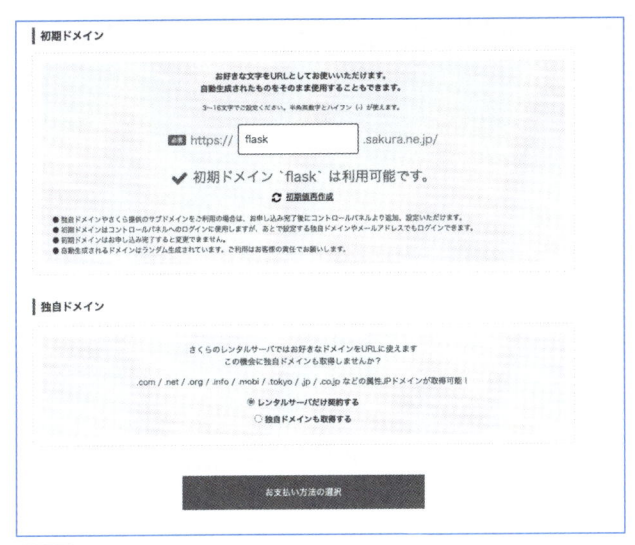

fig25 適当なドメインを指定しよう

📋 **memo**

初期ドメイン

筆者が試したところ「flask」という初期ドメインが空いていたので、これを設定してみました。以後、画面に出てくる「flask」は初期ドメインのことなので読み替えてみてください。

支払い方法を指定すると、お申し込み内容の確認画面が表示されます。同意するにチェックして、「この内容で申し込む」のボタンをクリックします。

契約したサーバーにログインしよう

申し込みが終わると「[さくらのレンタルサーバー]仮登録完了のお知らせ」というメールが届きます。そこに、取得した「初期ドメイン」と「サーバーパスワード」が記録されています。このパスワードを利用してコントロールパネルにログインできます。ここで、メールに書かれているパスワードを利用してログインできることを確認しておきましょう。（なお、サーバーのパスワードはコントロールパネルにログインして、右上のドロップダウンメニューにある「サーバーパスワード変更」から変更できます。）

続いて、SSHでレンタルサーバーのサーバーにログインして、設定を行いましょう。WindowsならPowerShellを、macOSならターミナル.appを起動しましょう。そして、SSHでサーバーにログインします。ここでは「ssh [初期ドメイン]@[初期ドメイン].sakura.

ne.jp」を指定します。

　例えば、初期ドメインが「flask」であれば、次のように接続します。その後メールに記載されたサーバーパスワードを入力して[Enter]キーを押すとサーバーにログインできます。

コマンド実行
```
$ ssh flask@flask.sakura.ne.jp
```

📄 **memo**

エラーが出てSSHで接続できないときは？

申し込み後の数時間は、下記のようなエラーが表示されてSSH接続できない状態でした。そのため、エラーが出る時は、数時間待ってから試すと良いでしょう。

コマンド実行
```
ssh: Could not resolve hostname ***.sakura.ne.jp: nodename nor serv
name provided, or not known
```

症状が改善しない場合やすぐに試したい場合には、コントロールパネルのサーバー情報でIPアドレスを調べると良いでしょう。サーバーのIPアドレスが分かれば、「ssh〔初期ドメイン〕@〔IPアドレス〕」のようにしてログインできます。

ほかにも、パスワードを入力しても正しくログインできない場合もあるでしょう。その場合には、コントロールパネルにログインできるかどうか確かめましょう。ここで指定するパスワードは、さくらインターネットの会員パスワードではなく、「仮登録完了のお知らせ」というメールに記載されているものを指定します。

Python と Flask をインストールしよう

　本書執筆時点では、さくらのレンタルサーバーを新規契約した状態では、サーバーにPythonの3.8.12がインストールされていました。しかし、本書では、Python 3.12.xを利用しているので、pyenvを利用して最新版をインストールしましょう。

　最初に作業がしやすいようにシェルをC Shell(csh)からBashに切り替えます。下記のコマンドを実行しましょう。

コマンド実行
```
$ chsh -s /usr/local/bin/bash
```

　上記のコマンドを実行したら、一度シェルを閉じて、上記のSSHコマンドでサーバーに接続しなおします。

　続いて、以下のコマンドを実行して、pyenvをインストールします。

```
# ~/.bash_profileを作成する
$ echo 'if [ -f ~/.bashrc ]; then' >> ~/.bash_profile
$ echo '  . ~/.bashrc' >> ~/.bash_profile
$ echo 'fi' >> ~/.bash_profile

# pyenvをインストール
$ git clone https://github.com/pyenv/pyenv.git ~/.pyenv

# pyenvを有効にする
$ cat << EOS >> ~/.bashrc
$ export PATH
$ export PYENV_ROOT="$HOME/.pyenv"
$ export PATH="$PYENV_ROOT/bin:$PATH"
$ export TMPDIR=/home/nashio/tmp
$ eval "$(pyenv init -)"
$ pyenv rehash
$ EOS
$ source ~/.bashrc
```

FTPツールの設定

　ローカルのファイルをサーバーにアップロードするのに便利なのが、FileZilla Clientです。下記よりインストールしましょう。

● FileZilla Client
[URL] https://filezilla-project.org/download.php

　そして、さくらのレンタルサーバーの設定を行います。

　FTPツールなどでサーバーを確認して、設定ファイルが正しく書き込まれているか確認しましょう。スクリーンエディターのvimやemacsが使える方は、そのままターミナル上で確認できます。

　まず、~/.bash_profileの内容を確認してください。ここで「~/」とは「/home/(初期ドメイン)」を指します。

コマンド実行

```
# ~/.bash_profileの内容
$ if [ -f ~/.bashrc ]; then
$ . ~/.bashrc
$ fi
```

次に、~/.bashrcの内容です。pyenvの設定が書き込まれています。

```
# ~/.bashrcの内容
$ export PATH
$ export PYENV_ROOT="$HOME/.pyenv"
$ export PATH="$PYENV_ROOT/bin:$PATH"
$ export TMPDIR=/home/nashio/tmp
$ eval "$(pyenv init -)"
$ pyenv rehash
```

OpenSSL を最新にする

残念なことに、原稿執筆時点では、さくらのレンタルサーバーのOpenSSLが古いため、Python 3.9以降のインストールが失敗します。そこで、OpenSSLを最新の状態に更新します。さくらのレンタルサーバーの設定がアップデートされて、OpenSSLが最新になっていれば、上記の手順は不要になります。まずは、バージョン情報を確認しましょう。

コマンド実行

```
$ openssl version
OpenSSL 1.1.1k-freebsd  24 Aug 2021
```

上記のように、OpenSSLのバージョンが、3.3.2よりも低い場合には、下記の手順が必要です。

下記のURLをブラウザーで開いてファイル「openssl-3.3.2.tar.gz」をダウンロードしましょう。

● GitHub > OpenSSLのリリース > OpenSSL 3.3.2

[URL] https://github.com/openssl/openssl/releases/tag/openssl-3.3.2

そして、FTPを利用して、ファイル「openssl-3.3.2.tar.gz」をレンタルサーバーにアップロードします。そして、SSHに戻ってOpenSSLをビルドしましょう。

コマンド実行

```
# ~/local/src にFTPでアップしたファイルをコピーする
$ mkdir -p ~/local/src
$ cp ~/openssl-3.3.2.tar.gz ~/local/src/
# OpenSSLをビルドしてインストール
$ cd ~/local/src/
```

```
$ tar xvfpz openssl-3.3.2.tar.gz
$ cd openssl-3.3.2
$ ./config --prefix=$HOME/local/openssl/3.3.2 --openssldir=/etc/ssl
$ make
$ make install_sw
```

Pythonのインストール

続いて、Pythonをインストールします。3.12.6をインストールするには、下記のコマンドを実行します。

コマンド実行
```
# LD_LIBRARY_PATHを設定
$ echo 'export LD_LIBRARY_PATH=$HOME/local/openssl/3.3.2' >> ~/.bashrc
$ source ~/.bashrc
# オプションを指定してpyenvを実行
$ CONFIGURE_OPTS="--with-openssl=$HOME/local/openssl/3.3.2" \
    PY_UNSUPPORTED_OPENSSL_BUILD=static \
    TMPDIR="${PWD}/tmp" \
    pyenv install 3.12.6
# pyenvでPythonデフォルトバージョンを指定
pyenv global 3.12.6
```

Pythonのバージョンを確かめてみましょう。

コマンド実行
```
$ python --version
Python 3.12.6
```

このとき、3.12.6以外のバージョンが表示された場合、「~/.pyenv/versions/3.12.6/bin/python」が存在するか確認してみてください。このファイルが存在しない場合、Pythonのインストールに失敗しています。ここまでの手順を見直すか、さくらのレンタルサーバーの設定が変更になってしまっているため、ブログ記事などを検索して最新の手順を探してみてください。

メモアプリのインストール

上記の設定が完了して、Python 3.12.6が動くようになったら、いよいよ、メモアプリのインストールです。

ここでFTPを使って「/home/(初期ドメイン)/www/」に4章-1で作成したメモアプリを

アップロードします。その後、必要なパッケージをインストールします。

コマンド実行

```
$ cd ~/www/
$ pip install -r requirements.txt
```

CGIモードで動かすための追加ファイルをアップロード

4章-1で作成したアプリ一式に加えて、CGIで動かすために「index.cgi」と「.htaccess」という2つのファイルを作成してアップロードします。書き換えが必要なので、書き換えてからアップロードしましょう。

「.htaccess」はApacheの設定ファイルです。Webサーバーに対して行われるアクセスを、すべて「index.cgi」で処理するように設定するものです。

CSSソースリスト | src/apdx/memo/.htaccess

```
RewriteEngine On
RewriteCond %{REQUEST_FILENAME} !-f
RewriteRule ^(.*)$ /index.cgi/$1 [QSA,L]
<Files ~ "\.py$">
  deny from all
</Files>
```

続いて、CGIのメインプログラム「index.cgi」を見てみましょう。プログラムの先頭で、Pythonのインストールパスを指定します。下記の(※1)を「…/home/(初期ドメイン)/.pyenv/…」のように書き換える必要があります。加えて(※3)も「(初期ドメイン).sakura.ne.jp」のように書き換えます。

Cgiソースリスト | src/apdx/memo/index.cgi

```
#!/home/flask/.pyenv/versions/3.12.6/bin/python3
# TODO: ↑書き換えが必要 ——(※1)
# -*- coding: utf-8 -*-
from wsgiref.handlers import CGIHandler
from app import app
from sys import path
import os

# スクリプトのディレクトリをパスに追加
SCRIPT_DIR = os.path.dirname(os.path.abspath(__file__))
path.insert(0, SCRIPT_DIR)
# CGIで実行するためのプロキシを設定 ——(※2)
```

```python
class ProxyFix(object):
  def __init__(self, app):
      self.app = app
  def __call__(self, environ, start_response):
      global env
      env = environ
      environ['SERVER_NAME'] = "flask.sakura.ne.jp" # ——(※3)
      environ['SERVER_PORT'] = "80"
      environ['SCRIPT_NAME'] = ""
      environ['SERVER_PROTOCOL'] = "HTTP/1.1"
      return self.app(environ, start_response)
if __name__ == '__main__':
    app.wsgi_app = ProxyFix(app.wsgi_app)
    CGIHandler().run(app)
```

　簡単にプログラムの内容を確認しましょう。(※1) はシェバン (shebang) と言うもので、「#!」に続いて、Pythonがどこにインストールされているかを示すものです。このパスの指定が正しくないとエラーが出ます。(※2) ではCGIモードでFlaskを動かすためのプロキシ設定を指定します。その際、(※3) の環境変数「SERVER_NAME」も正しく自身のものを指定する必要があります。

　上記の書き換えが完了したらアップロードします。そして、SSHで実行権限(755)を与えます。

コマンド実行

```
$ cd ~/www
$ chmod 755 index.cgi
$ chmod 755 .htaccess
```

　改めて、メモアプリを動かすのに必要なファイルを列挙してみます。プログラムが動かない場合、正しくプログラムが配置されているのか確認してみてください。

ファイル構成

```
.
├── index.cgi ... CGIを動かすためのメインプログラム
├── app.py ... Pythonのメインプログラム
├── instance
│   └── memo.sqlite ... データベース
├── requirements.txt
└── templates ... テンプレート
```

Appendix

```
        ├── base.html
        ├── list.html
        └── memo.html
```

ブラウザーからアクセスしよう

　以上で設定が完了です。お疲れ様でした。ブラウザーで「https://(初期ドメイン).sakura.ne.jp」にアクセスしてみましょう。

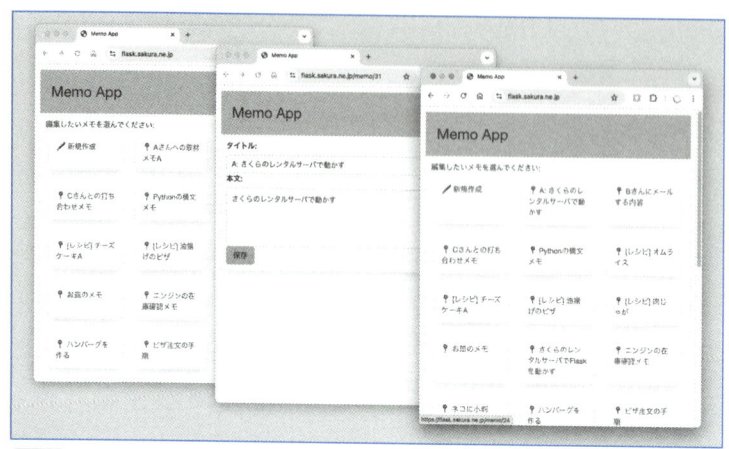

fig26 レンタルサーバーでメモアプリを実行したところ

正しく動かない場合

　レンタルサーバーでFlaskをCGIモードで動かす場合、かなりの頻度で「500 Server Internal Error」が表示されることでしょう。これは、プログラムに問題がある、あるいはCGIの設定に問題が表示されるといったエラーです。

　エラーがあると、ブラウザー画面には素っ気ないエラーメッセージしか表示されないため、ローカル環境でしっかりデバッグを行う必要があります。

　SSH上でデバッグをするために、擬似的に下記のようなコマンドを実行して、サーバーからのアクセスを再現できます。下記のコマンドを実行して、何かしらのエラーが出る場合、Pythonのプログラム側に問題があります。

コマンド実行
```
$ REQUEST_METHOD="get" \
    python index.cgi
```

　ほかに、CGIでよくあるエラーとしては、ソースコードの改行コードの問題があります。上記の「index.cgi」の改行コードを、CRLF(0x0D0A)ではなくLF(0x0A)にする必要があり

ます。

プログラムが正しく動かない場合、チェックリストとして下記の項目を確認してみると良いでしょう。

Pythonが正しくインストールされているか（~/.pyenv/versions/3.12.6を確認）
正しくサーバールート「~/www」以下にプログラム一式を配置したか
メインプログラム「index.cgi」の改行コードはCRLFではなくLFであること
メインプログラム「index.cgi」のファイル属性が（0o755）になっているか
Apacheの設定ファイル「.htaccess」が正しく配置されているか

まとめ

ここまでの手順で、レンタルサーバー上でPython+Flaskのアプリを動かす方法を紹介しました。このように、CGIを使う場合には、比較的に面倒な設定手順が必要となりますが、サーバーのメンテナンスやセキュリティ対策の基本部分を業者に任せることができる点や比較的安価に運用できることなどメリットも多くあります。

■著者プロフィール

クジラ飛行机 （くじらひこうづくえ）

「クジラ飛行机」名義で活動するプログラマー。代表作にテキスト音楽「サクラ」や日本語プログラミング言語「なでしこ」など。2001 年オンラインソフト大賞入賞、2005 年 IPA のスーパークリエイター認定、2010 年 OSS 貢献者賞受賞。2021年「なでしこ」が中学の教科書の一つに採択。これまでに 50 冊以上の技術書籍（Python・JavaScript・Rust・アルゴリズム・機械学習・生成 AI など）を執筆、プログラミングの愉しさを伝える活動をしています。

杉山陽一

ジェイテックジャパン所属のシステムエンジニア。ソフトウエア業界で働き続けて 20 年以上が経ちました。拡販やテクニカルサポートからスタートし、その後、大規模 Web システムの設計や開発をしばらく経験し、現在は主にデータマネージメント業務に携わっています。色々な顧客の業務システム開発をさせていただく中で、様々なプログラミング言語やプラットフォームやプロダクトを経験させていただきました。日々顧客の課題を解決するために、プログラミングを楽しんでいます。

遠藤俊輔

ジェイテックジャパン所属のシステムエンジニア。プログラマーとしてキャリアをスタートし、現在はマネジメントとセールスエンジニアを主な分野としています。得意分野は、システムのインフラ設計や DevOps の構築、システムのパフォーマンス改善です。また、リモートチームの対話を大切にすることを目標としています。子供達の将来の夢は「楽そうだからエンジニア」。現実を教えるため、プログラミング教育にも力を入れています。

■執筆協力 株式会社ジェイテックジャパンについて

●どのような会社？

株式会社ジェイテックジャパンは、対話と技術力をモットーにクライアントの安心とビジネス成長を支える会社です。エンジニア一人ひとりがオーナーシップを持ち、顧客の課題解決に主体的に取り組む姿勢を重視しています。また、エンジニアの成長を支える社内教育にも注力し、技術進化の速い IT 業界において、生産性の高いチームを維持し続けることで、顧客に持続的な価値を提供することを目指しています。

●主な業務内容は？

「顧客にとって真に価値あるシステム」とは何かを問い続け、アジャイル開発を基軸にしたプロダクトや業務システムの構築を行っています。Microsoft
Azure や AWS などのクラウド技術を活用し、システムの企画・開発から運用までをワンストップで提供しています。また、顧客向けシステム開発に加えて、ソフトウェア開発に役立つ先進的なフレームワークやライブラリを自社開発し、オープンソースソフトウェア（OSS）として公開する活動も推進しています。

●オープンソースにも貢献している？

2023 年 12 月に、イベントソーシング CQRS のフレームワーク「Sekiban」を開発し、OSS として公開しました。これにより、フレームワークの品質向上と広範なフィードバックの獲得を目指すとともに、優れた技術を広めて業界全体でベネフィットを共有することを目指しています。日本 OSS 推進フォーラムに参加し、DDD や CQRS、イベントソーシングに関するコンサルティングや、「Sekiban」を活用したセミナーの提供にも取り組んでいます。

【URL】

https://www.jtechs.com/japan/
https://www.jtechs.com/japan/
〒 108-0075 東京都港区港南 2 丁目 13 番 31 号
株式会社ジェイテックジャパン

カバー・本文デザイン：米倉 英弘（米倉デザイン室）
編集：佐藤玲子（オフィスつるりん）
編集協力：片野美都
DTP：有限会社 ゲイザー

Pythonでつくる
Webアプリのつくり方

2025 年 1 月 27 日　初版第 1 刷発行
2025 年 3 月 6 日　初版第 2 刷発行

著　者　　クジラ飛行机、杉山 陽一、遠藤 俊輔
発行人　　片柳 秀夫
発行所　　ソシム株式会社
　　　　　https://www.socym.co.jp/
　　　　　〒 101-0064 東京都千代田区神田猿楽町 1-5-15
　　　　　猿楽町 SS ビル
　　　　　TEL　03-5217-2400（代表）
　　　　　FAX　03-5217-2420
印刷・製本 中央精版印刷株式会社